U0389611

# 图解
# 机械原理
# 与构造

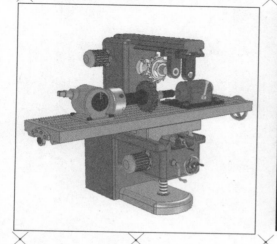

# 机器
# 是怎样
# 工作的？

周湛学　编著

化学工业出版社

·北京·

## 内 容 简 介

本书是一本机械（机器）基本构造与原理的基础性普及读物，将机械原理、机械传动、机械零部件等机械常识性的内容融入我们常见的机器之中，让读者轻松了解和掌握各种机械（机器）的工作原理和基本构造等通用基础知识。全书涵盖了动力机器（蒸汽机、内燃机、压缩机、电动机等）、加工机器（机床、轧钢机器、纺织机器、包装机器等）、运输机器（汽车、飞机、起重机、工程车、输送机、电梯等）、信息机器（复印机、打印机、绘图仪、扫描仪等）、生活中常见的小机器（千斤顶、自行车、电风扇、和面机、打蛋机、面条机、榨汁机、食品搅拌机、脚踏缝纫机以及指南车、记里鼓车等古代机器）、机器人（工业机器人和特种机器人）等多个行业的机器。

本书融技术性、知识性和趣味性于一体，把复杂的机械基本知识用简明、通俗的语言加以描述或说明，深入浅出，配有大量的立体模型图和卡通图，让版面更活泼，阅读更有趣，学习更轻松，以此激发广大读者对机械的兴趣和探索创新精神。

**图书在版编目（CIP）数据**

图解机械原理与构造：机器是怎样工作的？/ 周湛学编著. —北京：化学工业出版社，2022.1 （2023.1重印）
ISBN 978-7-122-40002-4

Ⅰ.①图…　Ⅱ.①周…　Ⅲ.①机械原理 - 普及读物②机械设计 - 普及读物　Ⅳ.① TH111-49 ② TH122-49

中国版本图书馆 CIP 数据核字（2021）第 200527 号

责任编辑：张兴辉　　　　　　　　　　　文字编辑：朱丽莉　陈小滔
责任校对：张雨彤　　　　　　　　　　　装帧设计：王晓宇

出版发行：化学工业出版社（北京市东城区青年湖南街13号　邮政编码100011）
印　　装：三河市延风印装有限公司
787mm×1092mm　1/16　印张20　字数528千字　2023年1月北京第1版第4次印刷

购书咨询：010-64518888　　　　　　　售后服务：010-64518899
网　　址：http://www.cip.com.cn
凡购买本书，如有缺损质量问题，本社销售中心负责调换。

定　　价：99.80元　　　　　　　　　　　　　　　版权所有　违者必究

# 前 言

## PREFACE

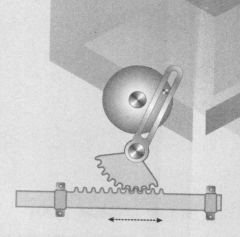

　　科学的世界五彩缤纷，绚丽多彩，在人们的头脑中编制出谜一样的光环。当代科学技术的迅猛发展，给人类创造了一个神奇的世界，人们对机器充满了幻想。机器可以完成人用双手、双目、双足以及双耳直接完成和不能直接完成的工作，而且完成得更快、更好。现代机械工程创造出越来越精巧的机器，使过去人们的许多幻想成为现实。机器的发展对人类的生活、生产起到了不可替代的作用，人类社会随着机器的发展更加繁荣昌盛，我们的生活已经离不开机器了。

　　机械化是社会生产力发展水平的重要标志。为了让机械从业人员、热爱机械制造业并热爱科学技术的广大读者了解机器，了解机械原理，了解机械制造技术，本书用通俗的语言和科学的概念讲述科学技术的道理，它向读者传达一种精神，一种思考的方法，能带给读者一种独特的视角，一种探究科学的勇气，也使读者充分认识到世界需要科学，科学也需要世界。其目的并不意味着让每个人都去攀登科学的高峰，但至少要让更多的人认识科学技术，勇于探索和创新，使读者在愉快的阅读中增长知识。

　　《图解机械原理与构造　机器是怎样工作的？》一书特色鲜明，属于科学技术教育普及读物，内容主要涉及机械原理及常用机器的工作原理等方面的内容。本书尝试着把机械原理、机械传动、机器的零部件这些内容融合到动力机器、加工机器、运输机器中去描述，把多方面的知识点有机地融合在一起。

　　本书通过"机器是怎样工作的"来描述机械传动原理，不只局限于做定性的概念描述，而是将机械原理贯穿全书，通过书中一些基本概念来了解机器、了解机构、了解零部件、了解机械传动等，然后以一些常见的机器为例子，描述了机器的结构、工作原理，让读者认识到什么是机器，即机器是由各种金属和非金属部件组成的装置，它消耗能源，可以运转、做功，它用来代替人的劳动，进行能量变换、信息处理以及产生有用功；使读者也认识到，按照用途不同可以把机器分为动力机器、加工机器、运输机器、信息机器，机器是由原动力、传动部分、控制部分、执行部分组成的。本书把机械基础知识和机械传动原理穿插到每一个例子中讲解，让读者很容易理解其工作原理。最后以"今后机器都将是机器人"结尾，描述了机器人的基本机械结构和用途。此书很容易读懂，读者能从书中体会到一种新的观念，获得对科学技术及机器的一种全新的理解。全书图文并茂，深入浅出，适合机械从业人员、初入机械制造行业的人员以及对机械制造业感兴趣的广大读者阅读。

　　因笔者水平所限，书中不妥之处在所难免，恳请读者予以批评指正。

编著者

目 录

CONTENTS

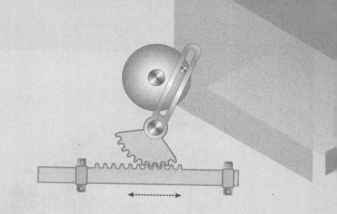

# 第1章
# 了解机器

## 1.1　人类为什么创造机器

什么是机器呢?

　　机器是由各种金属和非金属部件组装成的装置，通过消耗能源，可以运转、做功。用来代替人的劳动、进行能量变换、信息处理以及产生有用功。机器贯穿人类历史的全过程。

　　当人类使用木棒撬动第一块巨石（见图1-1）的时候，他们已经了解了杠杆原理。从阿基米德用滑轮组拉动一艘帆船开始，这个原理就一直被应用到今天。人类在很早以前就已经开始使用简单的机械打谷、纺线（见图1-2）。机器的发明提高了人们的工作和生活效率，促进了社会的发展，它是工具运用的延伸，这就是机器产生的原因吧!

图1-1　使用木棒撬动巨石

图 1-2　古人用简单的机械纺线

人类为什么要创造机器呢？

人类成为"现代人"的标志就是制造工具。石器时代的各种石斧，石锤和木质、皮质的简单粗糙的工具是现代机械的雏形，人类从制造简单工具演进到制造由多个零件、部件组成的现代机器，经历了漫长的过程。那么，人类为什么要创造机器呢？

古代中国人认为：机械是能用力甚寡而见功多的器械。

公元 1 世纪，亚历山大利亚的希罗，最早讨论了五种"可以使重物移动"的机械，即机械的基本要素为轮和轴、杠杆、滑轮、尖劈（斜面）和螺旋。

1724 年德国的廖波尔特给出的机械定义：机械或工具是一种人造设备，产生有利运动，同时节省时间和力量。

马克思在资本论中描述了机器的特征：能代替人类的劳动，完成有用的机械功或转换机械能。使用机器，可以最大限度降低劳动强度、将人类的双手从繁重的体力劳动中解放出来，能够更好地专注于脑力劳动，让文明不断飞跃。机器不仅能代替人类的劳动，而且上下几千年人类的进步，社会的发展都离不开机器。

有人说，工具和机器是神奇的，是人类的伟大创造，它如同延长了我们的肢体，加大了我们的力量，提高了工作效率，改善了工作环境。

制造和使用生产工具是人区别于其他动物的标志，是人类劳动过程独有的特征。人类劳动是从制造工具开始的。

生产工具的内容和形式是随着经济和科学技术的发展而不断发展变化的。早期的生产工具是劳动者依靠自身的体力，用手操纵的；后来的机器则包括工具机、动力机和传动装置等三个部分，形成了复杂的体系；而现代的自动化机器体系，又增加了以电子计算机为核心的自控装置。生产工具日益复杂化、精良生产工具化，是推动社会生产力发展的重要因素。

# 1.2 认识机器

　　机械通常是机器和机构的总称。机械就是能帮助人们降低工作难度或省力的工具装置。像筷子、扫帚以及镊子等工具可以被称为简单机械。而复杂机械就是由两种或两种以上的简单机械构成，被称为机器。

　　在生产实践和日常生活中，广泛地使用了各种机器。例如，内燃机（见图1-3）、电动机（见图1-4）、起重机（见图1-5）、汽车（见图1-6）、机床（见图1-7）、洗衣机（见图1-8）、焊接机器人（见图1-9）、搬运机器人（见图1-10）等都是机器。它们的作用是实现能量转换，或完成有用的机械功，以代替或减轻人的劳动。随着生产的发展，机器的种类、形式和功能将越来越多。

图1-3　内燃机

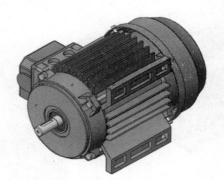

图1-4　电动机

图1-5　起重机

图 1-6　汽车

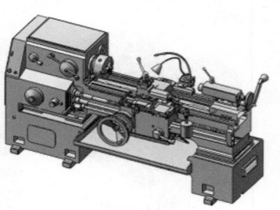

图 1-7　机床

图 1-8　洗衣机

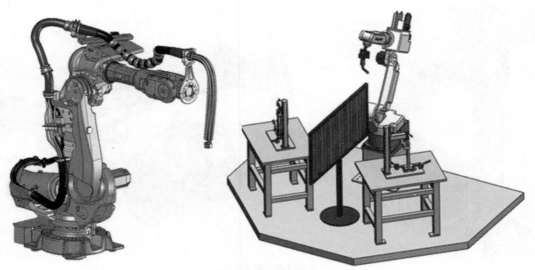

图 1-9　焊接机器人

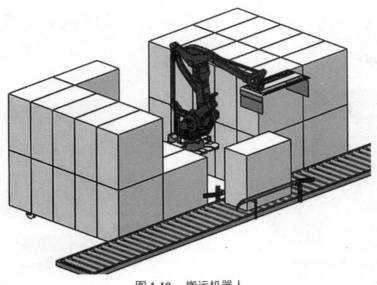

图 1-10 搬运机器人

# 1.3 机器的分类

机器是人为实物的组合体，具有确定的机械运动，可以用来转换能量、完成有用功或处理信息以代替或减轻人的劳动。

按照用途的不同，可以把机器分为动力机器、加工机器、运输机器、信息机器。

① 动力机器 其用途是转换机械能。

将其他形式的能量转换为机械能。原动机如：蒸汽机、内燃机、电动机。

机械能转换其他形式的能量，换能机如：空气压缩机。

② 加工机器 用来改变被加工对象的尺寸、形状、性质、状态的机器。如加工机床、轧钢机、纺织机、包装机等。

③ 运输机器 用来搬运物品和人。如汽车、飞机、起重机、运输机。

④ 信息机器 其功能是处理信息。例如复印机、打印机、绘图仪等。

信息机器虽然也做机械运动，但其目的是处理信息，而不是完成有用的机械功，因为其所用的功率很小。

## 在机器中了解机构

（1）什么是机构呢？

机构是人为实物的组合体，具有确定的机械运动，可以用来传递运动和力。

机构只用来传递运动和力，而机器除了传递运动和力外，还具有变换或传递能量、物料和信息的功能。机构只是个构件系统，而机器除构件系统外，还包括电气、液压等其他系统。这是机构和机器的区别。

机器是由机构组成的。简单的机器，可能只含有一个机构，但一般都含有多个机构。机器中的单个机构不具备有转换能量或完成有用功的功能，所以机械的定义为机器和机构的总称。

比如说内燃机（见图 1-11），它将活塞的往复移动转变为曲柄的连续转动。如图 1-12 所示的牛头刨床，圆盘转动带动摆动导杆运动使滑枕往复运动。

图 1-11　单缸内燃机

图 1-12　牛头刨床

内燃机和牛头刨床中的连杆机构的共同点：构件间都形成可相对转动或相对移动的活动连接，都是实现运动形式的变换，它们都属于连杆机构。

在认识机器的实践中，已经初步认识了机构。机器中常用的机构有：带传动机构（见图 1-13）、链传动机构（见图 1-14）、齿轮机构（见图 1-15 和图 1-16）、凸轮机构（见图 1-17 和图 1-18）、螺旋机构（见图 1-19）、曲柄摇杆机构（见图 1-20 和图 1-21）和间歇机构（见图 1-22 和图 1-23）。

图 1-13　带传动机构

图 1-14　链传动机构

图 1-15　不完全齿轮传动机构

图 1-16　齿轮机构

图 1-17 凸轮机构（一）

图 1-18 凸轮机构（二）

图 1-19 螺旋机构

图 1-20 曲柄摇杆机构（一）

图 1-21 曲柄摇杆机构（二）

图 1-22 外棘轮机构

图 1-23 槽轮机构

（2）什么是构件？

构件是组成机构的有确定运动的单元。在内燃机中活塞（见图1-24）、连杆（见图1-25）、活塞和连杆（见图1-26）、曲轴以及牛头刨床中的滑枕等都是构件。构件是运动的单元，而零件是制造的单元。

图 1-24　活塞

图 1-25　连杆

图 1-26　活塞和连杆

（3）什么是零件？

机器的基本组成要素就是机械零件。机械零件分两大类，即通用零件和专用零件。

● 通用零件。各种机器经常用到的零件称通用零件，如：齿轮、螺栓、轴、弹簧、链轮等。（见图1-27～图1-40）

图 1-27　交换齿轮轴　　　　图 1-28　阶梯轴　　　　图 1-29　蜗杆

图 1-30　圆柱直齿轮　　图 1-31　斜齿轮　　图 1-32　圆锥齿轮　　图 1-33　蜗轮

图 1-34　螺旋压缩弹簧

图 1-35　扭转弹簧

图 1-36　链轮

图 1-37　带轮

图 1-38 螺栓 螺母 垫圈

图 1-39 内六角螺钉

图 1-40 轴承

● 专用零件。专用零件是以自身机器标准而生产的一种零件，在国际和国标中均无对应的零件。如往复式活塞内燃机的曲轴（见图 1-41），涡轮叶片（见图 1-42），飞机螺旋桨（见图 1-43）。

● 部件。由一组协同工作的零件所组成的独立制造或装配的组合体叫做部件，如齿轮减速器（见图 1-44）、离合器（见图 1-45）等。

图 1-41 曲轴

图 1-42 涡轮叶片

图 1-43 飞机螺旋桨

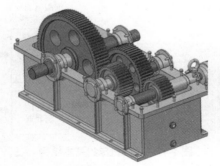

图 1-44 齿轮减速器

图 1-45 离合器

## 1.4 机器的组成

机器的基本组成包括：驱动装置、传动装置、执行装置。

如图 1-46 所示，车床中就包含了多种机构，其中有齿轮传动机构，可把电机的旋转转换为主轴卡盘的旋转。原动力是电动机，就像人的心脏，齿轮传动装置就像人的躯干，执行装置就像人的手。

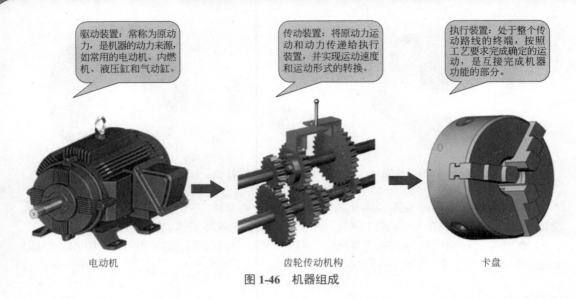

驱动装置：常称为原动力，是机器的动力来源，如常用的电动机、内燃机、液压缸和气动缸。

传动装置：将原动力运动和动力传递给执行装置，并实现运动速度和运动形式的转换。

执行装置：处于整个传动路线的终端，按照工艺要求完成确定的运动，是互接完成机器功能的部分。

电动机　　　　　　　齿轮传动机构　　　　　　　卡盘

图 1-46　机器组成

　　现代机器一般由驱动装置、传动装置、执行装置、控制系统、信息测量和处理系统部分组成。其中实现机械运动的执行机构系统是机器的核心，机器中各个机构通过有序的运动和动力传递来最终实现功能变换，完成工作过程。

　　例如，数控机床基本结构如图 1-47 所示。数控机床工作原理：按照零件加工的技术要求和工艺要求，编写零件的加工程序，然后将加工程序输入到数控装置。通过数控装置控制机床主轴运动、进给运动、更换刀具，以及工件的夹紧与松开、冷却、润滑泵的开关，使刀具、工件和其他辅助装置严格按照加工程序规定的顺序、轨迹和参数进行工作，从而加工出符合图纸要求的零件。

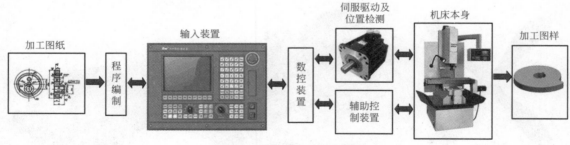

加工图纸　　　　　输入装置　　　　伺服驱动及位置检测　　机床本身　　加工图样

程序编制　　数控装置　　辅助控制装置

图 1-47　数控机床的基本结构

## 1.5　机器的发展历程

　　① 在古代，人类已经使用了简单的机械了，如杠杆、车轮、滑轮、斜面、螺旋等。

　　● 公元前 3000 年，在修建金字塔的过程中，人类就使用了滚木来搬运巨石（见图 1-48、图 1-49）。

　　● 阿基米德用螺旋装置将水提升至高处（见图 1-50），那就是今天的螺旋式输送的始祖。

　　● 东汉时期，人们发明了水排（见图 1-51），利用水利鼓风炼铁，其中应用了齿轮和连杆机构。

图 1-48 埃及金字塔

图 1-49 用滚木来搬运巨石

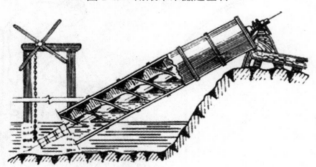

图 1-50 螺旋提水器

图 1-51 水排图

● 晋代人们发明了连磨（见图 1-52），用一头牛驱动八台磨盘，其中应用了齿轮系的原理。

图 1-52  水转连磨

● 中世纪欧洲，人们用脚踏板驱动车床（见图 1-53）来加工木棒，用曲轴带动砂轮进行研磨（见图 1-54）。

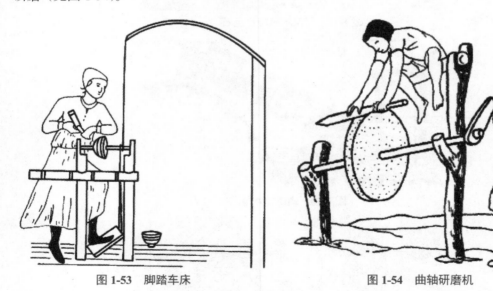

图 1-53  脚踏车床          图 1-54  曲轴研磨机

② 18 世纪中叶～ 20 世纪中叶：动力的变革、材料的变革、生产模式的变革、机构与传动的变革、机械理论和设计方法的建立等。

● 1774 年威尔金森发明了炮筒镗床（见图 1-55），这是世界上第一台真正意义上的镗床。

● 1765 年，瓦特发明了蒸汽机，揭开了第一次工业革命的序幕。蒸汽机给人类带了强大的动力，各种由动力驱动的产业机械——纺织机、机床，如雨后春笋般出现。如图 1-56 所示为蒸汽机及蒸汽机时代的纺织厂。

图 1-55　1774 年威尔金森发明的炮筒镗床

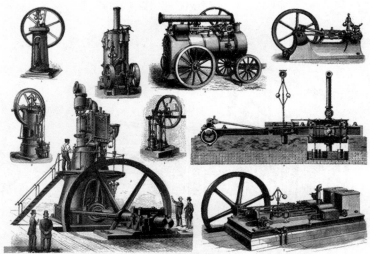

(a) 蒸汽机的发明

(b) 蒸汽机时代的纺织厂

图 1-56　蒸汽机及蒸汽机时代的纺织厂

- 1807 年，美国的富尔顿蒸汽机船 "克莱蒙特" 号（见图 1-57）诞生。
- 1814 年，英国的乔治·斯蒂芬森发明了第一台蒸汽机车（见图 1-58）。

图 1-57　第一艘蒸汽机船"克莱蒙特"号

图 1-58　第一台蒸汽机车

　　从 18 世纪中叶到 19 世纪中叶，英国机械工业得到了突飞猛进的发展。在机械加工中取代了手工而使用了各种机床。工业、农业等行业的发展离不开机器。在制造机器过程中，车床发挥着中流砥柱的作用，也可以说车床是"机器之母"。

　　当时的车床只能用于加工木料，木匠用双脚踩动车床踏板（见图 1-59），使车床转动，手执削刀接触木棒，木屑便被削掉，这样车得的木棒比较光滑。

　　● 1794 年，英国的莫兹利制作了刀具的自动进给装置——进给箱。1797 年，莫兹利成功发明了车床。这一发明具有划时代的意义，它标志着一个崭新的机器制造业的时代已经开始。莫兹利发明的带有进给箱的车床（见图 1-60），其特点是不只是有一个进给箱，而且整个车床都是用金属制作的，机床更坚固耐用了，同时大幅度地提高了加工精度。

　　● 19 世纪，第二次工业革命时，电动机和内燃机代替了蒸汽机，集中驱动被抛弃了，每台机器都安装了独立的电动机，为飞机、汽车的出现提供了可能性。

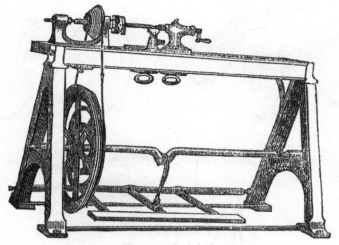

图 1-59　脚踏车床

图 1-60　莫兹利制作的车床

● 1886 年，本茨发明了以汽油发动机为动力的三轮车（见图 1-61）。与此同时，戴姆勒发明出了他的第一辆四轮车（见图 1-62）。

图 1-61

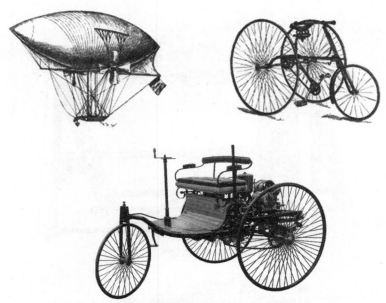

图 1-61　本茨发明了以汽油发动机为动力的三轮车

图 1-62　戴姆勒发明出了他的第一辆四轮车

● 1903 年,莱特兄弟设计和制造"飞行者一号"(见图 1-63)。

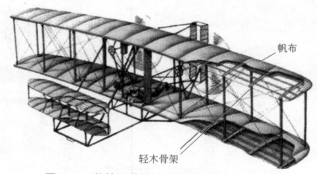

帆布

轻木骨架

图 1-63　莱特兄弟设计和制造"飞行者一号"

● 19 世纪中叶，发明了炼钢法。

● 加工手段的变革：18 世纪末，现代车床的雏形（见图 1-64）在英国问世。

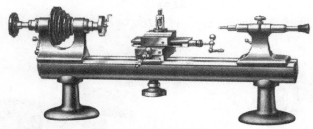

图 1-64　现代车床的雏形

19 世纪中叶，通用机床类型已大体齐备，如图 1-65 所示为同时期的车床。

图 1-65　19 世纪中叶的车床

19 世纪末，机械化生产、大型机床出现（见图 1-66）。

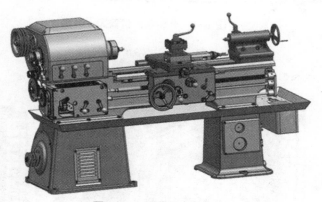

图 1-66　19 世纪末的车床

● 生产模式的变化：社会需求日益增长，20 世纪初叶，机械制造进入了大批量生产模式的时代。

③ 20 世纪中叶至今：计算机的发明，各种先进机器飞速发展。

● 计算机的发明——科学技术发展史上划时代的大事。计算机的出现使机械设计方法面目一新。

● 随着计算机和伺服电机的出现，机器人作为现代机器的代表走上了历史舞台（见图1-67 ～图 1-71）。

图 1-67　工业机器人

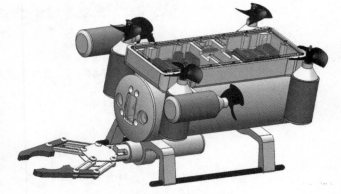

图 1-68　水下机器人

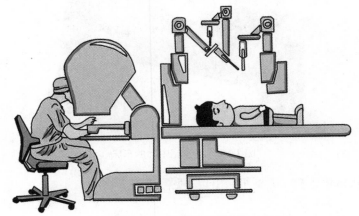

图 1-69　外科手术机器人

图 1-70　服务机器人

● 计算机控制系统和伺服电机被引入到传统机器中来，使其组成、面貌和功能发生了革命性的变化。如图 1-72 所示为装有程序控制系统的数控机床。

● 人类实现了"上九天揽月，下五洋捉鳖"的伟大梦想。2003 年 10 月 15 日中国第一艘载人飞船神舟五号（神舟五号载人飞船是我国神舟系列飞船中的第五艘，是中国首次发射的载人航天飞行器）将航天员杨利伟送入太空，标志着中国成为继苏联和美国之后，第三个有能力自行将人送上太空的国家。神舟五号飞船发射及结构示意图见图 1-73、图 1-74。

图 1-71　娱乐机器人

图 1-72　数控机床

图 1-73　神舟五号飞船发射成功

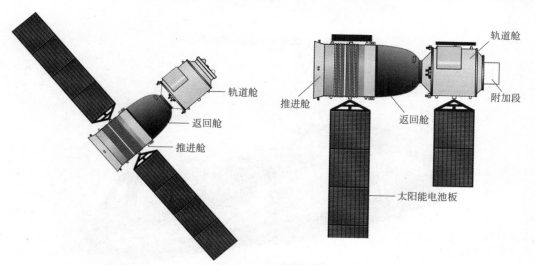

图 1-74　中国载人神舟飞船示意图

● 中国蛟龙号载人潜水器见图 1-75～图 1-77。蛟龙号载人潜水器是中国第一台自行设计、自主集成研制的深海载人潜水器，设计深度为 7000 米。2010 年 5 月至 7 月，蛟龙号在南中国海中进行了多次下潜任务,最大下潜深度达到了 3759 米。2011 年 7 月,蛟龙号载人潜水器到达深度 5057 米。2012 年 6 月,到达深度 7062 米。

图 1-75 中国蛟龙号载人潜水器示意图

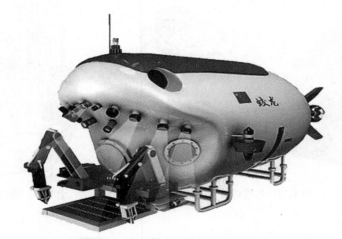

图 1-76 中国蛟龙号载人潜水器外观

图 1-77 蛟龙号及其母船"深海一号"

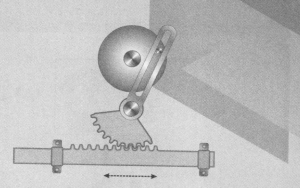

# 第2章
# 机器中的通用零部件

## 2.1　机器的基本组成要素

　　无论分解哪一台机器，它的机械系统总是由一些机构组成；每个机构又是由许多零件组成。

　　各种机器都是由零部件组装而成，那么部件是机器的一部分，它是由若干零件装配在一起的。

### 2.1.1　机器中的部件

　　机器种类繁多，举个简单的例子来认识机器中的零部件，如图 2-1 所示为带式输送机传动装置。带式输送机由动力装置电动机及传动装置联轴器、减速器、V 带传动机构组成。其中电动机、联轴器、减速器为部件，V 带传动机构中的大小带轮和 V 带为零件。

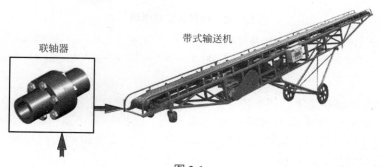

联轴器　　　　　　　带式输送机

图 2-1

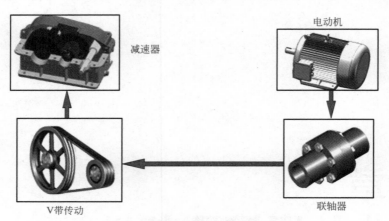

图 2-1　带式输送机传动示意图

 ## 机器部件中的零件

　　如图 2-2 所示为行星齿轮减速器，行星齿轮减速器是部件，它约由 12 种主要零件组成。

图 2-2　行星齿轮减速器

1—输出轴；2，5—挡圈；3—滚珠轴承；4—输出端盖；6—齿轮轴；7—连接螺栓；8—行星轮；
9—保护外壳；10—行星架；11—齿圈；12—隔离垫片；13—输入太阳轮；14—输入端盖

　　能看出图 2-3 中哪些是零件吗？图中的结构说明什么？

　　图 2-3 中行星齿轮减速器为部件。其中输出轴、保护外壳、斜齿圆柱齿轮、输入端盖、齿轮轴、电机连接板为零件，圆锥滚子轴承为部件，行星齿轮机构由行星架、行星轮和太阳轮组成。夹紧结构由轴和套组成。

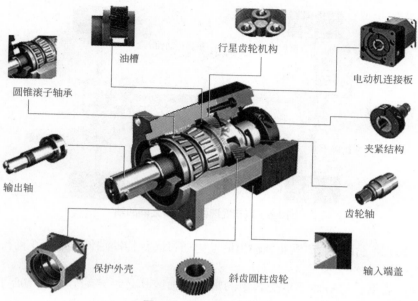

圆锥滚子轴承

油槽

行星齿轮机构

电动机连接板

夹紧结构

输出轴

齿轮轴

保护外壳

斜齿圆柱齿轮

输入端盖

图 2-3　行星齿轮减速器

## 2.2　支承回转零件——轴

轴是组成机器的重要零件之一，其主要功能是支承回转零件（如齿轮、带轮、电动机转子等）并传递运动和转矩。轴的类型比较多，可以根据形状、承载情况和结构等对轴进行分类。

（1）按轴的功能和承载分类

按轴的功能和承载不同，轴可以分为三种类型。

① 转轴：既能承受弯矩又能承受转矩的轴，如图 2-4 所示的减速器结构中的转轴（见图 2-5）。

图 2-4　减速器结构

图 2-5　减速器中的转轴

② 传动轴：只承受转矩而不承受弯矩的轴，如汽车变速器与后桥之间的轴（见图 2-6）。

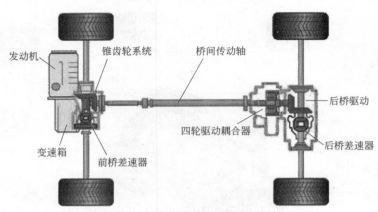

图2-6 汽车变速器与后桥之间的轴

发动机　锥齿轮系统　桥间传动轴　后桥驱动　四轮驱动耦合器　后桥差速器　变速箱　前桥差速器

汽车能够行驶是由于发动机曲轴输出的动力通过底盘传动轴传递给汽车前桥（后桥），从而使车轮旋转。

③心轴：只承受弯矩而不承受转矩的轴。心轴按其是否转动分为转动心轴（见图 2-7）和固定心轴（见图 2-8）。

图2-7 火车轮的转动心轴

图2-8 自行车前轴（固定心轴）

火车的两个车轮能够旋转运动，是由于火车车轴支承着两个车轮并随车轮一同旋转。
自行车的前车轮通过前轴安装在自行车的前叉上，前轴起着支承车轮的作用。

（2）按轴线几何形状分类

按轴线几何形状的不同，轴还可以分为直轴（见图 2-9）、曲轴及钢丝挠性轴。

图 2-9　直轴

① 直轴在减速器中应用　如图 2-10 所示为齿轮减速器中的低速轴。轴上与传动零件（链轮、齿轮等）相配的部分称为轴。

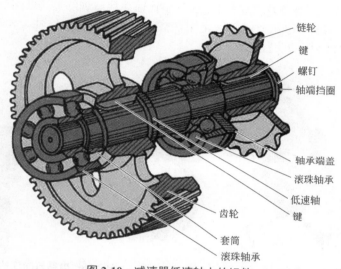

链轮
键
螺钉
轴端挡圈
轴承端盖
滚珠轴承
低速轴
键
齿轮
套筒
滚珠轴承

图 2-10　减速器低速轴上的组件

② 曲轴（见图 2-11）　常用于往复式发动机、内燃机、空气压缩机中。它承受连杆传来的力，并将其转变为转矩通过曲轴输出以驱动发动机上其他附件工作。

如图 2-12 所示为往复式活塞内燃机的曲轴。它担负着将活塞的上下往复运动转变为自身的圆周运动的作用，且通常所说的发动机的转速就是曲轴的转速。

③ 钢丝软轴（见图 2-13）　它是由多组钢丝分层卷绕而成的，具有良好的挠性，可将转矩和旋转运动灵活地传到所需的任何位置，其应用见图 2-14。

图 2-11　曲轴

活塞
连杆
曲轴

图 2-12　往复式活塞内燃机的曲轴

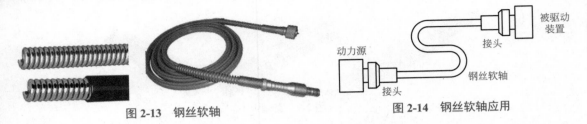

图 2-13　钢丝软轴

图 2-14　钢丝软轴应用

④ 软轴的应用　软轴是由用途而得名的。在机械设计中它作为一种非直线传动或非同一平面间的传动部件使用,它可简化传动机械,同时传动精度高,使用广泛,如混凝土振捣器、风镐、船用水泵。另外,软轴还能缓和冲击,如软轴乒乓球训练器(见图 2-15)。电钻也可用软轴来传动(见图 2-16),电钻万向软轴是用在空间狭小地方的工作轴。软轴也应用于医疗器具(图 2-17)和机床的传动装置。

图 2-15　软轴乒乓球训练器

图 2-16　电钻万向软轴

图 2-17　口腔综合治疗台上的软轴

## 2.3 支承轴旋转的部件——轴承

　　轴承是机器中支持做旋转运动的轴，保持轴的旋转精度和减小轴与支承间的摩擦和磨损的一种支承部件，应用十分广泛。如图2-18所示，为减速器的高、低速轴上采用的轴承。

　　根据工作时的摩擦性质不同，轴承可分为滑动轴承和滚动轴承。滑动轴承结构简单、易于安装，而且具有工作平稳、无噪声、耐冲击和承载能力强等优点，一般用于转速高、要求支承位置特别精确和承受特重型载荷等场合，如在航空发动机附件、汽轮机、内燃机、铁路机车及车辆、轧钢机、大型电机等方面应用广泛。滚动轴承的摩擦阻力小，载荷、转速及工作温度的适用范围广，且已标准化，设计、使用、润滑、维护都很方便，因此在一般机器中应用广泛。

　　如图2-19所示，为圆锥滚子轴承在减速器中的应用。圆锥滚子轴承一般成对使用，适用于径向和轴向载荷都较大的场合，如斜齿轮、锥齿轮、蜗杆轴及机床主轴等。

图2-18　滚动轴承在减速机中的应用

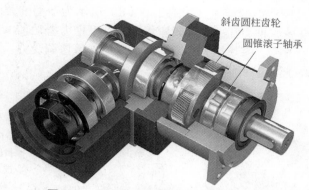

图2-19　圆锥滚子轴承在减速器中的应用

（1）滑动轴承的结构

　　滑动轴承根据其所受载荷的方向分为径向滑动轴承（又可分为整体式径向滑动轴承和对开式径向滑动轴承）和推力滑动轴承。

　　1）径向滑动轴承。

　　① 整体式径向滑动轴承（见图2-20）由轴承座、整体轴套组成。轴承座上有安装润滑油

杯的螺纹孔。整体径向滑动轴承具有结构简单、制造方便、成本低廉、刚度较大等优点，但在装拆时需要轴承或轴做较大的轴向移动，适用于低速、轻载和不重要的情况。

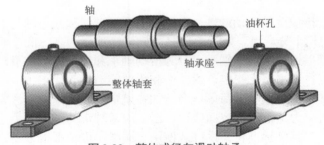

图 2-20 整体式径向滑动轴承

② 对开式径向滑动轴承如图 2-21 所示，由轴承座、轴承盖、连接螺栓和轴瓦组成。这种结构装卸、间隙调整和更换新轴瓦都很方便，故应用广泛。

图 2-21 对开式径向滑动轴承

2）推力滑动轴承［见图 2-22（a）］，主要承受轴向载荷，由轴承座、防止轴瓦转动的止动销钉、止推轴瓦和径向轴瓦等组成。止推轴瓦与轴承座成球面配合，起自动调位作用，径向轴瓦有一定的承受径向载荷的能力。如图 2-22（b）所示为新型推力滑动轴承，主要由推力头、导向瓦、微调装置、推力瓦、导轴承座组成。新型推力滑动轴承与传统推力轴承不同的是，推力瓦形状有所改变，每块推力瓦下均有一碟形弹簧协调受力，增加了由瓦调节螺栓构成的微调装置以及高于油位的绝缘装置。

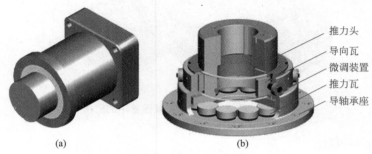

(a)　　　　　　　　　　　　　　　(b)

图 2-22 推力滑动轴承

（2）滚动轴承

滚动轴承（见图 2-23）一般由外圈、内圈、滚动体和保持架组成。内圈装在轴颈上，外圈装在机座或零件的轴承座孔内。内、外圈上有滚道,当内、外圈相对旋转时,滚动体将沿着滚道滚动。保持架的作用是把滚动体均匀隔开,可避免运动过程中的碰撞和磨损。

常见滚动轴承的类型见图 2-24 ~ 图 2-34。

单列角接触球轴承见图 2-24。

双列角接触球轴承(见图 2-25)能同时承受径向载荷和双向的轴向载荷。具有相当于一对角接触球轴承背靠背安装的特性。

推力圆柱滚子轴承见图 2-26,能承受很大的单向轴向载荷,承受能力比推力球轴承大。常用于承受轴向载荷大而又不需要调心的场合。

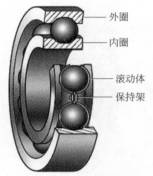

外圈
内圈
滚动体
保持架

图 2-23　滚动轴承的构造

图 2-24　单列角接触球轴承

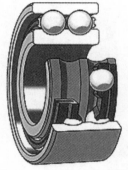

图 2-25　双列角接触球轴承

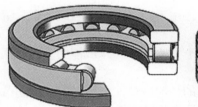

图 2-26　推力圆柱滚子轴承

推力球轴承(见图 2-27)可以在一个方向上支承轴向载荷,此类轴承的设计不适应径向载荷,轴承的组件可以很容易地分开。

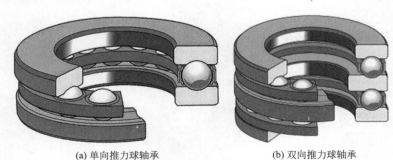

(a) 单向推力球轴承　　　　　　　　　　(b) 双向推力球轴承

图 2-27　推力球轴承

在深沟球轴承(见图 2-28)中,滚珠很好地安装在深槽中,使轴承能够承受两个方向的轴向载荷。图中的轴承具有单排球。

在圆锥滚子轴承（见图2-29）中，内圈和外圈以及滚子是锥形的，以便同时支承轴向和径向载荷。在此类轴承中，支承的轴向和径向载荷的比例取决于滚子和轴承轴线之间的角度。角度越大，有助于支承更大的轴向载荷。

除径向载荷外，角接触球轴承能够承受单向的大推力载荷。

自调心球轴承（见图2-30）中，有两组球，一组在内圈上的一对凹槽上运行，具有单个外圈凹面。此类轴承主要承受径向载荷，也可以承受不大的轴向载荷。

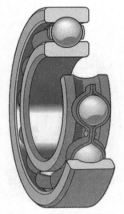

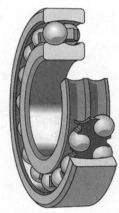

图 2-28　深沟球轴承　　　　　图 2-29　圆锥滚子轴承　　　　　图 2-30　自调心球轴承

滚针轴承（见图2-31）有长而细的滚子，适用于径向空间有限的场合。滚针轴承横截面小，有很高的承载能力。

调心滚子轴承（见图2-32）允许倾斜角小于1°～2.5°，承载能力大。常用于其他轴承不能胜任的受重载和受冲击载荷的场合。

圆柱滚子轴承（见图2-33）能够承受较大的径向载荷，但不能承受轴向载荷。此类轴承主要用于汽车、拖拉机、连续轧机等径向承载要求高的场合。

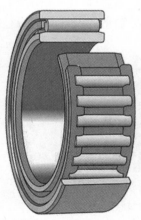
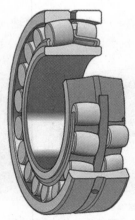
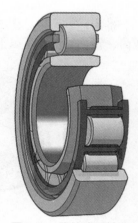

图 2-31　滚针轴承　　　　　图 2-32　调心滚子轴承　　　　　图 2-33　圆柱滚子轴承

轮毂轴承（见图2-34）每年大量生产，以满足汽车行业的需求。这些轴承由于汽车的重量而支承径向载荷，还支承当汽车非线性运动时产生的推力载荷。

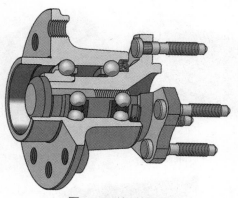

图 2-34　轮毂轴承

# 2.4　连接两轴传递运动和动力的装置——联轴器 ‹

在机械传动中，常需要将机器中不同机构的轴连接起来，以传递运动和动力。将两轴直接连接起来以传递运动和动力的连接称为轴间连接。轴间连接通常采用联轴器和离合器来实现。

如图 2-1 所示的带式输送机传动图，其中电动机的输出轴与减速器的输入轴，减速器的输出轴与输送带卷筒轴都是采用联轴器连接，以实现运动和动力的传递。

联轴器是一种固定连接装置，主要作用是将轴与轴（或轴与旋转零件）连成一体，使其一同运转并将转矩传递给另一轴。联轴器在运转时，两轴不能分离，必须等停车后，经过拆卸才能分离。有时也可作为传动系统中的安全装置，以防止机械过载。

联轴器按有无弹性元件可分为刚性联轴器和弹性联轴器。常用的固定式刚性联轴器有凸缘联轴器、套筒联轴器和夹壳联轴器等，常用的可移式刚性联轴器有齿式联轴器和万向联轴器等。常见的弹性联轴器有弹性套柱销联轴器、弹性柱销联轴器。

（1）凸缘联轴器

如图 2-35 所示，凸缘联轴器由两个带凸缘的半联轴器用螺栓连接而成，半联轴器与轴之间用键连接。凸缘联轴器结构简单，制造方便，成本较低，装拆、维护方便，传递转矩较大，要求两轴具有较高的对中性。一般常用于载荷平稳、中高速或传动精度要求较高的场合，是应用广泛的一种刚性联轴器。

图 2-35　凸缘联轴器

（2）套筒联轴器

由套筒（图 2-36）、键或销等组成。对于用销连接的套筒联轴器，过载时销会被剪断，可作为安全联轴器，用紧定螺钉连接套筒和轴见图 2-37。

图 2-36　套筒联轴器

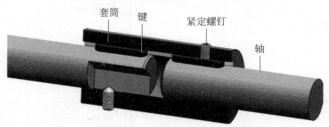

图 2-37　用紧定螺钉连接套筒和轴

　　套筒联轴器结构简单，径向尺寸小，组成零件少，制造方便。但在拆装时轴需做较大的轴向移动。套筒联轴器适用于载荷不大、工作平稳、两轴能严格对中且径向尺寸受限制的场合，如用于机车传动中。

　　（3）夹壳联轴器

　　由纵向剖分的两半筒形夹壳和连接它们的螺栓所组成，靠夹壳与轴之间的摩擦力或键来传递转矩，如图 2-38 所示。由于这种联轴器是剖分结构，在装卸时不用移动轴，所以使用起来很方便。夹壳材料一般为铸铁，少数用钢。夹壳联轴器主要用于低速、工作平稳的场合。

图 2-38　夹壳联轴器

　　（4）十字滑块联轴器

　　利用中间滑块与两半联轴器端面的径向槽配合以实现两轴连接。如图 2-39 所示，其结构简单、制造方便。适用于轴线相对位移较大、无剧烈冲击、转速较低的场合。

图 2-39　十字滑块联轴器

（5）万向联轴器

十字轴式万向联轴器如图 2-40 所示，由两个叉形接头、一个中间连接件和轴组成。属于一个可动的连接，且允许两轴间有较大的夹角（夹角可达 35°～45°）。其结构紧凑、维护方便，广泛应用于汽车、多头钻床等机器的传动系统中。

图 2-40 万向联轴器

如图 2-41 所示，汽车行驶时，由于道路的不平会引起变速箱输出轴和后桥输入轴相对位置的变化，因此采用双十字轴式万向联轴器可实现两轴之间的运动传递。

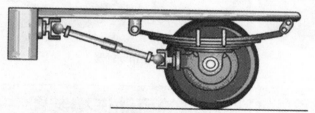

图 2-41 万向联轴器在汽车后桥中的应用

（6）齿式联轴器

如图 2-42、图 2-43 所示，齿式联轴器由两个带有内齿及凸缘的外套筒和两个带有外齿的内套筒组成。依靠内外齿相啮合传递转矩。齿轮的齿廓曲线为渐开线，啮合角为 20°。这类联轴器能传递很大的转矩，并允许有较大的偏移量，安装精度要求不高，常用于重型机械中。

图 2-42 齿式联轴器（一）

图 2-43 齿式联轴器（二）

（7）弹性套柱销联轴器

弹性套柱销联轴器的结构与凸缘联轴器相似，如图 2-44 所示，不同之处是其用带有弹性套的柱销代替了螺栓连接。这种联轴器制造简单、拆装方便、成本低，但弹性套容易磨损、寿命短，适用于载荷平稳，需正、反转或启动频繁，传递中小转矩的轴。

图 2-44　弹性套柱销联轴器

（8）弹性柱销联轴器

弹性柱销联轴器如图 2-45 所示，与弹性套柱销联轴器结构相似，只是柱销材料改为尼龙，柱销形状一端为柱形，另一端制成腰鼓形，以增大角度位移的补偿能力。为防止柱销脱落，柱销两端装有挡板，用螺钉固定。

图 2-45　弹性柱销联轴器

## 2.5　接合或分离两轴的可动连接装置——离合器

离合器用来连接两根轴，使之一起转动并传递转矩，在工作中主、从动部分可分离可接合。

### 2.5.1　离合器的分类

① 牙嵌式离合器　如图 2-46 所示，牙嵌式的离合器由两个端面上有牙的半离合器组成。其中一个半离合器固定在主动轴上，另一个半离合器用导键（或花键）与从动轴连接，并可由操纵机构使其做轴向移动，以实现离合器的分离与接合。牙嵌式离合器是借牙的相互嵌合来传递运动和转矩的。为使两半离合器能够对中，在主动轴的半离合器上固定一个对中环，从动轴可在对中环内自由转动。

图 2-46　牙嵌式离合器

② 膜片弹簧离合器（见图 2-47、图 2-48）　是用膜片弹簧代替了一般螺旋弹簧以及分离杆机构而做成的离合器，因为它布置在中央，所以也可算中央弹簧离合器。膜片弹簧是一个用薄弹簧钢板制成的带有一定锥度、中心部分布有许多均匀径向槽的圆锥形弹簧片。膜片弹簧是碟形弹簧的一种，由碟簧部分和分离指部分组成。

图 2-47　膜片弹簧离合器

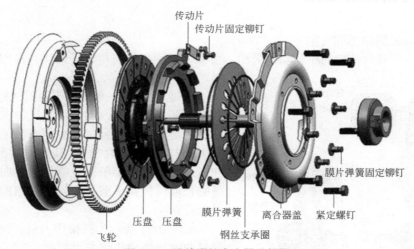

传动片
传动片固定铆钉
膜片弹簧固定铆钉
压盘　压盘
膜片弹簧
离合器盖　紧定螺钉
钢丝支承圈
飞轮

图 2-48　膜片弹簧离合器分解图

③ 周置螺旋弹簧离合器　采用若干个螺旋弹簧作为压紧弹簧，并将这些弹簧沿压盘圆周分布的离合器称为周置螺旋弹簧离合器，如图 2-49 所示。这种类型的离合器一般用于越野和重型卡车。

④ 滚柱单向离合器　如图 2-50 所示的滚柱超越离合器，由星轮、外圈、滚柱和弹簧顶杆组成。滚柱的数目一般为 3～8 个，星轮和外圈都可作主动件。当星轮为主动件并做顺时针转动时，滚柱受摩擦力作用被楔紧在星轮与外圈之间，从而带动外圈一起回转，离合器为接合状态；当星轮逆时针转动时，滚柱被推到楔形空间的

图 2-49　周置螺旋弹簧离合器

宽敞部分而不再楔紧，离合器为分离状态。超越离合器只能传递单向转矩，故也称为定向离合器。

图 2-50 滚柱超越离合器

若外圈随星轮做顺时针同向转动，同时当外圈转速大于星轮转速时，离合器也将处于分离状态，外圈可超越星轮的转速按顺时针方向自由转动，故又称其为超越离合器。超越离合器的这种定向及超越作用，使其广泛应用于车辆、飞机、机床及轻工机械中。

## 2.5.2 离合器的应用

（1）转键式离合器的应用

转键式离合器的结构简单，动作灵活、可靠，适用于轴与传动件连接，常用于各种曲柄压力机中。

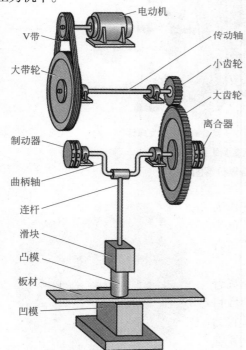

图 2-51 机械压力机的结构

当键转过某一角度，凸出于轴表面时，即可由外部主动轴套带动转动。这种嵌合方式可使主、从动部分在离合过程中不需沿轴向移动，适合于轴与轮毂的离、合，其受力情况比滑销好，冲击速度低。其中单键只能传递单向转矩，增加键的长度可提高承载能力，转键结构简单，动作灵敏可靠。

如图 2-51 所示为机械压力机，该机器是一种通过曲柄滑块机构将电动机的旋转运动转换为滑块的直线往复运动，实现对坯料进行加工的锻压机械。

机械压力机传动路线：锻压时，电动机通过 V 带驱动大带轮，经过齿轮副和转键式离合器带动曲柄滑块机构，使滑块和凸模直线下行。锻压工作完成后滑块回程上行，离合器自动脱开，同时曲轴上的制动器接通，使滑块停在上止点附近。

（2）膜片弹簧离合器在汽车中的应用

离合器是一个传动机构，它有主动部分和从动部分，两部分可以暂时分离也可以慢慢接合，并且在传动过程中还有可能产生相对转动。所以，离合器的主动件和从动件之间会依靠接触摩擦来传递转矩，或者是利用摩擦所需的压紧力，或是利用液体作为传动的介质，或是利用磁力传动等方式来传递转矩。

目前在汽车上广泛使用的就是靠膜片弹簧压紧的摩擦离合器（见图 2-52）。汽车在行驶的过程中需要经常保持动力的传递，中断动力只是暂时的需要，故在行驶过程中主动和从动部分长期处于接合状态，当驾驶员踩下离合器踏板时，通过机件的传递，让从动部分与主动部分分离。

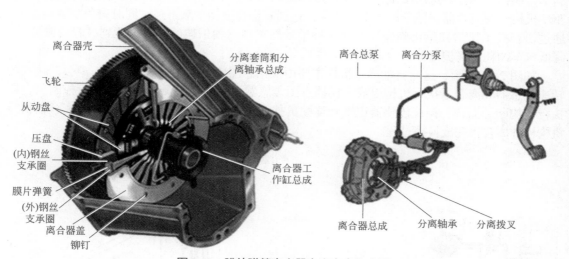

图 2-52　膜片弹簧离合器在汽车中的应用

① 膜片弹簧离合器的工作原理：如图 2-53 所示，离合器盖与发动机飞轮用螺栓紧固在一起，当膜片弹簧被预加压紧，离合器处于接合位置时，由于膜片弹簧大端对压盘的压紧力，使得压盘与从动盘摩擦片之间产生摩擦力。

当离合器盖总成随飞轮转动时（构成离合主动部分），就通过摩擦片上的摩擦转矩带动从动盘总成和变速器一起转动以传递发动机动力。要分离离合器时，将离合器踏板踩下，通过操纵机构,使轴承总成前移推动膜片弹簧分离,使膜片弹簧呈反锥形变形,其大端离开压盘,压盘在传动片的弹力作用下离开摩擦片,使从动盘总成处于分离位置,切断了发动机动力的传递。

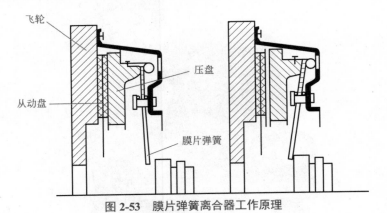

图 2-53　膜片弹簧离合器工作原理

　　② 自动离合器,也称作自动离合控制系统,是针对手动挡车型研发的一种智能离合器控制系统。在不改变原车变速箱和离合器的基础上,通过加装一套独立系统,由微电脑控制离合器的分离和结合,从而达到"开车不用踩离合"的效果。

　　自动离合器是通过机械、电子、液压实现自动控制离合器分离和结合的独立系统,由离合器驱动机构、控制电脑、挡位传感器、线速、显示语音单元等部件组成(见图 2-54),主要针对手动挡车型设计,加装时不改变原车结构。控制电脑根据车辆状态(车速,转速,油门,刹车,换挡),结合驾驶员的意图,模拟最优秀的驾驶技术,用最佳的时间与速度控制离合器驱动机构,使离合器快速分离和平稳接合,达到起步与换挡平顺舒适,同时避免空油与熄火;通过语音提示让驾驶员正确操作,在保持手动挡车型驾驶乐趣的同时,达到减轻驾驶疲劳,降低汽车油耗,保护发动机的目的。

　　如图 2-55 所示,这套自动离合机构主要由换挡意图传感器、挡位传感器、离合器输入轴转速传感器和离合器执行机构组成。换挡意图传感器识别到驾驶员的换挡意图后控制离合器执行机构断开离合,挡位传感器识别到驾驶员挂入挡位后,根据输入轴转速控制离合器执行机构松开离合,完成换挡过程。

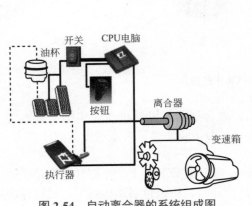

图 2-54　自动离合器的系统组成图

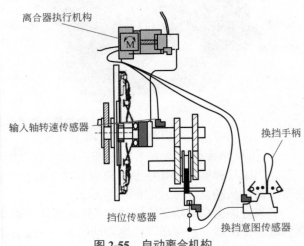

图 2-55　自动离合机构

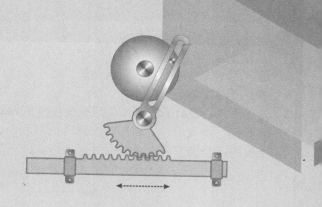

# 第3章
# 动力机器原理与构造

什么是动力机器?

机器的动力源称为动力机器。动力机器其用途是转换机械能。将其他形式的能量转换为机械能的原动机如蒸汽机、内燃机、电动机等。机械能转换成其他形式的能量的换能机如空气压缩机等。

## 3.1　从蒸汽机说起

将热能转变为机械能的发动机称为热力发动机,包括内燃机和外燃机。内燃机是通过将燃料与空气混合在发动机内部燃烧而产生的热能转变为机械能的装置。外燃机是燃料在机器外部的锅炉内燃烧,将锅炉内的水加热,使之变为高温、高压的水蒸气,送到机器内部,使所含的热能转变为机械能,如蒸汽机等。

蒸汽机是将蒸汽的能量转换为机械能的往复式动力机器。蒸汽机的出现曾引起了18世纪的工业革命。直到20世纪初,它仍然是世界上最重要的原动力。

蒸汽机是得到广泛使用的最早的发动机。托马斯·纽科门于1705年首先发明了蒸汽机,但它耗煤量大,效率低。瓦特运用科学理论,逐渐发现了这种蒸汽机的缺点所在。从1765年到1790年,他进行了一系列发明,比如分离式冷凝器、汽缸外设置绝热层、用油润滑活塞、行星式齿轮、平行运动连杆机构、离心式调速器、节气阀、压力计等,使蒸汽机的效率提高到纽科门机的3倍多,最终发明出了现代意义的蒸汽机,瓦特对蒸汽机作出了重大改进。蒸汽机为早期蒸汽机车、汽船和工厂提供动力,因此它是工业的基础。

### 3.1.1　蒸汽机如何工作

蒸汽推动活塞在汽缸之内做往复运动,通过连杆带动飞轮旋转,将往复运动变为圆周运动，而飞轮反过来又带动换向阀，改变活塞两次的进汽与排汽关系，实现机械自动换向，来维持机器连续运行。

图 3-1 展示了活塞式蒸汽机的主要部件，这是用在蒸汽机车中的典型蒸汽机。在图中能够看到，滑阀负责让高压蒸汽进入汽缸两面，而滑阀的控制杆通常钩在联动装置上，因此十字头的运动也使滑阀滑动。

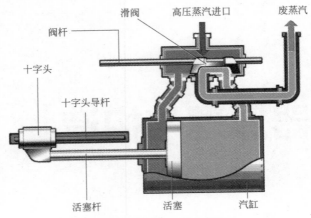

图 3-1　蒸汽机工作原理图

蒸汽机的工作原理：当汽缸运动到右侧末端时，打开右侧进气阀向汽缸右侧冲高压水蒸气，打开左侧排气阀，高压水蒸气推动活塞向左运动，运动到最左端时，打开左侧进气阀关闭右侧排气阀，向汽缸左侧冲高压水蒸气，使汽缸活塞向右运动。将汽缸活塞的往复运动通过连杆滑块曲轴转化为旋转运动。各阀门的开关也是通过连杆滑块带动滑阀进行的。

在图 3-1 中可以看到废蒸汽被简单地排放到了空气中。这样就可以解释关于蒸汽机车的两个问题。

① 为什么蒸汽机车需要在车站加水，因为随着蒸汽的消耗，水不断地损失。

② 火车发出"呼哧"声的来源。当阀门打开汽缸释放废蒸汽时，蒸汽以很大的压力冲出来而产生"哧"的声音。当火车刚启动时候，活塞移动得很慢，而后火车开始变快，活塞运动也在加快，这就产生了人们在火车启动时常常听到的声音。

## 3.1.2　向蒸汽机供应高压蒸汽的锅炉

蒸汽机所需要的高压蒸汽来自锅炉。锅炉的任务是加热水来产生蒸汽。按加热方式分为两种锅炉：火管式和水管式锅炉。

（1）火管式锅炉

火管式锅炉在 19 世纪初更为常见。如图 3-2 所示，它由一个被很多管子穿过的水箱组成，由煤或木柴烧热所得的热气体通过这些管子中来加热水箱中的水。在火管式锅炉中，整个水箱都处于高压下，因此如果水箱破裂就会造成大爆炸。

（2）水管式锅炉

在水管式锅炉中，水流过位于由火加热的气体中的一排管子。如图 3-3 所示为水管式锅炉的典型构造示意图。在真正的锅炉中，结构将会复杂得多，因为锅炉的目的就是尽最大可能从燃烧中吸取热量以提高效率。

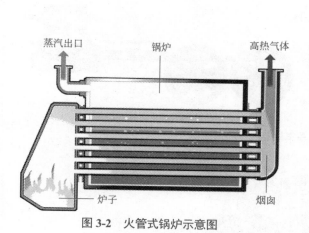

图 3-2 火管式锅炉示意图

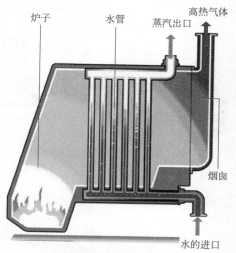

图 3-3 水管式锅炉示意图

### 3.1.3 蒸汽机车

（1）蒸汽机车中的连杆机构（见图3-4）

在蒸汽机车中，十字头与驱动杆连接，驱动杆与火车的三个驱动轮中的一个相连接，这三个驱动轮通过连杆相连接，使得这三个驱动轮联动，所以它们同步转动。

图 3-4 蒸汽机车中的连杆机构

（2）蒸汽机车怎么控制车轮正反转呢？

蒸汽机车由一个手柄来控制车轮正反转，从而实现机车的前进、后退，向前推给汽前进，向后拉给汽倒退，如图3-5所示。

如图3-5（a）、图3-5（b）所示为活塞在汽缸中的运动。蒸汽机车中活塞在汽缸的中部〔见图3-5（b）〕、两端根据需求做功来回更换。所以蒸汽机车有一个主连杆，还有一个副连杆，从而保证根据需求决定机车前进还是倒退。

（3）蒸汽机车结构原理

图3-6所示为最早的蒸汽机车。

图3-7所示为近代的蒸汽机车。

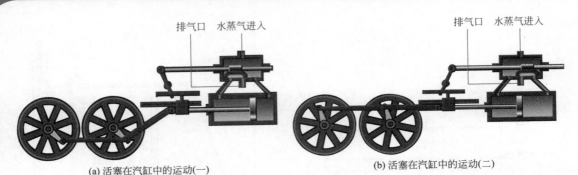

(a) 活塞在汽缸中的运动(一)  (b) 活塞在汽缸中的运动(二)

图 3-5  蒸汽机车车轮及活塞的运动

图 3-6  最早的蒸汽机车

图 3-7  近代的蒸汽机车

　　蒸汽机车是蒸汽机在交通工具上运用的最好范例。众所周知，蒸汽机是靠蒸汽的膨胀作用来做功的，蒸汽机车的工作原理也不例外。当司炉把煤填入炉膛，煤在燃烧的过程中，它蕴藏的化学能就转换成热能，把机车锅炉中的水加热、汽化，形成400℃以上的过热蒸汽，再进入蒸汽机膨胀做功，推动蒸汽机活塞往复运动。活塞通过连杆、摇杆，将往复直线运动变为轮转圆周运动，带动机车动轮旋转，从而牵引列车前进。

　　从这个工作过程可以看出，蒸汽机车必须具备锅炉、蒸汽机和走行三个基本部分。

　　锅炉是燃料（一般是煤）燃烧将水加热使之蒸发为蒸汽，并贮存蒸汽的设备。它由火箱、锅胴和烟箱组成。火箱位于锅炉的后部，是煤燃烧的地方，在内外火箱之间容纳着水和高压蒸汽。锅炉的中间部分是锅胴，内部横装大大小小的烟管，烟管外面贮存锅水。这样，烟管既能排出火箱内的燃气,又能增加加热面积。燃气在烟管通过时,将热传给锅水或蒸汽,提高了锅炉的蒸发率。锅炉的前部是烟箱,它利用通风装置将燃气排出,并使空气由炉床下部进入火箱,达到诱导通风的目的。锅炉还安装有汽表、水表、安全阀、注水器等附属装置。

蒸汽机是将蒸汽的热能转变为机械能的设备。它由汽室、汽缸、传动机构和配气机构组成。汽室与汽缸是两个相叠的圆筒,在机车的前端两侧各有一组。上部的汽室与下部的汽缸组合,通过进气、排气推动活塞往复运动。配气机构使汽阀按一定的规律进气和排气。传动机构则是通过活塞杆、十字头、摇杆、连杆等,把活塞的往复运动变成动轮的圆周运动。

蒸汽机车的走行部分包括轮对、轴箱和弹簧装置等部件。轮对分导轮、动轮、从轮三种。安装在机车前转向架上的小轮对叫导向轮对(导轮),机车前进时,它在前面引导,使机车顺利通过曲线。机车中部能产生牵引力的大轮对叫动轮。机车后转向架上的小轮对叫从轮,除了担负一部分重量外,当机车倒行时还能起导轮作用。

无论是最早的蒸汽机车还是近代的蒸汽机车,其外观和功用与如今的各种火车相差不远,但是蒸汽机车是世界上第一代的火车,是利用煤为动力,以蒸汽机为核心的最初级最古老的火车。蒸汽机车通过用煤烧水,使水变成蒸汽,从而推动活塞,使火车运行。在人们的心目中,气势磅礴的蒸汽机车具有一种特殊的意味,因为它曾以无比的巨力开启过人类历史上一个崭新的时代。一般蒸汽火车的速度为60km/h。

# 3.2 内燃机

## 3.2.1 内燃机构造原理

内燃机是一种动力机械,它是通过燃料在机器内部燃烧,并将其放出的热能直接转换为动力的热力发动机。

广义上的内燃机不仅包括往复活塞式内燃机、旋转活塞式发动机和自由活塞式发动机,也包括旋转叶轮式的燃气轮机、喷气式发动机等,但通常所说的内燃机是指活塞式内燃机。

活塞式内燃机以往复活塞式最为普遍。活塞式内燃机将燃料和空气混合,在气缸内燃烧,释放出的热能使气缸内产生高温高压的燃气。燃气膨胀推动活塞做功,再通过曲柄连杆机构或其他机构将机械能输出,驱动从动机械工作。

常见的汽油机和柴油机都属于往复活塞式内燃机,将燃料的化学能转化为活塞运动的机械能并对外输出动力。

如图3-8所示的单缸内燃机,它由气缸体、曲柄、连杆、活塞、进气阀、排气阀、推杆、凸轮及齿轮组成。当燃气推动活塞做

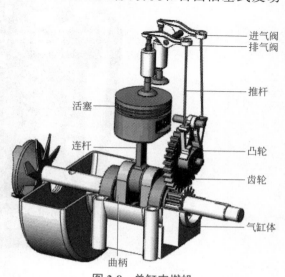

进气阀
排气阀
推杆
活塞
连杆
凸轮
齿轮
气缸体
曲柄

图3-8 单缸内燃机

往复移动时，通过连杆使曲柄做连续转动，从而将燃气的压力能转换为曲柄的机械能。齿轮、凸轮和推杆的作用是按一定的运动规律按时启闭阀门，以吸入燃气和排出废气。

## 内燃机是谁发明的？

1670年，荷兰的物理学家、数学家和天文学家惠更斯发明了采用火药在气缸内燃烧膨胀推动活塞做功的机械，即"内燃机"。用火药作燃料的火药发动机是现代内燃机原理的萌芽。

1801年，法国化学家菲利普·勒本，采用煤干馏得到的煤气和氢气作燃料，制成了将煤气和氢气与空气混合后点燃产生膨胀力推动活塞的发动机，这项发明被誉为内燃机发展史上开拓性的一步。

1862年，法国电气工程师莱诺创制成功了二冲程卧式内燃机。

1862年，法国科学家德罗夏在卡诺（法国）热力学研究的基础上，提出了四冲程内燃机工作原理，德国发明家奥托在1876年设计制成了第一台四冲程内燃机。

内燃机的发明经历了一个漫长的历史过程，很多人都对内燃机工作原理、设计和实用化起到了重要作用。历史上最为成功的内燃机是德国奥托发明的汽油机和狄赛尔发明的柴油机，他们的设计奠定了现代的内燃机的基础。

如图3-9所示为单缸汽油内燃机的结构图。单缸发动机是所有发动机中最简单的一种，它只有一个气缸，是发动机的基本形式。单缸发动机工作时，曲轴每转一圈活塞在气缸中做两次直线往复运动完成一个工作程序（二冲程）或两圈活塞在气缸中做四次直线往复运动完成一个工作程序（四冲程），气缸内的混合气点火燃烧一次，膨胀的气体推动活塞通过曲轴连杆机构使曲轴做旋转运动，实现活塞在气缸中做往复直线运动，活塞连续的上下运动变为曲轴的连续旋转运动，如此，将动力不断地输出，使内燃机正常运转工作。

图3-9　单缸汽油内燃机的结构图

（1）单缸四冲程汽油内燃机是怎么工作的？

汽油内燃机（简称汽油机）的工作循环：内燃机每做一次功完成进气、压缩、做功和排气四个过程，称一个工作循环。

单缸四冲程内燃机工作原理见图3-10：活塞经过四个冲程（进气冲程、压缩冲程、做功冲程和排气冲程）完成一个工作循环。

发动机工作时，活塞在气缸内做往复直线运动，曲轴做旋转运动。发动机正常工作，需要进气、压缩、做功和排气这一循环。为了完成这一工作循环，需要有配气机构配合实现气门的定时打开和关闭。对于汽油机来说，需要有燃油供给系统供给一定浓度的汽油和空气的混合气。点火系统产生高压电作用于火花塞，在适当的时候点燃气缸内的混合气。

① 进气冲程［见图3-10（a）］。曲轴带动活塞由上止点向下止点运动，进气门打开，汽油和空气的混合气被吸入气缸，至活塞到达下止点，进气冲程结束。

② 压缩冲程［见图3-10（b）］。曲轴带动活塞由下止点向上止点运动，进气门和排气门均关闭，混合气被压缩，压力和温度升高，至活塞到达上止点，压缩冲程结束。

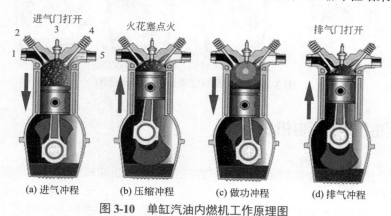

(a) 进气冲程　(b) 压缩冲程　(c) 做功冲程　(d) 排气冲程

图3-10　单缸汽油内燃机工作原理图

1—排气道；2—排气门；3—火花塞；4—进气门；5—进气道

③ 做功冲程［见图3-10（c）］。压缩冲程即将结束，活塞到达上止点前的某一刻，点火系统提供的高压电作用于火花塞，火花塞跳火，点燃气缸的混合气。因为活塞的运行速度极快而迅速越过上止点，同时混合气迅速燃烧膨胀做功，推动活塞下行，带动曲轴输出动力，到达下止点，做功冲程结束。

④ 排气冲程［见图3-10（d）］。曲轴带动活塞由下止点向上止点运动，排气门打开，燃烧后的废气经排气门排出。排气结束，活塞处于上止点。

（2）柴油内燃机是怎么工作的？

柴油内燃机（简称柴油机），是将柴油喷射到气缸内与空气混合，燃烧得到热能转变为机械能的热力发动机。即依靠燃料燃烧时的燃气膨胀推动活塞做直线运动，通过曲柄连杆机构使曲柄旋转，从而输出机械功。

① 进气冲程［见图3-11（a）］。曲轴带动活塞由上止点向下止点运动，进气门打开，纯空气被吸入气缸，至活塞到达下止点，进气冲程结束。

② 压缩冲程［见图3-11（b）］。曲轴带动活塞由下止点向上止点运动，进气门和排气门均关闭，混合气被压缩，压力和温度升高，至活塞到达上止点，压缩冲程结束。因为柴油机的压缩比较大，所以压缩结束时气缸内气体的压力和温度较汽油机高。

③ 做功冲程［见图 3-11（c）］。在压缩冲程即将结束，活塞到达上止点前某一刻，喷油器向气缸内喷射高压雾状的柴油并迅速与缸内气体混合形成混合气，因为气缸的高温而自行点燃，由于活塞运行速度较快，活塞迅速越过上止点而下行，高压燃气推动活塞下行，膨胀做功。所以柴油机的着火方式称为压燃式。

④ 排气冲程［见图 3-11（d）］。曲轴带动活塞由下止点向上止点运动，排气门打开，燃烧后的废气经排气门排出，排气结束，活塞处于上止点。

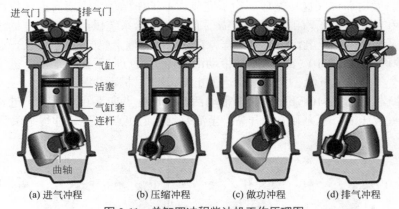

(a) 进气冲程 　　 (b) 压缩冲程 　　 (c) 做功冲程 　　 (d) 排气冲程

图 3-11　单缸四冲程柴油机工作原理图

## 3.2.2 汽油机和柴油机的区别

柴油机和汽油机在工作原理上的区别：在进气冲程，柴油机吸入气缸的是空气，汽油机吸入的是汽油和空气的混合气；在压缩冲程，气体受到压缩，压力和温度升高，在压缩结束后，柴油机气缸内的压力和温度比汽油机高；柴油机的着火方式称为压燃式，而汽油机由点火系统产生高压电作用于火花塞点燃混合气，所以汽油机的着火方式为点燃式。

柴油机和汽油机在性能上的区别：因为柴油机的压缩比较汽油机大，压缩冲程结束时气缸内的压力和温度比汽油机高，在做功时的爆发力大，输出转矩大，但相应的振动和噪声较汽油机大，所以货车及客车等多采用柴油机。但是随着现代柴油机燃油供给系统实现电子控制，发动机的振动和噪声明显减小，在轿车上也开始广泛应用。

## 3.2.3 内燃机的用途

内燃机的出现使全球工业进入了一个崭新的时代，随着对内燃机的不断研究与开发，内燃机在各个方面得到了广泛的应用。

1769 年，法国人琼诺利用蒸汽机制作了世界上最初的蒸汽机三轮汽车，开启了一个"无马汽车"时代。1883 年，德国人戴姆勒等人在继承和总结前人研究结果的基础上，研制出世界上第一台轻便又快捷的内燃机——汽油机。1887 年，汽油机已作为汽车的发动机开始使用。

到了 20 世纪，内燃机在汽车上得到了更为广泛的使用（见图 3-12、图 3-13），几乎所有的汽车都是以内燃机作为动力来运行的，通常乘用车使用的是以汽油作为燃料的内燃机作为动力源，一般是 4 缸或者 6 缸四冲程发动机，缸径一般在 40mm 左右，排量在 2L 左右。而商用车通常使用以柴油为燃料的内燃机作为动力源，同样多使用 4 缸或者 6 缸发动机，缸径一般在 100mm 左右，排量在 10L 左右。但是也有使用缸数较多的发动机作为汽车动力源时，比如 8 缸、12 缸、16 缸发动机。

图 3-12 汽车发动机（一）

图 3-13 汽车发动机（二）

作为当今世界上优秀的动力源，内燃机同样在船舶工业中得到了重用。由于柴油机的爆发性能好，相同条件下柴油机产生的转矩更大，而船舶所需要的转矩比较大，所以内燃机应用在船舶上通常是柴油机形式。

由于船舶的吨位不同，小到民用小艇，大到万吨级别的巨轮，再到军用舰艇，种类大小各不相同，所以发动机的大小排量、缸数以及其他配置均不同，一般民用小艇发动机排量和摩托车相同，而中等船舶发动机和重型卡车柴油发动机排量相仿，万吨级巨轮和军用舰艇发动机排量更大，缸径一般在 1m 以上，排量也就更大。

内燃机在农业生产中发挥了巨大作用，将内燃机安装在收割机上，可以帮助农民更快更方便地进行作业，大大降低了作业时间和作业量。内燃机还在早期的直升机上使用，为直升机的研制提供了巨大的帮助。在工程机械方面，内燃机也扮演着重要的角色。同时内燃机还在潜艇上得到了重用，目前我国大部分潜艇使用的内燃机仍然是以柴油机为主。

总之，内燃机的发明，使人们实现了很多愿望，内燃机的充分使用（见图 3-14），使得人们能够在高速路上驰骋，在大洋上破浪，在天空中翱翔，在生产实践中解放更多劳动力，为人类创造更加美好的明天。

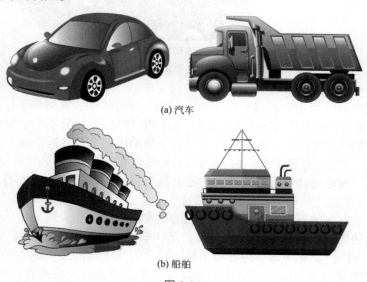

(a) 汽车

(b) 船舶

图 3-14

(c) 摩托车

(d) 拖拉机

(e) 收割机

(f) 装甲车

图 3-14 内燃机的应用

内燃机车如图 3-15 所示，以内燃机作为原动力，通过传动装置驱动车轮。根据机车上内燃机的种类，可分为柴油机车和燃气轮机车。由于燃气轮机车的效率低于柴油机车以及耐高温材料成本高、噪声大等原因，所以其发展落后于柴油机车。在我国铁路上采用的内燃机绝大多数是柴油机，燃油（柴油）在气缸内燃烧，将热能转换为曲轴输出的机械能，但并不用来直接驱动动轮，而是通过传动装置转换为适合机车牵引特性要求的机械能，再通过走行部分驱动机车动轮在轨道上转动。

内燃机车虽然有各种不同的类型，但它们的基本组成及工作原理是相同或相似的，都是由柴油机、传动装置、走行部分、车体车架、车钩缓冲装置、制动系统及辅助装置组成的。柴油机车使用最为广泛。在中国，内燃机车这一概念习惯上指的是柴油机车。内燃机车中内燃机和动轮之间加装一台与发动机同等重要并符合牵引特性的传动装置。传动装置有三种：

机械传动装置、液力或液压传动装置和电力传动装置。装有电力传动装置的内燃机车，称为电力传动内燃机车。

图 3-15　内燃机车

动车（见图 3-16）一般指承载运营载荷并自带动力的轨道车辆，但在近现代的动力集中动车中，动车更接近传统列车中的机车角色，这类动车一般不承载运营载荷。在中国，速度高达 250km/h 或以上的列车称为动车。

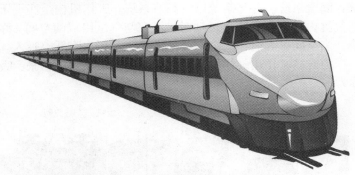

图 3-16　动车

按驱动方式动车可分为以汽油机驱动的汽油动车，以柴油机驱动的柴油动车和以电力驱动的电力动车。动力传动方式可以是机械传动、液力或液压传动、电力传动。当由两辆以上动车或较大功率动车牵挂一辆或数辆附挂车时，则构成动车组，可提高旅客及物品的装载能力和运输效率。铁路动车与铁路列车相比，其最突出的特点是机动灵活，载客量小，但车次可增加，因此受到许多国家的重视并逐步发展为普遍使用的运输工具。

## 3.3　压缩机

空气压缩机是工业现代化的基础产品，常说的电气与自动化里就有全气动的含义。而空气压缩机就是提供气源动力的，是气动系统的核心设备机电引气源装置中的主体，它是将原动力（通常是电动机）的机械能转换成气体压力能的装置，是压缩空气的气压发生装置。

### 3.3.1　压缩机的发展历程

（1）往复式活塞压缩机（第一代压缩机、第二代压缩机）

往复式活塞压缩机工作原理如图 3-17 所示，压缩机通过曲轴连杆机构将曲轴旋转运动转化为活塞往复运动。

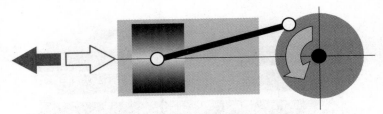

图 3-17　简单往复式活塞压缩机工作原理

当曲轴旋转时，通过连杆的传动，驱动活塞做往复运动，由气缸内壁、气缸盖和活塞顶面所构成的工作容积则会发生周期性变化。

往复式活塞压缩机如图 3-18 所示，主要由三大部分组成，即运动机构（曲轴、轴承、连杆、十字头、带轮或联轴器等），工作机构（气缸、活塞、气阀等），机身。此外，压缩机还配有三个辅助系统：润滑系统、冷却系统以及调节系统。工作机构是实现压缩机工作原理的主要部件。活塞在气缸内做周期性往复运动时，活塞与气缸组成的空间（称为工作容积）周期性地扩大与缩小。当空间扩大时，气缸内的气体膨胀，压力降低，吸入气体；当空间缩小时，气体被压缩，压力升高，排出气体。活塞往复一次，依次完成膨胀、吸气、压缩、排气这四个过程，总称为一个工作循环。

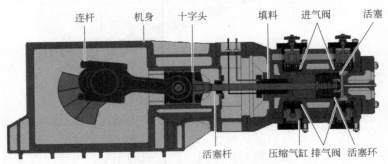

图 3-18　往复式活塞压缩机结构图

第一代压缩机由电动机通过联轴器或传动带驱动的活塞压缩机组成，因有许多接头和轴封泄漏制冷剂，制冷系统需要定期充装制冷剂，所以称第一代压缩机为开启式活塞压缩机。如图 3-19 所示为半封闭往复式活塞压缩机，第二代全封闭活塞压缩机制冷系统接口采用全部焊接，解决了开启式活塞压缩机工作过程中制冷剂的泄漏，但活塞压缩机固有的进排气阀片故障、曲轴连杆活塞将旋转运动转换为往复直线运动对效率的影响，转动部分的不灵活、活塞余隙对效率的影响等问题并没解决。如图 3-20 所示为全封闭滑管往复式活塞压缩机。

（2）旋转式压缩机（第三代压缩机）

旋转式压缩机的电机无需将转子的旋转运动转换为活塞的往复运动，而是直接带动旋转活塞做旋转运动来完成对制冷剂蒸气的压缩。如图 3-21 所示为旋转式压缩机外观，其结构见图 3-22。

压缩机在制冷系统中所起的作用就是：吸入低温低压气体，压缩成高温高压气体，并排放到系统中去的不断循环的过程。

图 3-19 半封闭往复式活塞压缩机

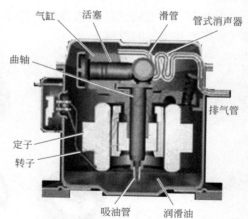

图 3-20 全封闭滑管往复式活塞压缩机

图 3-21 旋转式压缩机

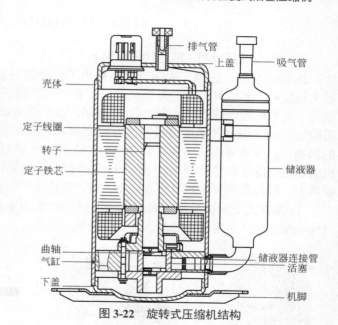

图 3-22 旋转式压缩机结构

　　如图 3-23 所示为旋转式压缩机的工作过程，阴影部分表示压缩及排气过程，空白部分表示吸气过程。图（a）是转子处于滑片槽的最近处，工作容积处于吸气结束状态，其内为吸气压力。图（b）是转子转过某一角度的位置，此时气缸容积被滑片分隔为两个容积，右边的一个工作容积和吸气腔相通，处于吸气状态，左边一个工作容积比图（a）位置时缩小，容积内气体处于压缩状态，压力比吸气压力高。图（c）的位置是右边的工作容积继续扩大，左边的工作容积处于继续缩小的状态。图（d）的位置是右边的工作容积继续扩大，气体不断由吸气孔进入。左边的工作容积继续减少，气体的压力继续升高。假设这时该工作容积内的气体压力已经升高到略高于排气阀背部的压力（冷凝压力），则排气阀被开启，这个工作容积内的气体有一部分通过排气阀排出，开始排气过程。图（e）的位置是右边的工作容积继续进行吸气的过程，而左边的工作容积继续进行排气过程。图（f）的位置是左边的工作容积已缩小到零，排气过程结束，排气阀关闭，右边的工作容积扩大到最大，在吸气压力下气体充满到整个气缸的工作容积。吸气过程结束。

由此可见, 旋转式压缩机在旋转中是分别在气缸内两个工作容积实现一个完整的膨胀、吸气、压缩和排气的过程。

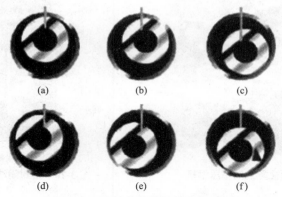

图 3-23　旋转式压缩机的工作过程

（3）涡旋式压缩机（第四代压缩机）

20 世纪初期, 法国工程师克拉斯提出了一种新型旋转式发动机的构想, 并于 1905 年取得美国发明专利, 其提出的发动机的压缩腔, 既不同于往复式又不同于旋转式, 其工作原理就是今天所称的涡旋机械。在此后 70 年间, 由于其重要性未得到充分了解, 且没有高精度的涡旋型线加工设备, 涡旋机械并没有得到深入研究和发展。20 世纪 70 年代, 由于能源危机的加剧, 涡旋式压缩机因其高效节能的特点开始受到关注, 同时数控加工技术的发展为涡旋机的制造清除了技术障碍。20 世纪 80 年代以后, 涡旋压缩机以其效率高、体积小、重量轻、噪声小、结构简单且运转平稳等特点, 被广泛应用于空调和制冷机组中。

① 涡旋式压缩机结构　涡旋式压缩机结构如图 3-24、图 3-25 所示, 其主要工作部分为气体压缩部分, 由定涡盘和静涡盘构成气腔。

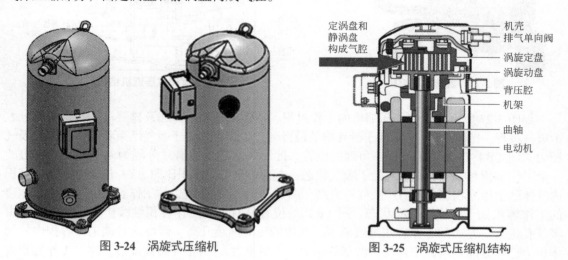

图 3-24　涡旋式压缩机

图 3-25　涡旋式压缩机结构

如图 3-26 所示低压气体从涡旋式压缩机静涡盘上开设的吸气口进入涡旋式气腔, 气体通过空气滤芯吸入静盘的外围, 随着动涡盘中心做半径很小的平面转动, 气腔相应地扩大或缩小, 经压缩的空气最后由静涡中心处的轴向孔即排气口排出。

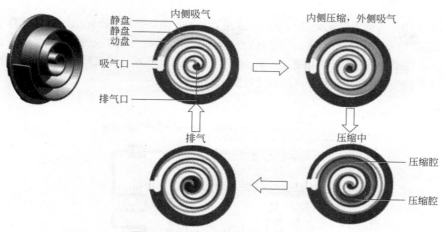

内侧吸气

静盘
静盘
动盘

吸气口

排气口

内侧压缩，外侧吸气

排气

压缩中

压缩腔

压缩腔

图 3-26 涡旋式压缩机的工作原理

## 3.3.2 冰箱压缩机

冰箱压缩机是冰箱制冷系统的心脏，在制冷系统中所起的作用是从吸气管吸入低温低压的制冷剂气体，通过电机运转带动活塞对其进行压缩后，向排气管排出高温高压的制冷剂气体，为制冷循环提供动力，从而实现压缩→冷凝→膨胀→蒸发（吸热）的制冷循环。压缩机一般由壳体、电动机、缸体、活塞、控制设备（启动器和热保护器）、冷却系统组成。一般家用冰箱和空调器的压缩机是以单相交流电作为电源，它们的结构原理基本相同。两者使用的制冷剂有所不同。

目前冰箱和空调压缩机都是容积式，其中又可分为往复式和旋转式。往复式压缩机如图 3-27 所示，采用的是活塞、曲柄、连杆机构或活塞、曲柄、滑管机构；而旋转式压缩机采用的是转子曲轴机构，如图 3-28 所示。

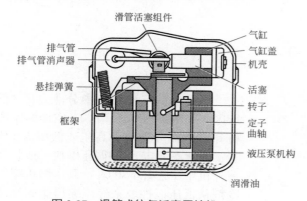

滑管活塞组件

排气管
排气管消声器

悬挂弹簧

框架

气缸
气缸盖
机壳

活塞
转子
定子
曲轴

液压泵机构

润滑油

图 3-27 滑管式往复活塞压缩机

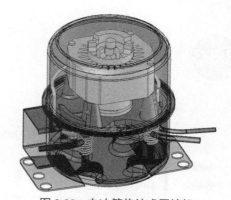

图 3-28 电冰箱旋转式压缩机

## 冰箱制冷系统

普通冰箱制冷系统由压缩机、过滤器、毛细管、蒸发器、冷凝器等组成，如图 3-29 所示。

制冷系统中充入适量的氟利昂制冷剂，接通电源后，电动机带动压缩机活塞做往复运动。当活塞向下运动时，吸气阀打开，来自蒸发器的低温低压制冷剂蒸气通过吸气管进入气缸；当活塞向上运动时，排气阀打开，被压缩的高温、高压制冷剂蒸气经排气阀、排气管进入冷凝器，被冷却后形成高压制冷剂液体，同时冷凝器向外界空气放出热量。

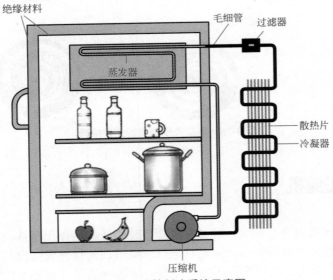

图 3-29  冰箱制冷系统示意图

在冷凝器中的高压制冷剂液体经毛细管节流降压进入蒸发器，在低压条件下开始蒸发吸热，使冰箱内部降温；吸收了箱内热量的低压、低温制冷剂气体再被压缩机吸入，完成一个制冷循环，如此不断地循环，便可以使冰箱内部的温度降下来。在整个循环中，制冷剂是通过蒸发器吸收箱内热量，又通过冷凝器把吸收的热量散发到箱外的。压缩机迫使制冷剂流动，从而实现热量的转移工作。普通冰箱只有一个门，箱内的上部为蒸发器，蒸发器兼作冷冻室，冰箱下部是冷藏室。

### 3.3.3  空调压缩机

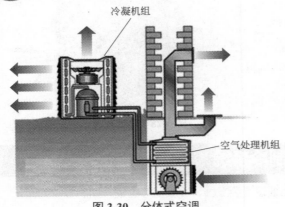

图 3-30  分体式空调

压缩机的工作回路中分蒸发区（低压区）和冷凝区（高压区）。空调的室内机和室外机分别属于高压或低压区（要看工作状态而定）。空调压缩机一般装在室外机中（见图 3-30）。空调压缩机把制冷剂从低压区抽取来经压缩后送到高压区冷却凝结，通过散热片散发出热量到空气中，制冷剂也从气态变成液态，压力升高。制冷剂再从高压区流向低压区，通过毛细管喷射到蒸发器中，压力骤降，液态制冷剂立即变成气态，通过散热片吸收空气中大量的热量。这样，空调压缩机不断工作，就不断地把低压区一端的热量吸收到制冷剂中再送到高压区散发到空气中，起到调节气温的作用。

（1）压缩机在家用空调中的作用

家用空调器一般都是采用机械压缩式的制冷装置，它里面所包含的基本元件共有四件：压缩机（见图3-21）、蒸发器、冷凝器和节流装置。并且这四个元件是相通的，其中充灌着的制冷剂又被称制冷工质。压缩机就像是一颗奔腾的心脏，使得制冷剂如血液一样在空调器中连续不断地流动，对房间温度进行调节。

空调的工作原理：如图3-31所示，制冷工作时，低压低温的制冷剂气体被压缩机压缩成高压高温的过热蒸气，蒸气经四通阀后进入冷凝器中，制冷剂气体在冷凝器中冷凝后，经单向阀、毛细管、干燥过滤器，由液体截止阀送入室内机组蒸发器中；制冷剂液体在室内蒸发器中蒸发后，由气体截止阀返回到室外机组的压缩机中，再次进行压缩，以维持制冷循环，从而起到降低温度的作用。

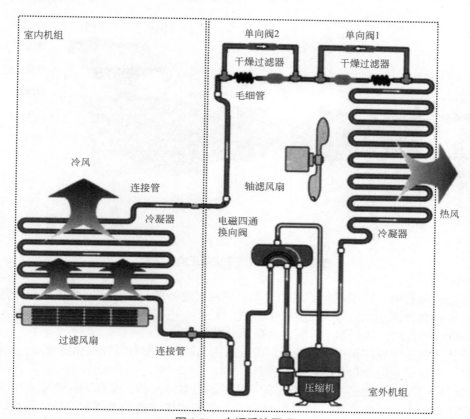

图 3-31 空调系统原理

（2）压缩机在汽车空调中的应用

① 涡旋式压缩机在汽车空调中的应用　汽车空调压缩机（见图3-32）是汽车空调制冷系统的心脏，起着压缩和输送制冷剂蒸气的作用。涡旋式压缩机是一种新型汽车空调压缩机，结构如图3-33所示，其关键部件是动、静两涡旋盘，二者相互错开180°，定子安装在机体上，转子通过轴承装在轴上，转子与轴有一定的偏心，定子与转子安装好后，可形成月牙形的密封空间，排气口位于定子的中心部位，进气口位于定子的边缘。

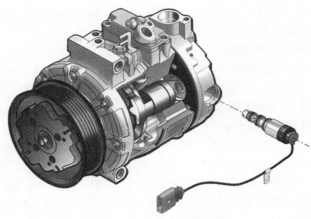

图 3-32　汽车空调压缩机

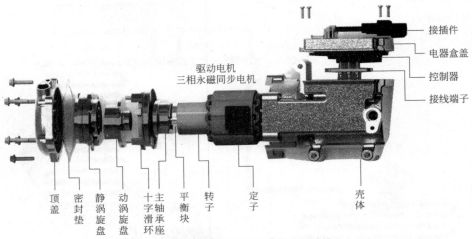

图 3-33　涡旋式汽车空调压缩机结构

驱动电机
三相永磁同步电机

接插件
电器盒盖
控制器
接线端子

顶盖　密封垫　静涡旋盘　动涡旋盘　十字滑环　主轴承座　平衡块　转子　定子　壳体

当压缩机旋转时,转子相对于定子运动,使两者之间的月牙形空间的体积和位置都在发生变化,体积在外部进气口处大,在中心排气口处小,进气口体积增大使制冷剂吸入,当到达中心排气口部位时,体积缩小,制冷剂被压缩排出。

涡旋式空调压缩机体积小,重量轻,可以高速旋转。因没有吸气阀和排气阀,运转可靠,而且容易实现变转速运动和变排量技术。

②　轴向活塞式压缩机在汽车空调中的应用　斜盘式压缩机,又称轴向活塞式压缩机,是汽车空调压缩机中的主流产品。如图 3-34 所示,斜盘式压缩机的主要部件是主轴和斜盘。各气缸以压缩机主轴为中心呈圆周布置,活塞运动方向与压缩机的主轴平行。大多数斜盘式压缩机的活塞被制成双头活塞,双头活塞在相对的气缸中一前一后滑动,当一端活塞在前缸中压缩制冷剂蒸气时,另一端活塞就在后缸中吸入制冷剂蒸气。各缸均配有高、低压气阀,另有一根高压管,用于连接前后高压腔。斜盘与压缩机主轴固定在一起,斜盘的边缘装合在活塞中部的槽中,活塞槽与斜盘边缘通过钢球轴承支承。当主轴旋转时,斜盘也随着旋转,斜盘边缘推动活塞做轴向往复运动。如果斜盘转动一周,前后 2 个活塞各完成压缩、排气、膨胀、吸气一个循环,相当于 2 个气缸工作。斜盘式压缩机比较容易实现小型化和轻量化,而且可以实现高转速工作。

斜盘式压缩机，因活塞的往复运动是由一固结在主轴上的斜盘来驱动而得名。斜盘式压缩机没有曲柄连杆机构，在圆周方向上同时可配置若干个气缸，结构比较紧凑，平衡性能好，可取较高转速。由于受结构形式及强度的限制，排气量一般较小，目前广泛应用于汽车空调。

如图 3-35 所示为汽车空调出风口。汽车空调制冷系统由压缩机、冷凝器、贮液干燥器、膨胀阀、蒸发器和鼓风机等组成。各部件之间采用铜管（或铝管）和高压橡胶管连接成一个密闭系统。制冷系统工作时，制冷剂以不同的状态在这个密闭系统内循环流动，每个循环又分为四个基本过程，如图 3-36 所示。

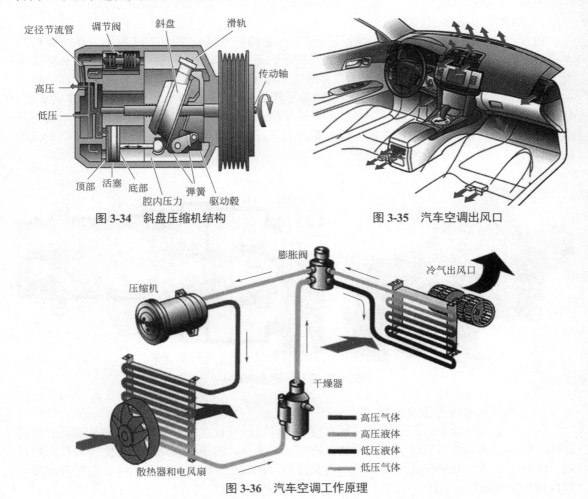

图 3-34　斜盘压缩机结构　　　　　　图 3-35　汽车空调出风口

图 3-36　汽车空调工作原理

　① 压缩过程：压缩机吸入蒸发器出口处的低温低压的制冷剂气体，把它压缩成高温高压的气体排出。

　② 散热过程：高温高压的过热制冷剂气体进入冷凝器，由于压力及温度的降低，制冷剂气体冷凝成液体，并放出大量的热量。

　③ 节流过程：温度和压力较高的制冷剂液体通过膨胀装置后体积变大，压力和温度急剧下降，以雾状（细小液滴）排出膨胀装置。

　④ 吸热过程：雾状制冷剂液体进入蒸发器，因此时制冷剂沸点远低于蒸发器内温度，故

制冷剂液体蒸发成气体。在蒸发过程中大量吸收周围的热量，而后低温低压的制冷剂蒸气又进入压缩机。

上述过程周而复始地进行，达到降低蒸发器周围空气温度的目的。

## 3.3.4 螺杆压缩机

螺杆压缩机——回转容积式压缩机，在其中两个带有螺旋形齿轮的转子相互啮合，使两个转子啮合处体积由大变小，从而将气体压缩并排出。

（1）螺杆压缩机的结构

通常所说的螺杆压缩机即指双螺杆压缩机，它的基本结构如图3-37所示。在压缩机的主机中平行地配置着一对相互啮合的螺旋形转子，通常把节圆外具有凸齿的转子（从横截面看），称为阳转子或阳螺杆；把节圆内具有凹齿的转子（从横截面看），称为阴转子或阴螺杆。一般阳转子作为主动转子，由阳转子带动阴转子转动。转子上的球轴承使转子实现轴向定位，并承受压缩机中的轴向力。转子两端的圆锥滚子推力轴承使转子实现径向定位，并承受压缩机中的径向力和轴向力。在压缩机主机两端分别开设一定形状和大小的孔口，一个供吸气用的叫吸气口，另一个供排气用的叫排气口。

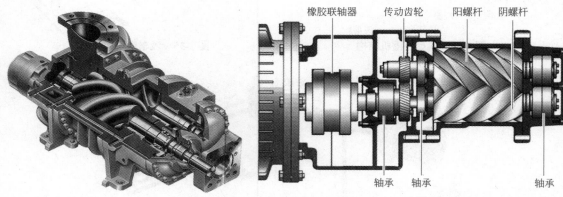

图 3-37 螺杆压缩机的结构

（2）螺杆压缩机的工作原理

螺杆压缩机是容积式压缩机的一种，核心部件是压缩机主机，空气的压缩是靠装置于机壳内互相平行啮合的阴阳转子的齿槽之容积变化而达到。转子副在与它精密配合的机壳内转动，使转子齿槽之间的气体不断地产生周期性的容积变化，而沿着转子轴线，由吸入侧推向排出侧，完成吸气、封闭、压缩、排气四个工作过程。

螺杆压缩机的运转过程从吸气过程开始，然后气体在密封的基元容积中被压缩，最后由排气孔口排出。阴、阳转子和机体之间形成的呈V字形的一对齿间容积（基元容积）的大小，随转子的旋转而变化，同时，其空间位置也不断移动。图3-38表示了基元容积的工作过程。

① 吸气过程：转子旋转时，阳转子的一个齿连续地脱离阴转子的一个齿槽，齿间容积逐渐扩大，并和吸气孔口连通，气体经吸气孔口进入齿间容积，直到齿间容积达到最大值时，与吸气孔口断开，齿间容积封闭，吸气过程结束。值得注意的是，此时阳转子和阴转子的齿间容积彼此并不连通。

② 封闭过程：阴、阳转子在吸气终了时，两转子齿峰会与机壳密合，此时，空气在齿沟内不再外流即为封闭过程，两转子继续转动，其齿峰与齿沟在吸气端吻合，吻合面逐渐向排气端移动，即为输送过程。

③ 压缩过程：转子继续旋转，在阴、阳转子齿间容积连通之前，阳转子齿间容积中的气体，受阴转子齿的侵入先行压缩。经某一转角后，阴、阳转子齿间容积连通，形成 V 字形的齿间容积对（基元容积），随两转子齿的互相挤入，基元容积被逐渐推移，容积也逐渐缩小，实现气体的压缩过程，如图 3-38（b）所示。压缩过程直到基元容积与排气孔口相连通时为止，如图 3-38（c），此刻排气过程开始。

④ 排气过程：由于转子旋转时基元容积不断缩小，将压缩后气体送到排气管，此过程一直延续到该容积最小时为止。

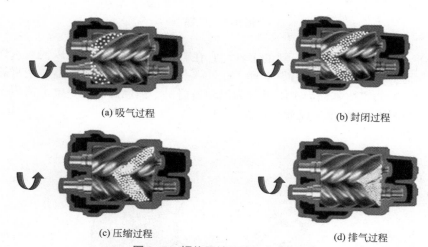

(a) 吸气过程         (b) 封闭过程

(c) 压缩过程         (d) 排气过程

图 3-38　螺旋压缩机的工作过程

随着转子的连续旋转，上述吸气、封闭、压缩、排气过程循环进行，各基元容积依次工作，构成了螺杆压缩机的工作循环。

从以上过程的分析可知，两转子转向互相迎合的一侧，即凸齿与凹齿彼此迎合嵌入的一侧，气体受压缩并形成较高压力，称为高压力区；相反，螺杆转向彼此相背离的一侧，即凸齿与凹齿彼此脱开的一侧，齿间容积在扩大形成较低压力，称为低压力区。

此两区域借助于机壳、转子相互啮合的接触线而隔开，可以粗略地认为两转子的轴线平面是高、低压力区的分界面。

（3）螺杆压缩机的用途

双螺杆式的空气压缩机被广泛应用于机械、冶金、电子电力、医药、包装、化工、食品、采矿、纺织中。压缩空气作为动力驱动各种风动机械；用于人工制冷，如氨或氟利昂压缩机。用于管道输送气体的压缩机，视管道长短而决定其压力。

① 在采矿中的应用　在煤矿，空气压缩机主要被作为一种动力源，这是因为空气具有良好的特性：具备可压缩性和弹性，适宜作为功能传递中的介质，输送方便，不凝结，对人无害，没有起火危险，资源丰富、价廉，等等。因此，矿井多使用空气压缩机驱动小型采掘机械（如风镐、凿岩机等）进行采掘。

a. 风镐。风镐是以压缩空气为动力，利用冲击作用破碎坚硬物体的手持施工机具。由于风镐是一种手持机具，因此要求结构紧凑，携用轻便，如图 3-39 所示。

图 3-39 风镐

b. 凿岩机。是用来直接开采石料的工具。它在岩层上钻凿出炮眼,以便放入炸药去炸开岩石,从而完成开采石料或其他石方工程。此外,凿岩机也可改作破坏器,用来破碎混凝土之类的坚硬层。凿岩机按其动力来源可分为风动凿岩机、内燃凿岩机、电动凿岩机和液压凿岩机等四类。如图 3- 40 所示为风动凿岩机。

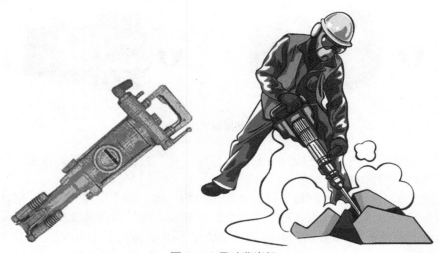

图 3-40 风动凿岩机

② 在食品加工中的应用 一般这类压缩空气主要用在加工原料的搅拌、发酵等一系列生产工艺流程当中。在这里压缩空气进行除菌和除臭处理。通常选用无油螺杆空压机作为气源,然后对压缩空气进行适当的后处理,后处理设备当中除了除菌过滤器外,还需配置精密过滤器,以防止意外发生。另外,在管路的选材上也有所考虑,一般在后处理设备之后的压缩空气系统的管路可采用不锈钢的管子,以减少压缩空气中的杂质。在食品饮料加工行业里,压缩空气的用量还是较大的。

③ 在纺织中应用 纺织业大量引进喷气织机,随之而来的是与其配套的空气压缩机设备。喷气织机及与之配套的自动络筒、整经、浆纱机采用螺杆压缩机。

④ 在电力机车中的应用 螺杆压缩机向机车提供压缩空气,是机车上各种风动设备和制动机的动力机器。如图 3-41 所示为电力机车。

图 3-41　电力机车

# 3.4　电动机

　　电动机是第二次科技革命中最重要的发明之一，它至今仍在我们的社会生产、生活中起着极为重要的作用，如机床、水泵，需要电动机带动；电力机车、电梯，需要电动机牵引；家庭生活中的电扇、冰箱、洗衣机，甚至各种电动玩具都离不开电动机。电动机已经应用在现代社会生活的各个方面。

　　电动机是把电能转换成机械能的一种设备。如图 3-42 所示为电动机的外观图。如图 3-43 所示为电动机的内部结构图。它是利用通电线圈产生旋转磁场，并作用于转子形成磁电动力旋转转矩。电动机按使用电源不同分为直流电动机和交流电动机，电力系统中的电动机大部分是交流电机，可以是同步电动机或者是异步电动机（电机定子磁场转速与转子旋转转速不保持同步速度）。电动机主要由定子与转子组成，通电导线在磁场中受力运动的方向跟电流方向和磁感线（磁场方向）方向有关。电动机工作原理是磁场对电流受力的作用，使电动机转动。

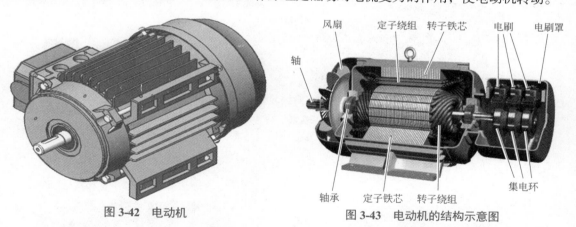

图 3-42　电动机　　　　　　　图 3-43　电动机的结构示意图

电动机的种类很多，下面介绍一些常见的机器上所采用的电动机。

## 3.4.1　直流电动机

（1）什么是直流电动机

　　输出或输入为直流电能的旋转电机，称为直流电机，它是能实现直流电能和机械能互相转换的电机。当它作电动机运行时是直流电动机，将电能转换为机械能；作为发电机运行时是直流发电机，将机械能转换为电能。

（2）直流电动机的发明

1821年，英国科学家法拉第首先证明可以把电力转变为旋转运动。

1834年，德国人雅可比最先制成了世界上第一台电动机。与此同时，美国的达文波特也成功地制出了驱动印刷机的电动机，但这两种电动机都没有多大商业价值，用电池作电源，成本太大、不实用。

1866年，西门子的创始人维尔纳·冯·西门子制成了直流自励、并励式发电机，并制成了一架大功率直流电动机。

1867年，在巴黎世界博览会上展出第一批样机。这样，西门子就首次完成了把机械能转换成为电能的发明，从而开始了19世纪晚期的"强电"技术时代。

1870年，比利时工程师格拉姆发明了直流发电机。在设计上，直流发电机和电动机很相似，但是这种直流发电机的优点在于当人们向直流发电机输入电流，其转子会像电动机一样旋转。于是，这种格拉姆型发电机被大量制造出来。格拉姆发明的直流发电机标志着第一台实用直流发电机的问世，这时候电动机才广泛应用起来。

（3）直流电动机的基本结构

直流电动机的基本结构：直流电动机和直流发电机的结构基本一样。直流电动机由静止的定子和转子两大部分组成，在定子和转子之间存在一个间隙，称作气隙。定子的作用是产生磁场和支承电机，它主要包括主磁极、换向磁极、机座、电刷装置、端盖。转子的作用是产生感应电动势和电磁转矩，实现机电能量的转换，通常也被称作电枢铁芯、电枢绕组以及换向器、转轴、风扇等。直流电动机的结构如图3-44所示。

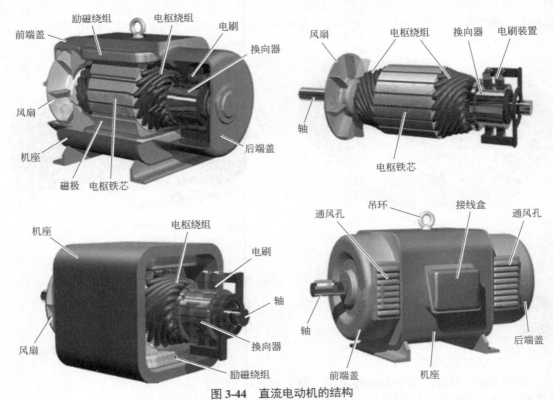

图3-44　直流电动机的结构

（4）直流电动机的工作原理

直流电动机工作原理如图 3-45 所示，给直流电动机电刷加上直流，则有电流流过线圈，根据电磁力定律，导体将会受到电磁力的作用，方向则由左手定则判定。两段导体受到的力形成转矩，于是转子就会逆时针转动。要注意的是直流电动机外加的电源是直流的，但由于电刷和换向片的作用，线圈中流过的电流却是交流的，因此产生的转矩方向保持不变。

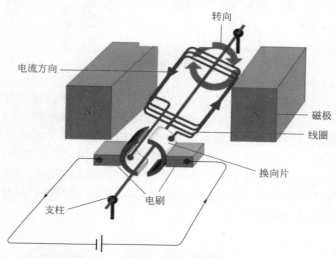

图 3-45　直流电动机工作原理示意图

直流电动机的结构多种多样，但原理相同。定子上总有一对直流励磁的静止的主磁极 N 和 S，旋转部分转子上安装有电枢铁芯。线圈的首和尾分别连接到两个圆弧形的铜片上，即换向片，换向片之间是绝缘的。当电枢转动时，电枢线圈通过换向片和电刷与外电路接通。定子部分主磁极的作用就是建立主磁场。绝大多数的直流电动机的主磁极不是永久磁铁，而是由励磁绕组通以直流电流来建立磁场的。

转子部分的电枢铁芯是主磁路的组成部分，电枢绕组由一定数目的电枢线圈按照一定的规律连接组成，是直流电动机的电路部分，产生感生电动势，进行机械能、电能的转换。换向器在直流发电机中主要起整流的作用，而在电动机中起的是逆变作用。

（5）直流电动机的应用

直流电动机适用于有良好的启动和对调速有较高要求的场合，如常见的电力机车、内燃机车、城市电车、地铁列车、宾馆的电梯、矿井卷扬机和生产机械。

① 地铁列车　地铁是直流供电，直流电动机调速的原理很简单，只要改变电动机的输入电压，电动机的转速就会变慢，所以对于地铁调速是在电动机电源回路中串接一些电阻，将电阻逐渐退出，电动机速度就会悄悄加快，反之，就降低。如图 3-46、图 3-47 所示为地铁列车。

图 3-46　地铁列车

图 3-47　乘坐地铁

② 电动自行车　有刷直流电机一直在电动自行车驱动系统中占据主导地位，但其依靠机械电刷和换向器换向，在这种电动机中定子侧安装固定主磁极和电刷，转子侧安放电枢绕组和换向器。直流电源的电能通过电刷和换向器进入电枢绕组，产生电枢电流。电枢电流与主磁场相互作用产生转矩，带动负载。由于电刷和换向器的存在，带来结构复杂、可靠性不高、噪声大等问题。无刷电动机用电子换向代替了有刷电动机的机械换向，它的绕组里电流的通、断是通过电子换向电路及功率放大器实现的。所以其寿命长，免维护，且降低了噪声、增加了可靠性。如图 3-48 所示为电动自行车。

图 3-48　电动自行车

③ 城市电车　有轨电车是一种公共交通工具，亦称路面电车或简称电车。有轨电车就是用直流电动机拖动的电力机车。它的车顶上有一根线，铁轨是一根线。有轨电车行驶条件之一是有轨道，行驶条件之二是有接触网。如图 3-49 所示为有轨电车。

图 3-49　有轨电车

④ 高速电梯 你知道电梯门的电机为什么要用直流电动机吗？因为直流电动机调速方便，就像关门的时候由快到慢。交流电动机就不具备慢启慢停功能，而直流电动机通过控制系统很简单地就可以做到。如图 3-50 所示为高速电梯。

图 3-50 高速电梯

## 永磁无刷直流电机

永磁无刷直流电动机和一般的永磁有刷直流电动机相比，在结构上有很多相似之处，用装有永磁体的转子取代有刷直流电动机的定子磁极，用具有三相绕组的定子取代电枢，用逆变器和转子位置检测器组成的电子换向器取代有刷直流电动机的机械换向器和电刷，就得到了三相永磁无刷直流电机。如图 3-51 所示为永磁无刷直流电动机的剖视图，如图 3-52 所示为永磁无刷直流电动机结构图。

图 3-51 永磁无刷直流电动机剖视图

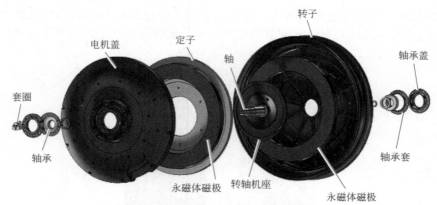

图 3-52　永磁无刷直流电动机结构图

> 永磁无刷直流电动机原理：电枢静止，磁极旋转，且磁极为永久磁铁，电枢绕组中电流的换向是借助于转子位置传感器和电子开关线路来实现的，所以永磁无刷直流电动机一般都是由电动机、位置传感器和电子开关线路三部分组成。

## 3.4.2　交流电动机

什么是交流电动机?

交流电动机，是将交流电的电能转变为机械能的一种机器。

交流电动机分为异步电动机和同步电动机两种，异步电动机又有三相异步电动机和单相异步电动机之分。在异步电动机中，通常将功率大的做成三相异步电动机，多用于各个生产领域，例如，各种机床、起重机、鼓风机、水泵以及其他动力机械等，功率小的做成单相异步电动机，多用于家电和医疗器械中。

（1）交流电动机的发明

1819 年，丹麦物理学家奥斯特发现，如果电路中有电流通过，它附近的普通罗盘的磁针就会发生偏移。法拉第从中得到启发，认为假如磁铁固定，线圈就可能会运动。根据这种设想，他成功地发明了一种简单的装置，在此装置内，只要有电流通过线路，线路就会绕着一块磁铁不停地转动。1821 年，法拉第完成了第一项重大的电发明：第一台电动机。它是第一台用电流使物体运动的装置，虽然装置简陋，但它是当今世界上使用的所有电动机的祖先。

1888 年，美国发明家特斯拉发明了交流电动机。它是根据电磁感应原理制成，又称感应电动机。这种电动机结构简单，使用交流电，无需整流，无火花，因此被广泛应用于工业和家庭电器中。交流电动机通常用三相交流供电。

（2）交流电动机的结构

如图 3-53 所示为交流电动机结构图，其主要部件是定子和转子两个基本部分。此外，还有端盖、机座、轴承、风扇等部件。

定子是由机座、定子铁芯和定子绕组组成，其作用是产生旋转磁场。电动机的旋转部分为转子，由转子铁芯、转子绕组、轴及风扇组成，其作用是产生电磁转矩。图中转子铁芯作为电动机磁路的一部分，是把相互绝缘的硅钢片压装在转子轴上的圆柱体，在硅钢片的外圆上冲有均匀的沟槽，供嵌转子绕组用。转子绕组产生感应电流和电动势，在旋转磁场作用下产生电磁转矩。

图 3-53 交流电动机的基本结构

机座：机座通常由铸铁或铸钢制成。作用是固定转子铁芯和定子绕组，并以前后两个端盖支承转子轴，它的外表面铸有散热筋。

定子绕组：电动机的电路部分。转子铁芯固定在机座内，由表面绝缘的硅钢片叠压而成，硅钢片内圆冲制有均匀的槽口，用于放置定子绕组。

转子铁芯：电动机的磁路部分，是把相互绝缘的硅钢片压装在转子轴上的圆柱体。在硅钢片的外圆上冲有均匀的沟槽，供嵌转子绕组用，称为导向槽。

转子绕组分两种：一种是笼式，另一种是绕线式。

（3）交流电动机的工作原理

电动机的原理：通电线圈在磁场里转动。

直流电动机是利用换向器来自动改变线圈中的电流方向，从而使线圈受力方向一致而连续旋转的。因此只要保证线圈受力方向一致，电动机就会连续旋转。交流电动机就是应用这点的。交流电动机由定子和转子组成，在模型中，定子就是电磁铁，转子就是线圈。而定子和转子是采用同一电源的，所以，定子和转子中电流的方向变化总是同步的，即线圈中的电流方向变了，同时电磁铁中的电流方向也变，根据左手定则，线圈所受磁力方向不变，线圈能继续转下去。两个铜环的作用：两个铜环配上相应的两个电刷，如图 3-54 所示，电流就能源源不断地被送入线圈。这个设计的好处是：避免了两根电源线的缠绕问题，因为线圈是不停转的，用两条导线向线圈供电的话，两根电源线便会缠绕。线圈中的电流由于是交流电，是有电流等于零的时刻，不过这个时刻同有电流的时间比起来实在是太短了，更何况线圈有质量，具有惯性，由于惯性线圈就不会停下

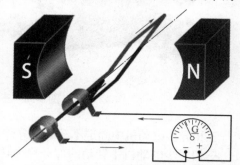

图 3-54 交流电动机的工作原理

来。交流电动机是根据交流电的特性，在定子绕组中产生旋转磁场，然后使转子线圈做切割磁感线的运动，使转子线圈产生感应电流，感应电流产生的感应磁场和定子的磁场方向相反，才使转子有了旋转力矩。

## 3.4.3 三相异步电动机

异步电动机是基于气隙旋转磁场与转子绕组感应电流相互作用产生电磁转矩而实现能量

转化的一种交流电动机。在异步电动机中较为常见的是单相异步电动机和三相异步电动机，其中三相异步电动机是异步电动机的主体。

三相异步电动机是靠同时接入380V三相交流电源（相位差120°）供电的一类电动机，由于三相异步电动机的转子与定子旋转磁场以相同的方向、不同的转速旋转，存在转差率，所以叫三相异步电动机。

（1）三相异步电动机的结构

三相异步电动机的结构如图3-55、图3-56所示，三相异步电动机由定子和转子两个基本部分组成，电动机的定子和转子之间并没有直接相连，中间一般有一定厚度的空气隙。

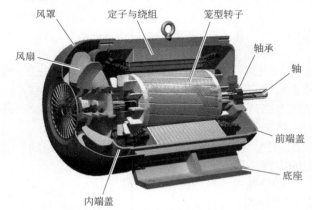

图3-55 三相异步电动机结构（一）

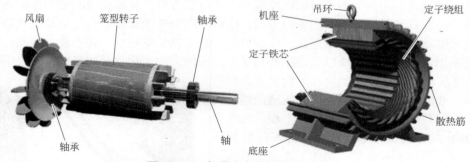

图3-56 三相异步电动机结构（二）

三相异步电动机中固定不动的部分称为定子，包括机座、定子铁芯、定子绕组和端盖等。三相异步电动机中转动的部分称为转子，包括转子铁芯、转子绕组、转轴和风扇等。

（2）三相异步电动机的工作原理

三相异步电动机定子绕组接入三相交流电源，便有三相对称电流流入绕组，在电动机的气隙中产生旋转磁场，旋转磁场切割转子绕组，在转子绕组中产生感应电动势，当转子绕组形成闭合回路时，在转子绕组中有感应电流流过。这样转子电流与旋转磁场相互作用产生电磁力，形成转矩，转子便沿着转矩的方向旋转。

（3）三相异步电动机的应用

三相异步电动机可用于驱动各种通用机械，如压缩机、水泵、破碎机、切削机床、运输机械及其他机械设备，在矿山、机械、冶金、石油、化工、电站等各种工矿企业中作原动机用。

## 3.4.4 单相异步电动机

凡是由单相交流电源供电的异步电动机，都称为单相异步电动机。

（1）单相异步电动机的结构

如图 3-57 所示，单相异步电动机基本结构包括定子和转子两部分，其中定子、转子都是由绕组和铁芯组成。单相异步电动机的定子包括机座、铁芯、绕组三大部分组成。转子主要由转轴、铁芯、绕组三部分组成。

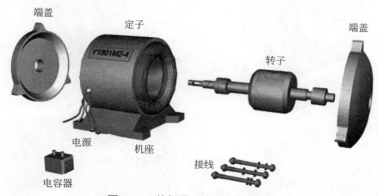

图 3-57　单相异步电动机结构图

（2）单相异步电动机的工作原理

单相异步电动机有两个绕组，即启动绕组和运行绕组。两个绕组在空间上相差 90°。在启动绕组上串联了一个容量较大的电容器，当运行绕组和启动绕组通过单相交流电时，由于电容器作用使启动绕组中的电流在时间上比运行绕组的电流超前 90°，先到达最大值。在时间和空间上形成两个相同的脉冲磁场，使定子与转子之间的气隙中产生了一个旋转磁场，在旋转磁场的作用下，电动机转子中产生感应电流，电流与旋转磁场互相作用产生电磁转矩，使电动机旋转起来。

（3）单相异步电动机的应用

单相异步电动机功率小，主要制成小型电动机。单相异步电动机在家用电器中应用非常广泛，与人们的生活密切相关。不同类型和不同容量的单相异步电动机广泛应用在小型机床、轻工设备、农用水泵、电动工具、仪器仪表、家用电器和医疗器械上。

## 3.4.5 同步电动机

如图 3-58 所示，同步电动机和感应电动机一样是一种常用的交流电动机。同步电动机由机座、定子铁芯、电枢绕组等组成。同步电动机的转子由磁极、转轴、阻尼绕组、滑环、电刷等组成，在电刷和滑环中通入直流电励磁，产生固定磁极。根据容量大小和转速高低，转子结构分凸极和隐极两种。

永磁同步电动机是指采用永磁磁极转子的同步电动机。能够在石油、煤矿、大型工程机械等比较恶劣的工作环境下运行，这种特性加速了永磁同步电动机取代异步电动机的速度。

永磁同步电动机的定子结构、工作原理与交流异步电动机一样，多为 4 极形式，三相绕组按3相4极布置，通电产生4极旋转磁场。图3-58（a）是有线圈绕组的定子示意图，图3-58（b）为装在机座里的定子图。

永磁同步电动机与普通异步电动机的不同是转子结构，其转子上安装有永磁体磁极，图3-58（c）为装上转轴的嵌入式永磁转子。在转子铁芯两侧装上风扇然后与定子机座组装成整机，见图3-58（d）。

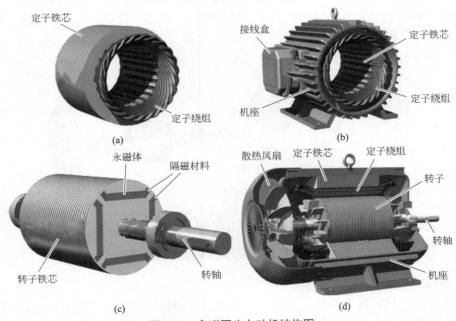

图 3-58 永磁同步电动机结构图

如图3-59所示，是一种嵌入式永磁转子，永磁体嵌装在转子铁芯内部，为防止永磁体磁通短路，转子铁芯开有空槽或在槽内填充隔磁材料。磁极的极性与磁通走向见图3-59中右图，这也是一个4极转子。但是这种永磁同步电动机不能直接通三相交流电源进行启动，因转子惯量大，磁场旋转太快，静止的转子根本无法跟随磁场旋转。这种永磁同步电动机多用在变频调速场合，启动时变频器输出频率从0开始上升到工作频率，电动机则跟随变频器输出频率同步旋转，是一种很好的变频调速电动机。

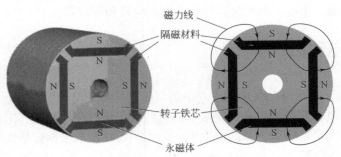

图 3-59 嵌入式永磁转子

通过在永磁转子上加装笼型绕组，接通电源旋转磁场一建立，就会在笼型绕组感生电流，转子就会像交流异步电动机一样启动旋转，这就是异步启动永磁同步电动机，是近些年开始普及的节能电机。为了安装笼型绕组，在转子铁芯叠片圆周上冲有许多安装导电条的槽，在转子铁芯内部嵌装永磁体，永磁体安装方式有多种，也可以按前面介绍的形式安装。这里的安装方式如图 3-60 所示，这也是一个 4 极转子，为了防止永磁体的磁通通过转轴短路，在转轴与转子铁芯间加装有隔磁材料，转子的磁通走向见图 3-60 左图。

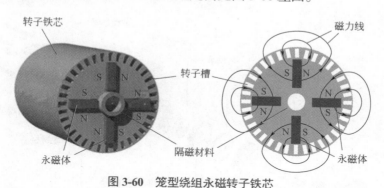

图 3-60　笼型绕组永磁转子铁芯

如图 3-61 为笼型绕组永磁转子。把转子与定子、机座等部件进行组装，组装成的整机剖面如图 3-62 所示，异步启动永磁同步电动机可以直接接通三相交流电源使用，方便又节能。

图 3-61　笼型绕组永磁转子

图 3-62　异步启动永磁同步电动机

### 3.4.6　步进电动机

步进电动机也叫步进器，它利用电磁学原理，将电能转换为机械能。步进电动机是一种把电脉冲信号转换成机械角位移的控制电机，常作为数字控制系统中的执行元件。步进电动机主要由定子和转子两部分构成，它们均由磁性材料制成。

步进电动机的外观如图 3-63 所示，结构如图 3-64 所示。

步进电动机工作原理：通常电机的转子为永磁体，当电流流过定子绕组时，定子绕组产生一矢量磁场，该磁场会带动转子旋转一角度，使得转子的一对磁场方向与定子的磁场方向一致。当定子的矢量磁场旋转一个角度，转子也随着该磁场转一个角度。每输入一个电脉冲，电动机转动一个角度前进一步。它输

图 3-63　步进电动机

出的角位移与输入的脉冲数成正比、转速与脉冲频率成正比。改变绕组通电的顺序，电机就会反转。所以可通过控制脉冲数量、频率及电动机各相绕组的通电顺序来控制步进电动机的转动。

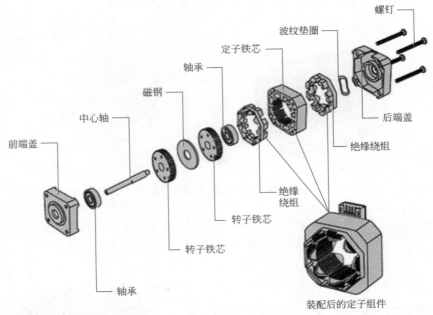

图 3-64　步进电机结构

### 3.4.7　伺服电动机

　　伺服电动机，又称执行电机，是指在伺服系统中控制机械元件运转的发动机，是一种辅助电动机间接变速装置。它可以使控制速度、位置精度非常准确，可以将电压信号转化为转矩和转速以驱动控制对象。伺服电动机可以分为直流伺服电动机和交流伺服电动机，可以用于对成本敏感的普通工业和民用场合。

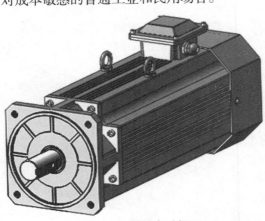

图 3-65　伺服电动机

　　（1）伺服电动机工作原理与基本构造（见图 3-65，图 3-66）

　　交流伺服电动机也是由定子和转子构成。定子的构造基本上与电容分相式单相异步电动机的定子相似，其上装有两个位置互差 90° 的绕组，一个是励磁绕组 $R_f$，它始终接在交流电压 $U_f$ 上，另一个是控制绕组 $L$，连接控制信号电压 $U_c$。所以交流伺服电动机又称两个伺服电动机。

　　交流伺服电动机的转子通常做成笼式，但为了使伺服电动机具有较宽的调速范围、线性的机械特性，无"自转"现象和快速响应的性能。它与普通电动机相比，具有转子电阻大和转动惯量小这两个特点。

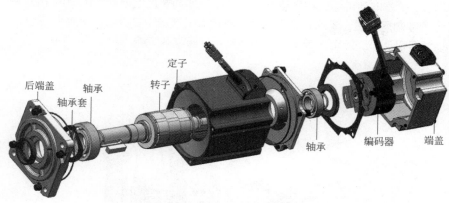

图 3-66　伺服电动机的结构图

（2）伺服电动机工作原理

交流伺服电动机的工作原理与两相异步电动机相似。但是由于它在数控机床中作为执行元件，将交流电信号转换为轴上的角位移或角速度，所以要求转子速度的快慢能够反映控制信号的相位，无控制信号时它不转动。

由于定子上的两个绕组在空间相差 90°，如果在两相绕组上加以幅值相等、相位差 90° 的对称电压，则在电动机的气隙中产生圆形的旋转磁场。若两个电压的幅值不等或相位差不为90°，则产生的磁场将是一个椭圆形旋转磁场。加在控制绕组上的信号不同，产生的磁场椭圆度也不同。

伺服电动机内部的转子是永磁铁，驱动器控制的 U/V/W 三相电形成电磁场，转子在此磁场的作用下转动，同时电机自带的编码器反馈信号给驱动器，驱动器根据反馈值与目标值进行比较，调整转子转动的角度。如图 3-67 所示为伺服电机编码器的组成。

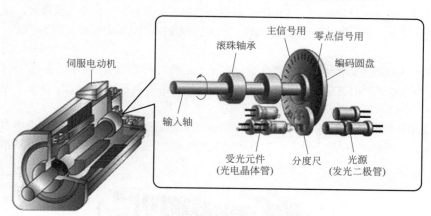

图 3-67　伺服电动机编码器的组成

## 永磁同步电动机在轨道交通中的应用

地铁、城市列车等采用的电动机的趋势是交流牵引电动机，地铁车辆的牵引电动机使用直流的已经很少了,除了北京一号线等早期的地铁车辆使用的是直流电动机,目前各地铁车辆使用的都是交流电动机。交流电动机的调速主要靠的是调频,即调节供给电动机的交流电的频率,交流电是靠一种调频调压装置,俗称牵引逆变器,将直流电逆变为交流电供给牵引电动机,为调节电动机的转速可以调节交流电的频率,控制转矩可以通过调节电压。

（1）永磁同步电动机牵引系统

据了解,世界轨道交通车辆牵引系统技术,经历了直流系统、异步系统、永磁系统三大阶段。永磁同步牵引系统因其高效率、高功率等显著优势,正逐步取代传统牵引系统,成为下一代列车牵引系统主流研制方向。

（2）中车株洲电力机车研究所的高铁永磁同步牵引系统

如图 3-68、图 3-69 所示,我国的中车株洲电力机车研究所推出的高速列车永磁同步牵引系统,包含牵引交流器、网络控制系统、永磁同步牵引电动机等。该公司自主研发的大型功率永磁同步牵引电动机,额定功率达到了 690 千瓦,是目前国内轨道交通领域最大功率的永磁同步牵引电动机。与传统的异步电动机相比,该电动机具有转速稳、效率高、体积小、重量轻、噪声低、可靠性高等诸多特点,采用永磁驱动的同步牵引电动机与传统的异步电动机驱动系统相比,节能可在10% 以上。

永磁同步电动机与异步电动机的最大区别在于它的励磁磁场是由永磁体产生的,异步电动机,需要从定子侧吸收无功电流来建立磁场,用于励磁的无功电流导致了损耗增加,降低了电动机效率和功率因数,所以永磁电动机比异步电动机节能。

中国永磁在轨道交通上的研发虽然起步较晚,但目前已经逐渐追赶上国外先进水平。中车株洲电力机车研究所永磁高铁的下线,标志着我国成为世界上少数几个掌握高铁永磁牵引系统技术的国家。

牵引传动系统
辅助电源系统
网络控制系统
信息化车载系统

图 3-68　高铁永磁同步牵引系统

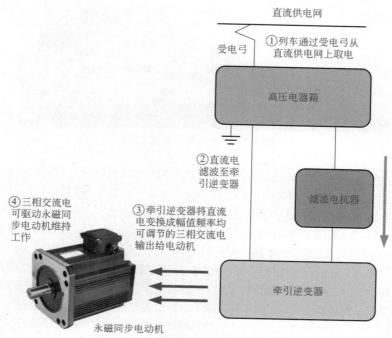

直流供电网

受电弓

①列车通过受电弓从直流供电网上取电

高压电器箱

②直流电滤波至牵引逆变器

④三相交流电可驱动永磁同步电动机维持工作

③牵引逆变器将直流电变换成幅值频率均可调节的三相交流电输出给电动机

滤波电抗器

牵引逆变器

永磁同步电动机

图 3-69　永磁列车工作原理图

（3）电力机车

电力机车是指由电动机驱动车轮的机车。电力机车因为所需电能由电气化铁路供电系统的接触网或第三轨供给，所以是一种非自带能源的机车。

电力机车具有功率大、过载能力强、牵引力大、速度快、整备作业时间短、维修量少、运营费用低、便于实现多机牵引、能采用再生制动以及节约能量等优点。使用电力机车牵引车列，可以提高列车运行速度和承载重量，从而大幅度地提高铁路的运输能力和通过能力。如图 3-70 所示为"和谐号"电力机车。

图 3-70　"和谐号"电力机车

（4）高速列车

如果把 1825 年英国第一条铁路的出现算作世界铁路时代开始的话，那么中国高铁快速发展的十几年，改变了中国铁路发展史上近 200 年落后的局面，中国高铁是最终站上了世界之巅，"复兴号"高速列车（见图 3-71）走上了世界高铁的巅峰。

图 3-71 "复兴号"高速列车

　　10 多年前，我国曾引入来自日本、德国、法国等国的四种型号列车，吸收各国技术之长研发出了新型动车组。如今"复兴号"问世，中国标准动车从"混血""洋基因"变成了"纯中国制造"。从中国制造到中国标准，高铁率先完成了轻盈而亮丽的转身。"复兴号"动车组首次使用的纯国产网络控制系统，是自主研发和制造的，被称为"复兴号"的"中国大脑"。这套网络控制系统技术标准更高、控制功能更多，能更好地确保行驶安全。

　　"复兴号"高速列车运行速度达到 350km/h，这标志着中国成为世界上铁路商业运营速度最高的国家。在安全性能方面，全车部署有 2500 多项监测点多重防护，能够对走行部状态、轴承温度、冷却系统温度、制动系统状态、客室环境进行全方位实时监测。相比"和谐号"，"复兴号"牵引动力显著增长，传感识别和传动控制系统能够智能化完成动力分配，解决轮轨打滑等问题，不仅大大提高安全性，更能降低能耗。

　　从外观看，"复兴号"车头和外形相比"和谐号"有很大改变——车体高度从 3700mm 增高到了 4050mm，宽度从 3300mm 增加到了 3360mm，单车长度由 24.5m 变成了 25m。这一设计在进一步提升运力的同时给乘客带来更舒适的乘车体验。

　　"复兴号"大量采用中国国家标准、行业标准、中国铁路总公司企业标准等技术标准，在 254 项重要标准中，中国标准占 84%。为适应中国地域广阔、长距离、高强度、多气象环境等运行需求，"复兴号"进行了 60 万公里运行考核，设计寿命达到了 30 年。这些中国标准的实施，让中国成为了在全球范围内高铁制造业的标准制定者。中国高铁积累了应对复杂多样环境的经验，列车覆盖 200 ～ 350km/h 各个速度等级，拥有高寒、高温、高原等各类车型，能很好地满足国内外的不同需求。

　　中国高铁已经成为我国装备制造业一张靓丽的"名片"，目前与泰国、巴西、墨西哥、俄罗斯等国家和地区实现了合作，辐射非洲、亚洲、欧洲、美州、大洋州等诸多区域。2020 年底，中国高速铁路已达 3.8 万公里，即将建成以"八纵八横"主通道为骨架、区域连接线衔接、城际铁路补充的现代高速铁路网。

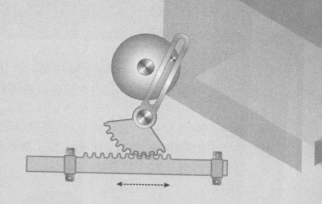

# 第4章
# 加工机器原理与构造

什么是加工机器？

加工机器是用来改变被加工对象的尺寸、形状、性质、状态的机器。如加工机床、轧钢机器、纺织机器、包装机器等。

## 4.1　　加工机床

机床是指制造机器的机器，亦称工作母机或工具机，习惯上简称机床，一般分为金属切削机床、锻压机床和木工机床等。现代机械制造中加工机械零件的方法很多，除切削加工外，还有铸造、锻造、焊接、冲压、挤压等，但凡精度要求较高和表面粗糙度要求较精确的零件，一般都需要在机床上用切削的方法进行最终加工。机床在国民经济现代化的建设中起着重大作用。

机床的种类很多，常见的金属切削机床有车床、铣床、刨床、磨床、镗床、钻床、滚齿机床，是用切削的方法将金属毛坯加工成机器零件的机器，是制造机器的机器。如图 4-1 所示，工人在车床上加工零件。

图 4-1 工人用车床加工零件

## 4.1.1 车床

（1）什么是车床？

车床是主要用车刀对旋转的工件进行车削加工的机床。在车床上还可以用钻头、铰刀、丝锥、板牙和滚花工具等进行相应的加工。车床有很多种类，如卧式车床，落地车床，立式车床，转塔车床，单轴自动车床，多轴自动和半自动车床，仿形车床及多刀车床，专门化车床，等等。在所有的车床类机床中，以卧式车床应用最为广泛。

（2）CA6140 卧式车床的结构

CA6140 车床是我国设计制造的典型的卧式车床，如图 4-2 所示。CA6140 车床在我国机械制造类工厂中使用极为广泛，主要由床身、主轴箱、进给箱、溜板箱、刀架部件、光杆、丝杠和尾座等组成，各组成部分及作用如图 4-3 所示。

（3）卧式车床主要用于加工哪些零件呢？

如图 4-4 所示，车床主要用于加工轴、

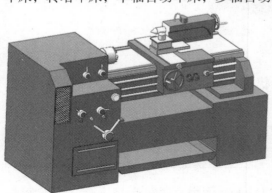

图 4-2 CA6140 卧式车床

盘、套和其他具有回转表面的工件。

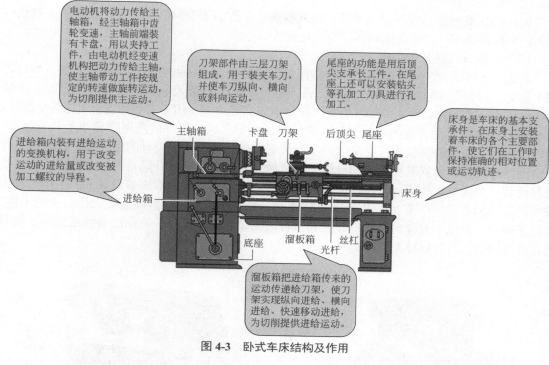

电动机将动力传给主轴箱，经主轴箱中齿轮变速，主轴前端装有卡盘，用以夹持工件，由电动机经变速机构把动力传给主轴，使主轴带动工件按规定的转速做旋转运动，为切削提供主运动。

刀架部件由三层刀架组成，用于装夹车刀，并使车刀纵向、横向或斜向运动。

尾座的功能是用后顶尖支承长工件。在尾座上还可以安装钻头等孔加工刀具进行孔加工。

床身是车床的基本支承件。在床身上安装着车床的各个主要部件，使它们在工作时保持准确的相对位置或运动轨迹。

进给箱内装有进给运动的变换机构，用于改变运动的进给量或改变被加工螺纹的导程。

溜板箱把进给箱传来的运动传递给刀架，使刀架实现纵向进给、横向进给、快速移动进给，为切削提供进给运动。

主轴箱　卡盘　刀架　后顶尖　尾座　床身　进给箱　底座　溜板箱　丝杠　光杆

图 4-3　卧式车床结构及作用

图 4-4　车床主要加工的工件类型

（4）CA6140 卧式车床是怎样工作的？

电动机将动力传给主轴箱，经主轴箱中的齿轮变速，主轴前端装有卡盘，用以夹持工件。由电动机经变速机构把动力传给主轴，使主轴带动工件按规定的转速做旋转运动，为切削提供主运动。溜板箱把进给箱传来的运动传递给刀架，使刀架实现纵向进给、横向进给、快速移动进给，为切削提供进给运动。进给箱内装有进给运动的变换机构，用于改变运动的进给量或改变被加工螺纹的导程。

## 4.1.2 铣床

（1）什么是铣床？

铣床系指主要用铣刀在工件上加工各种表面的机床。通常以铣刀旋转运动为主运动，工件与铣刀的移动为进给运动。铣床除了可以铣削平面、沟槽、轮齿、螺纹和花键轴外，还能加工比较复杂的形面。

铣床的主要类型不仅有卧式铣床、立式铣床、工作台不升降铣床、龙门铣床、工具铣床等，还有仿形铣床、仪表铣床和各种专门化铣床。

（2）万能卧式铣床的结构

如图4-5所示为卧式升降台铣床结构图，卧式升降台铣床的主轴是水平布置的，所以习惯上称为"卧铣"。铣床由底座、床身、铣刀轴（刀杆）、悬梁及悬梁吊架（刀杆吊架）、升降工作台、滑座及工作台等主要部件组成。床身固定在底座上，用于安装和支承机床各个部件。床身内装有主轴部件、主传动装置和变速操纵机构等。床身顶部的燕尾形导轨上装有悬梁，可以沿水平方向调整其位置。在悬梁的下面装有吊架，用以支承刀杆的悬伸端，以提高刀杆的刚度。升降工作台安装在床身的导轨上，可做垂直方向运动。升降台内装有进给运动和快速移动装置及操纵机构等。升降台上面的水平导轨上装有滑座，滑座带着其上的工作台和工件可进行横向移动，工作台装在滑座的导轨上，可实现纵向移动。固定在工作台上的工件，通过工作台、滑座、升降台，可以在互相垂直的三个方向实现任一方向的调整或进给。铣刀装在铣刀轴上，铣刀旋转为主运动。

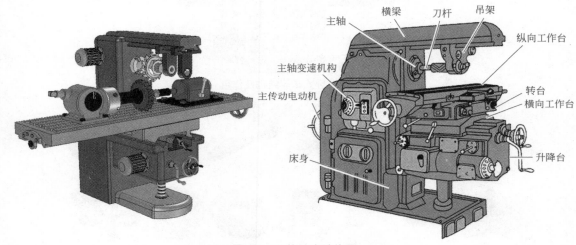

图 4-5　万能铣床结构图

（3）在铣床上能加工哪些零件呢？

在铣床上能加工的零件如图4-6所示。

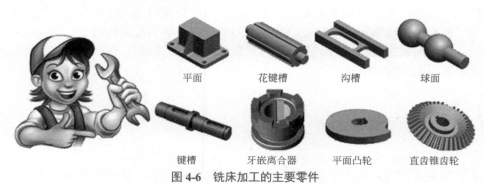

图 4-6　铣床加工的主要零件

（4）卧式铣床是怎样工作的？

卧式铣床由三相380V供电，电动机将动力和运动传递给变速箱传动系统进而到主轴及工作台上。用装在主轴上的刀具对装在工作台的工件进行切削。冷却水泵泵出冷却液对切削部分进行冷却。变速箱可选择合理的主轴转速和进给速度。卧式铣床是主轴上的刀具旋转，装夹工件的工作台进行进给运动。

## 4.1.3　其他金属切削机床

（1）牛头刨床

牛头刨床（见图4-7）是一种做直线往复运动的刨床，滑枕带着刨刀，因滑枕前端的刀架形似牛头而得名。中小型牛头刨床的主运动大多采用曲柄摇杆机构传动，故滑枕的移动速度是不均匀的。牛头刨床主要用于单件小批量生产中，刨削中小型工件上的平面、成形面和沟槽。

（2）外圆磨床

外圆磨床（见图4-8）是加工工件圆柱形、圆锥形或其他形状素线展成的外表面和轴肩端面的磨床，使用广泛。

在所有的磨床中，外圆磨床是应用得最广泛的一类机床，它一般是由基础部分的铸铁床身、工作台、支承并带动工件旋转的头架、尾座、安装磨削砂轮的砂轮架（磨头）、控制磨削工件尺寸的横向进给机构、控制机床运动部件动作的电气和液压装置等主要部件组成。外圆磨床一般可分为普通外圆磨床、万能外圆磨床、宽砂轮外圆磨床、端面外圆磨床、多砂轮架外圆磨床、多片砂轮外圆磨床、切入式外圆磨床和专用外圆磨床等。

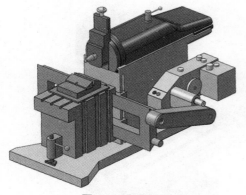

图4-7　牛头刨床

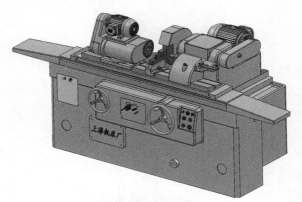

图4-8　外圆磨床

（3）镗床

镗床（图4-9）主要是用镗刀在工件上镗孔的机床。通常，镗刀旋转为主运动，镗刀或工件的移动为进给运动。它的加工精度和表面质量要高于钻床。镗床是大型箱体零件加工的主要设备。

（4）滚齿机

滚齿机是齿轮加工机床中应用最广泛的一种机床，在滚齿机（见图4-10）上可切削直齿、斜齿圆柱齿轮，还可加工蜗轮、链轮等。用滚刀按展成法加工直齿、斜齿和人字齿圆柱齿轮以及蜗轮的轮齿。这种机床使用特制的滚刀时也能加工花键和链轮等各种特殊齿形的工件。

滚齿机广泛应用于汽车、拖拉机、机床、工程机械、矿山机械、冶金机械、石油、仪表、飞机航天器等各种机械制造业。

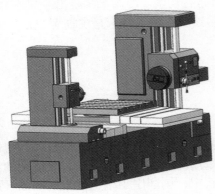

图 4-9　卧式镗床

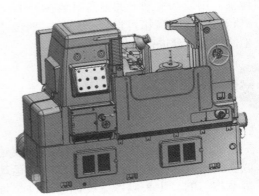

图 4-10　滚齿机

（5）钻床

钻床（图 4-11、图 4-12）指主要用钻头在工件上加工孔的机床。通常钻头旋转为主运动，钻头轴向移动为进给运动。钻床结构简单，加工精度相对较低，可钻通孔、盲孔，更换特殊刀具，可扩、锪、铰孔或进行攻螺纹等加工。加工过程中工件不动，让刀具移动，将刀具中心对正孔中心，并使刀具转动（主运动）。钻床的特点是工件固定不动，刀具做旋转运动。

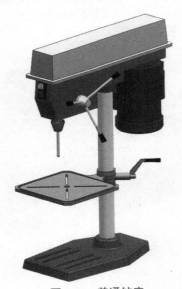

图 4-11　普通钻床

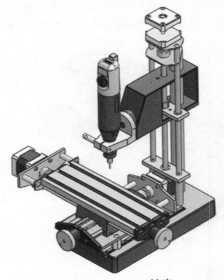

图 4-12　CNC 钻床

## 4.1.4　数控机床

（1）什么是数控机床？

数控机床（见图 4-13）是数字控制机床的简称，是一种装有程序控制系统的自动化机床。

该控制系统能够逻辑地处理具有控制编码或其他符号指令规定的程序，并将其译码，用代码化的数字表示，通过信息载体输入数控装置。经运算处理由数控装置发出各种控制信号，控制机床的动作，按图纸要求的形状和尺寸，自动地将零件加工出来。

数控机床较好地解决了复杂、精密、小批量、多品种的零件加工问题，是一种柔性的、高效能的自动化机床，代表了现代机床控制技术的发展方向，是一种典型的机电一体化产品。

数控机床的种类很多，但是任何一种数控机床都要由数控系统、伺服系统和机械系统组成。按照工艺的不同，数控机床可分为数控车床、数控铣床、数控磨床、数控镗床、数控加工中心、数控电火花加工机床、数控线切割机床等。数控机床以其精度高、效率高和能适应小批量多品种复杂零件的加工等特点，在机械加工中广泛应用。

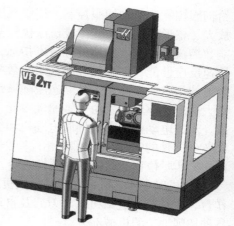

图 4-13 数控机床

（2）数控机床的基本组成

数控机床的基本组成如图 4-14 所示，包括加工程序载体、数控装置、伺服与测量反馈系统、机床主体和其他辅助装置。下面分别对各组成部分的基本工作原理进行概要说明。

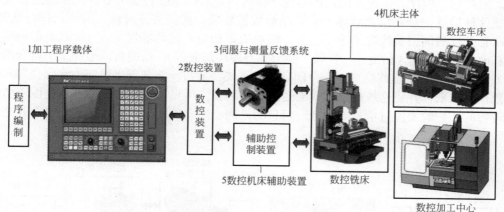

图 4-14 数控机床的基本组成

① 加工程序载体。数控机床工作时，不需要工人直接去操作机床，要对数控机床进行控制，必须编制加工程序。零件加工程序中，包括机床上刀具和工件的相对运动轨迹、工艺参数（进给量、主轴转速等）和辅助运动等。将零件加工程序用一定的格式和代码，存储在一种程序载体上，如穿孔纸带、盒式磁带、软磁盘等，通过数控机床的输入装置，将程序信息输入到计算机控制单元。

② 数控装置。数控装置是数控机床的核心。现代数控装置均采用计算机控制形式，这种计算机控制装置一般使用多个微处理器，以程序化的软件形式实现数控功能，因此又称软件数控。计算机控制系统是一种位置控制系统，它是根据输入数据插补出理想的运动轨迹，然后输出到执行部件加工出所需要的零件。

③ 伺服与测量反馈系统。伺服系统是数控机床的重要组成部分，用于实现数控机床的进

给伺服控制和主轴伺服控制。伺服系统的作用是把接收的来自数控装置的指令信息,经功率放大、整形处理后,转换成机床执行部件的直线位移或角位移运动。伺服系统的性能直接影响数控机床的精度和速度等技术指标,因此,对数控机床的伺服驱动装置,要求具有良好的快速反应性能,准确而灵敏地跟踪数控装置发出的数字指令信号,并能忠实地执行来自数控装置的指令,提高系统的动态跟随特性和静态跟踪精度。伺服系统包括驱动装置和执行机构两大部分。驱动装置由主轴驱动单元、进给驱动单元和主轴伺服电动机、进给伺服电动机组成。步进电动机、直流伺服电动机和交流伺服电动机是常用的驱动装置。测量元件将数控机床各坐标轴的实际位移值检测出来并经反馈系统输入到机床的数控装置中,数控装置对反馈回来的实际位移值与指令值进行比较,并向伺服系统输出达到设定值所需的位移量指令。

④ 机床主体。机床主机是数控机床的主体。它包括床身、底座、立柱、横梁、滑座、工作台、主轴箱、进给机构、刀架及自动换刀装置等机械部件。它是在数控机床上自动地完成各种切削加工的机械部分。

⑤ 数控机床辅助装置。辅助装置是保证充分发挥数控机床功能所必需的配套装置,常用的辅助装置包括气动、液压装置,排屑装置,冷却、润滑装置,回转工作台和数控分度头,防护装置,照明装置,等等。

(3) 数控加工的工作原理

可以通过数控机床加工零件的过程来了解数控加工的工作原理,如图 4-15 所示,数控机床不需要工人直接去操作机床,但机床必须执行人的意图。技术人员首先按照加工零件图样要求,编制加工程序,用规定的代码和程序格式,把人的意图转变为数控机床所能接受的信息。把这种信息记录在信息载体上,输送给数控装置,数控装置对输入的信息进行处理后,向机床各坐标的伺服系统发出指令信息,驱动机床相应的运动部件(如刀架、工作台等)并控制其他必要的操作(如变速、快移、换刀、开停冷却泵等),从而自动地加工出符合图样要求的工件。图 4-15 中虚线构成了一个闭环控制系统,通过反馈装置将机床的实际位置、速度等参数检测出来,并将这种信息反馈输送给数控装置。可见,数控加工的过程是围绕信息的交换进行的,一般要经过信息的输入、信息的处理、信息的输出和对机床的控制等几个主要环节。

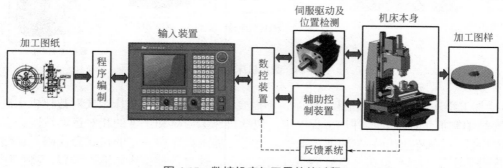

图 4-15　数控机床加工零件的过程

### 4.1.4.1　数控车床

(1) 什么是数控车床?

数控车床主要用于轴类或盘类零件的内外圆柱面、任意角度的内外圆锥面、复杂回转内外曲面和圆柱、圆锥螺纹等的切削加工,并能进行切槽、钻孔、扩孔、铰孔及镗孔。

数控车床的分类可以采用不同的方法。按照结构形式，数控车床可分为卧式和立式两大类。按照刀架的数量，可分为单刀架数控车床和双刀架数控车床。按照功能，可分为简易数控车床、经济型数控车床、全功能数控车床和车削中心。

（2）数控车床的结构

如图4-16所示，数控车床由床身、主轴箱、刀架进给系统、尾座，液压系统、冷却系统、润滑系统、排屑系统等部分组成，数控车床由计算机数字控制，伺服电动机驱动刀做作连续纵向和横向进给运动。

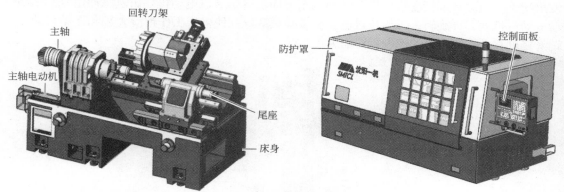

图4-16 数控车床的结构

（3）数控车床适合加工哪些零件？

数控车床加工零件的类型如图4-17所示。

图4-17 数控车床加工零件的类型

### 4.1.4.2 数控铣床

（1）什么是数控铣床？

数控铣床是一种加工功能很强的数控机床，数控铣床种类很多，按体积大小可分为小型、中型和大型数控铣床。按控制坐标的联动轴数可分为二轴半联动、三轴联动和多轴联动数控铣床等。通常按主轴的布局形式分为立式数控铣床、卧式数控铣床和立卧两用数控铣床。

（2）数控铣床的主要组成部分

① 控制系统。控制系统是数控机床的核心，主要作用是对输入的零件加工程序进行数字运算和逻辑运算，然后向伺服系统发出控制信号，控制系统是一种专用的计算机，它由硬件和软件组成。

② 伺服系统。伺服系统是数控铣床执行机构的驱动部件。伺服系统由驱动装置和执行元

件组成。常用的驱动装置分步进电动机、直流伺服电动机和交流伺服电动机三种。

③ 机械部件。机械部件即铣床主机，包括冷却、润滑和排屑系统、进给运动部件和床身、立柱。

④ 辅助设备（装置）。辅助设备包括对刀装置，液压、气动装置，等等。

（3）数控铣床工作原理

如图 4-18 所示为三坐标立式数控铣床，它的工作原理是，将加工程序输入到数控系统后，数控系统对数据进行运算和处理，向主轴箱内的驱动电动机和控制各进给轴的伺服装置发出指令。伺服装置接受指令后向控制三个方向的进给步进电动机发出电脉冲信号。主轴驱动电动机带动刀具旋转，进给步进电动机带动滚珠丝杠使机床工作台沿 $X$ 轴和 $Y$ 轴移动，主轴沿 $Z$ 轴移动，铣刀对工件进行切削。

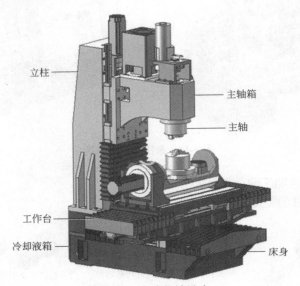

立柱　主轴箱　主轴　工作台　冷却液箱　床身

图 4-18　立式数控铣床

（4）数控铣床适合加工哪些零件？

数控铣床加工零件的类型如图 4-19 所示。

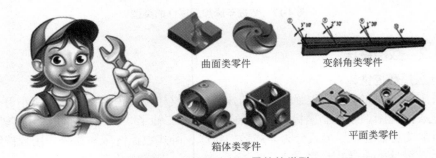

曲面类零件　变斜角类零件　箱体类零件　平面类零件

图 4-19　数控铣床加工零件的类型

### 4.1.4.3　数控加工中心

（1）什么是数控加工中心？

数控加工中心是在数控铣床的基础上发展起来的，是一种功能较全的数控加工机床，一般它将铣削、镗削、钻削、攻螺纹和车削螺纹等功能集中在一台设备上，使其具有多种工艺手段。加工中心由于运动部件是由伺服电动机单独驱动的，各运动部件的坐标位置是由数控系统控制，因而各坐标方向的运动可以精确地联系起来，其控制系统功能全面。加工中心可有两坐标轴联动、三坐标轴联动、四坐标轴联动、五坐标轴联动或更多坐标轴联动控制。加工中心配置有刀库，在加工过程中由程序控制选用和更换刀具。加工中的分类有多种情况，具体分类可按照机床主轴布局形式分类，按换刀形式分类。

（2）数控加工中心的结构（如图4-20所示）

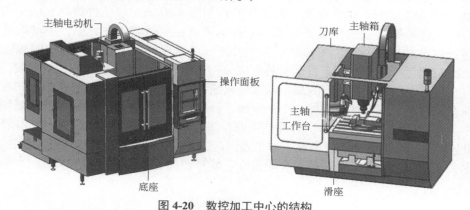

图4-20　数控加工中心的结构

（3）数控加工中心适合加工哪些零件？

数控加工中心加工零件的类型如图4-21所示。

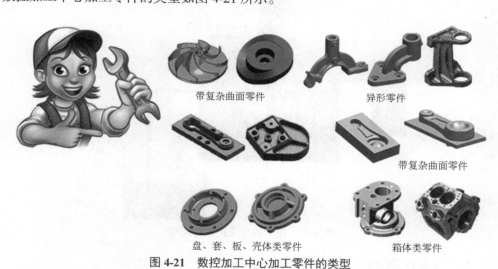

图4-21　数控加工中心加工零件的类型

### 4.1.4.4　数控电火花加工机床

（1）什么是电火花加工？

电火花加工是利用两极间脉冲放电时产生的电腐蚀现象，对材料进行加工的方法。是一种利用电能和热能进行加工的工艺，也称放电加工。由于在放电过程中有火花产生，所以称为电火花加工。

① 电火花加工的起源 电火花加工中的电蚀现象早在 20 世纪初就被人们发现,如插头、开关的启闭所产生的电火花对接触表面产生损害。

20 世纪中期,苏联的拉扎林科夫妇在研究开关触点遭受火花放电腐蚀损坏的现象和原因时,发现电火花的瞬时高温使局部金属熔化、气化而被蚀除掉,从而开创和发明了电火花加工方法。1943 年,利用电蚀原理研制出世界上第一台实用化的电火花加工装置。

我国在 20 世纪 50 年代初期开始研究电火花设备,并于 20 世纪 60 年代初研制出第一台靠模仿形电火花线切割机床,随后研制出具有我国特色的高速走丝线切割机床。

② 电火花加工原理 电火花加工的工作原理如图 4-22 所示。工件放在充满工作液的工作槽中,而工作液则在泵的作用下循环,工具电极装在主轴端的夹具里,主轴的垂直进给由自动进给调节装置控制,使工具电极和工件之间经常保持一个很小的放电间隙,一般在 0.01 ～ 0.2mm 之间。这样,当工件和工具电极分别与脉冲电源的正负极相接的时候,每个脉冲电压将在工具电极和工件之间的最小间隙处或绝缘强度最低的工作液处产生火花放电,使两极表面在瞬时高温下都被蚀除掉一小块金属,分别形成一个小坑,被蚀下的金属颗粒掉入工作液中冷却、凝固并被冲走。当脉冲结束时,工作液介质恢复绝缘状态。如此循环不止,加工也就连续进行,无数个小坑组成了加工表面,工具电极的形状也就被逐渐复制在工件上。所以说电火花加工过程分四个阶段:介质击穿、能量转换、蚀除产物抛出和极间介质消电离阶段。

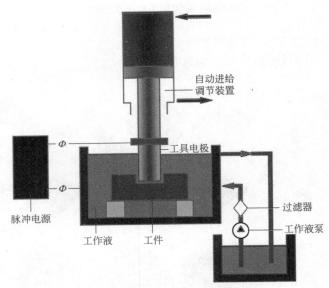

图 4-22 电火花加工的工作原理

(2) 数控电火花成形加工机床的组成

数控电火花成形加工机床主要由机床主体、脉冲电源、数控系统及工作液系统四大部分组成,如图 4-23 所示。

(3) 电火花成形加工原理

电火花成形加工基于电火花加工的原理,在加工过程中,工具电极与工件不接触。当工具电极与工件在绝缘介质中相互接近,达到某一小距离时,脉冲电源施加电压把两电极间距离最小的介质击穿,形成脉冲放电,产生局部、瞬时高温,将工件金属材料蚀除。电火花成形加工的原理如图 4-24 所示。

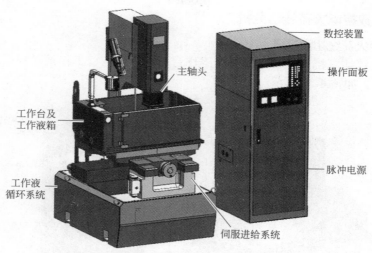

图 4-23　数控电火花成形加工机床结构组成

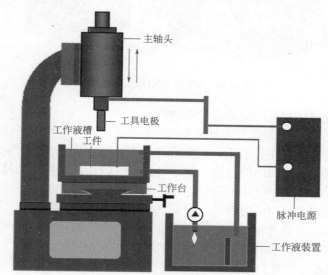

图 4-24　电火花成形加工原理

如图 4-25 所示，工具电极的外形则是工件的内形。

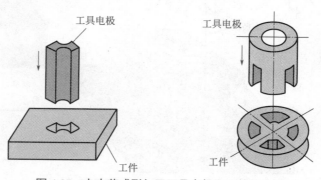

图 4-25　电火花成形加工工具电极和工件的关系

089

### 4.1.4.5　数控电火花线切割机床

（1）数控电火花线切割机床

数控电火花线切割机床主要由床身、工作台、走丝机构、工作液循环系统、脉冲电源、数控系统等组成，如图 4-26 所示。

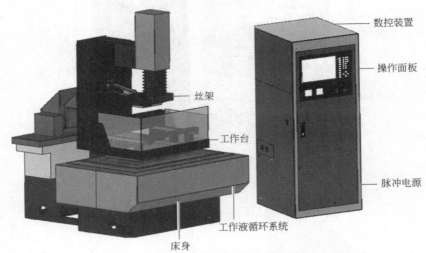

图 4-26　数控电火花线切割机床

（2）数控电火花线切割机床是怎样工作的？

如图 4-27 所示，电极丝穿过工件上预先钻好的小孔，经导轮由贮丝筒带动做往复交替移动，工件通过绝缘板安装在工作台上，工作台在水平面 X、Y 两个坐标轴方向各自按给定的控制程序移动而合成任意平面曲线轨迹。脉冲电源对电极丝与工件施加脉冲电压，电极丝接脉冲电源的负极，工件接脉冲电源的正极。当来一个电脉冲时，在电极丝和工件之间产生一次火花放电，在放电通道的中心温度瞬时可高达 10000℃ 以上，高温使工件金属熔化，甚至有少量汽化，高温也使电极丝和工件之间的工作液部分产生汽化，这些汽化后的工作液和金属蒸气瞬间迅速热膨胀，并具有爆炸的特性。这种热膨胀和局部微爆炸，将熔化和汽化了的金属材料抛出而实现对工件材料进行电蚀切割加工。

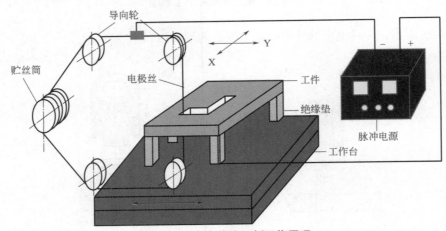

图 4-27　电火花线切割工作原理

（3）数控电火花线切割机床适合加工哪些零件？

数控电火花线切割机床能加工特殊形状、难加工的零件，如图 4-28 所示、能对特殊材料和贵重材料，还有模具进行加工。还能切割出复杂的工艺品如图 4-29 所示。

图 4-28　电火花线切割加工的零件

图 4-29　电火花线切割加工的工艺品

要说明的是，数控机床无论是数控车床、数控铣床、加工中心、电火花成形及电火花线切割，要想完成既定的加工任务，首先要由操作人员编制加工程序单，然后把程序单输入到机床中的控制系统中，数控系统控制机床的运动轨迹而完成加工，所以编制加工程序，对数控加工也是很重要的。

## 4.1.5　机床传动原理

传动副用来传递运动和装置，机床上常用的传动副有带传动、齿轮传动、螺旋传动等。

（1）带传动

常见的带传动类型有平带传动、V 带传动、多楔带传动、同步带传动。常用的平带、V带、多楔带靠摩擦力传动，同步齿形带是通过带上的齿与带轮上的轮齿相啮合传递运动和动力。

带传动是由固连于主动轴上的带轮（主动轮）、固连于从动轴上的带轮（从动轮）和紧套在轮上的传动带组成的。

① 平带传动：通过带和带轮间的摩擦力传递动力，为摩擦传动。平带传动是带传动中最简单的结构，适用于中心距较大的情况，但它不适合于高速传动。平带传动结构如图 4-30所示。

图 4-30 平带传动

②V 带传动（俗称三角带）：通过带和带轮间的摩擦力传递动力，为摩擦传动。V 带传动有较大的摩擦力且传动平稳应用广泛，如图 4-31 所示。

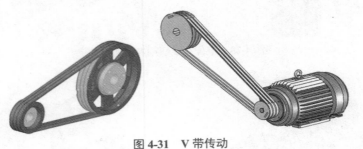

图 4-31 V 带传动

③多楔带传动：通过带和带轮间的摩擦力传递动力，为摩擦传动。它兼有平带和 V 带的优点，柔性好、摩擦力大，适用于传递功率较大而又要求结构紧凑的场合，如图 4-32 所示。

图 4-32 多楔带传动

④同步齿形带（简称同步带）传动：通过带和带轮间的齿啮合传递动力，为啮合传动。同步带传动转速高、精度高，适合高精度仪器装置中，外观结构和应用如图 4-33 和图 4-34 所示。

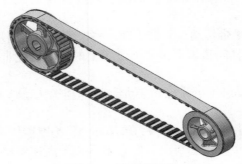

图 4-33 同步齿形带

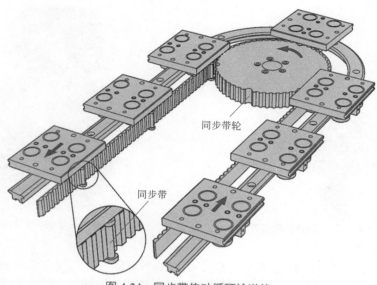

图 4-34 同步带传动循环输送线

（2）齿轮传动

齿轮传动是目前机床中应用最多的一种传动方式。这种传动种类很多，如直齿、斜齿、人字齿、圆弧齿等，其中最常用的是直齿圆柱齿轮传动。齿轮传动如图 4-35 ～图 4-40 所示。

图 4-35 斜齿圆柱齿轮传动

图 4-36 圆弧齿锥齿轮传动

图 4-37 圆柱直齿轮传动

图 4-38 斜齿锥齿轮传动

图 4-39 直齿圆锥齿轮传动

图 4-40 人字齿圆柱齿轮传动

　　如图 4-41 所示为 CA6140 型普通车床主轴传动系统图，主运动传动链的功能是把动力源（电动机）的运动经 V 带传给主轴，使主轴带动工件实现回转，并使主轴获得变速和换向。主轴的运动是经过齿轮副传给轴的，改变齿轮的传动，从而改变主轴的转速。

图 4-41 CA6140 型普通车床主轴传动系统图

（3）螺旋传动

　　螺旋传动机构由螺杆和螺母以及机架组成，它的主要功用是将回转运动转变为直线运动，从而传递运动和动力。

　　用于机床的螺旋传动主要有以下两种。

　　① 车床丝杠螺旋传动中，运动方式是螺旋回转，螺母做直线运动。

　　传导螺旋：主要用于传递运动。如车床的进给螺旋（见图 4-42），如图 4-43 所示车床刀架进给运动，如图 4-44 所示为车床丝杠螺旋传动。

　　② 车床尾座螺旋传动中，运动方式是螺母不动，螺杆回转并做直线运动。

　　调整螺旋：主要用于调整、固定零件的位置。如车床尾座螺旋如图 4-45、图 4-46 所示。

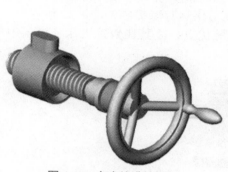

图 4-42 车床的进给螺旋

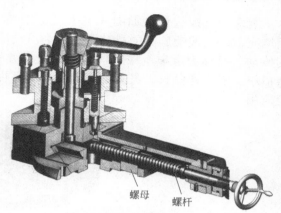

螺母　螺杆

图 4-43 车床刀架进给运动的螺旋传动

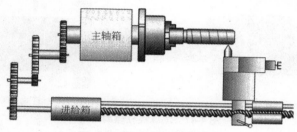

图 4-44 车床丝杠螺旋传动

图 4-45 车床尾座螺旋

螺杆
螺母

图 4-46 车床尾座螺旋传动

　　滚珠丝杠螺旋传动如图 4-47 所示，在螺杆和螺母间设有封闭循环的滚道，在滚道间填充钢珠，使螺旋副的滑动摩擦变为滚动摩擦，提高传动效率，这种传动称为滚动螺旋传动，又称为滚珠丝杠副。滚动螺旋与滑动螺旋相比具有摩擦损失小，传动效率高，磨损小，工作寿命长，灵敏度高，且运动有可逆性等优点，故其在数控机床、汽车中广泛应用。

滚珠丝杠

外循环式滚珠螺母　　　　　　　内循环式滚珠螺母

图 4-47　滚珠丝杠螺旋传动

# 4.2　轧钢机器

　　经济建设、国防、工业都对钢材的需求量非常大，如图 4-48 所示的铁路双轨，每2000km 需要 40 万吨钢材（每根重轨 50kg/m）。如图 4-49 所示的万吨巨轮，每艘需要 6000 吨钢板。如图 4-50 所示的一台拖拉机，需要 5 吨钢材。如图 4-51 所示为石油管线，5000km 石油管线需要 90 吨钢材（有缝管）。

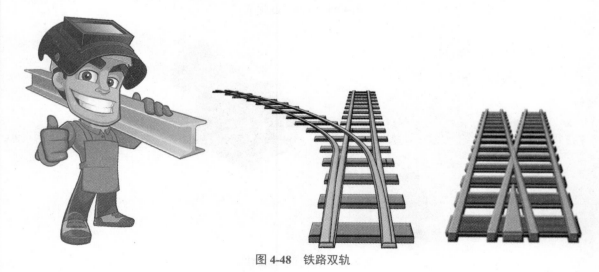

图 4-48　铁路双轨

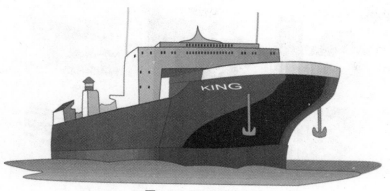

图 4-49　万吨巨轮

图 4-50　拖拉机

图 4-51　管线及石油管线

## 4.2.1　轧钢

　　轧钢是将钢锭或钢坯轧制成钢材的生产环节，90% 的钢材是轧制生产出来的。轧钢生产过程按工艺来讲，首先经过钢坯车间，将钢锭或铸坯轧成小钢坯，为成品车间提供原料；然后到成品车间将钢坯轧成钢材。成型的钢材有钢板、有缝管、线材、棒材、钢材。如图 4-52 所示为成型的钢材。

图 4-52　成型的钢材

从钢坯或钢锭到成型的钢材需要经过那些生产过程呢？如图 4-53 所示，由于钢坯表面不可避免地要产生裂纹等缺陷和氧化层，如不清除，将严重影响轧材质量，降低成材率，所以应将钢坯进行酸洗和修磨。清理后的钢坯进入加热炉加热，钢坯在轧制之前加热，其目的是提高钢的塑性，降低变形抗力及改善金属内部组织和性能，以便轧制。经过两次轧制后，轧件进入了热精整剪切收集阶段，对轧件用切头剪切成规定尺寸。轧件进入冷精整检验修磨，冷床是轧件冷却和传输的冶金设备，轧件经过冷床后，由 900℃左右的高温降到了近 100℃，冷床在轧件的冷却成型上起着重要的作用。最后定尺冷剪切成成品后完成了整个轧制过程，经过理化检验后的成品打包入库。

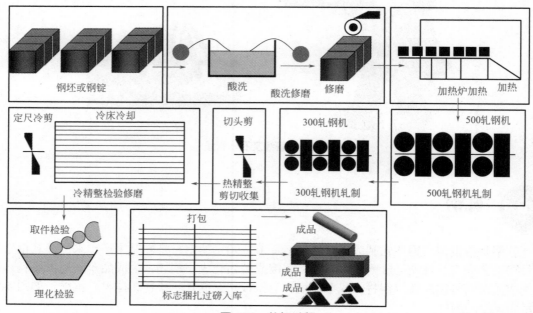

图 4-53　轧钢过程

## 4.2.2 轧钢机

轧钢机（简称轧机）是轧制钢材的机器。它使轧件在旋转的轧辊间产生塑性变形，轧出所需端面形状和尺寸的钢材。轧钢机是用来实现各种形状的钢材的机器，主要生产的是线材、型材、板材、异形材。

轧钢机一般包括主要设备（主机）和辅助设备（辅机）两大部分。轧钢机按轧辊的数目分为二辊式、三辊式、四辊式和多辊式。轧钢机均采用电动机拖动，当轧制过程不要求调速时，采用交流电动机，当轧制过程需要调速时，采用直流电动机。如图 4-54 所示为两辊轧钢机，如图 4-55 所示为棒线材轧钢机外观图。

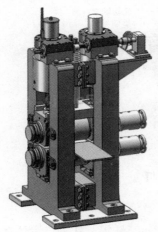

图 4-54 两辊轧钢机

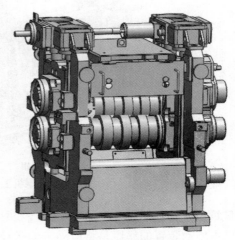

图 4-55 棒线材轧钢机

轧钢机的组成部分如下。

（1）轧钢机工作机座

轧钢机工作机座由轧辊、轧辊轴承、机架、轨座、轧辊调整装置、上轧辊平衡装置和换辊装置等组成，如图 4-56 所示。

① 轧辊：使金属塑性变形的部件。

② 轧辊轴承：支承轧辊并保持轧辊在机架中的固定位置。轧辊轴承工作负荷重而变化大，因此要求轴承摩擦系数小，具有足够的强度和刚度，而且要便于更换轧辊。不同的轧机选用不同类型的轧辊轴承。

③ 轧机机架：由两片"牌坊"组成以安装轧辊轴承座和轧辊调整装置，需有足够的强度和钢度承受轧制力。机架形式主要有闭式和开式两种。闭式机架是一个整体框架，具有较高强度和刚度，主要用于轧制力较大的初轧机和板带轧机等。开式机架由机架本体和上盖两部分组成，便于换辊，主要用于横列式型材轧机。

④ 轧机轨座用于安装机架，并固定在地基上，又称地脚板。承受工作机座的重力和倾翻力矩，同时确保工作机座安装尺寸的精度。

⑤ 轧辊调整装置：用于调整辊缝，使轧件达到所要求的断面尺寸。上辊调整装置也称"压下装置"，有手动、电动和液压三种。手动压下装置多用在型材轧机和小的轧机上。电动压下装置包括电动机、减速机、制动器、压下螺栓、压下螺母、压下位置指示器、球面垫块

和测压仪等部件。它的传动效率低，运动部分的转动惯性大，反应速度慢，调整精度低。

⑥ 上轧辊平衡装置：用于抬升上辊和防止轧件进出轧辊时受冲击的装置。形式有：弹簧式，多用在型材轧机上；重锤式，常用在轧辊移动量大的初轧机上；液压式，多用在四辊板带轧机上。

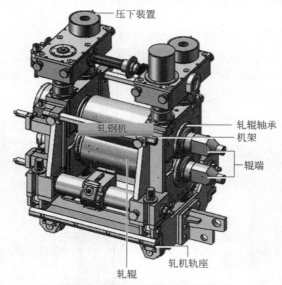

图 4-56　轧钢机工作机座结构图

（2）轧钢机主传动装置

轧钢机主传动装置的作用是将电动机的运动和力矩传递给轧辊。轧钢机主传动装置由减速机、齿轮座、连接轴和联轴器等部件组成，如图 4-57、图 4-58 所示。

① 减速机：在轧钢机中，减速器的作用是将电动机较高的转速变成轧辊所需的转速。

② 齿轮座：当工作机座的轧辊由一个电动机带动时，一般采用齿轮座将电动机或减速器传来的运动和力矩分配给二个或三个轧辊。电动机功率较大的初轧机、板坯轧机、钢板轧机，往往不采用齿轮座，而用单独的电动机分别驱动每一个轧辊。

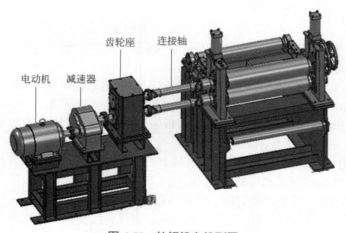

图 4-57　轧钢机主机列图

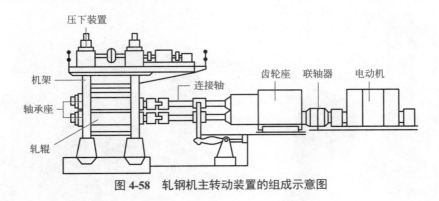

图 4-58　轧钢机主转动装置的组成示意图

③ 连接轴：轧钢机齿轮座、减速器、电动机的运动和力矩，都是通过连接轴传递各轧辊的。

④ 联轴器：包括电动机联轴器和主联轴器。电动机联轴器用来连接电动机与减速器的传动轴，而主联轴器则用来连接减速器与齿轮座的传动轴。

（3）轧钢机的辅助设备

辅助设备包括轧制过程中一系列辅助工序的设备。如进行原料准备、加热、翻钢、剪切、矫直、冷却、探伤、热处理、酸洗等的设备。

如图 4-59 所示，辅助设备分类如下。

① 剪切类设备：剪切机，锯齿机。

② 矫直类设备：辊式器直机、张力器直机、压力器直机、斜辊器直机。

③ 卷取类设备：线材、热轧钢板卷取机、张力卷取机。

④ 表面加工设备：酸洗、镀复、清洗、打印设备。

⑤ 打捆包装设备：打捆机、包装机。

⑥ 运输类设备：辊道、推床、翻钢机、转向台、拉钢机、冷床、挡板、堆垛机、钢锭车。

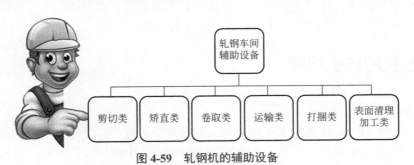

图 4-59　轧钢机的辅助设备

# 4.3　纺织机器

你知道生活中的布是用什么样的机器织出来的吗？你见过纺织机器吗？我们一起去了解什么是纺织机器，布又是怎样织出来的吧。

什么是纺织机器？纺织机器就是把线、丝、麻等原材料加工成丝线后织成布料的工具。像纺坠、纺车、踏板织布机、机械织布机、数控自动织布机等。

什么是纺织品？纺织品有着与人类文明相同的历史，是维持人们日常生活不可或缺的物品。纺织品按消费应用可分为服装用、装饰用、产业用三大类。其中装饰和服装用纺织品是日常消费的生活用品。

光鲜亮丽的布匹和服装，都是日常生活中不可缺少的物品。那么我们一起去了解纺织机器是怎么工作的吧。

从人类进入文明社会开始，纺织工业就随着社会的发展而不断进步。从商代甲骨文的记载中，可以发现我们的祖先生产织物的实践活动。最早的织机就是两根木棒，在两棒之间平行地排列好一组麻纤维，这就是经纱。将经纱绷紧固定之后，在其中间按一定的规律穿入纬纱，新纳入的纬纱再用木棒打紧，这就形成了最早的织物。

## 4.3.1 古老的纺机设备

（1）手摇纺车

手摇纺车据推测约出现在战国时期，其主要由木架、锭子、绳轮和手柄四部分组成，见图 4-60。常见的手摇纺车是锭子在左，绳轮和手柄在右，中间用绳弦传动，是家庭纺织的前道工序。手摇纺车适合一家一户的农业副业之用，故一直沿袭流传至今。

（2）整经机

随着社会的发展，纺织机械也在不断地进步。为了得到平行排列的经纱，人们手摇一个类似风车的架子，将经纱平行地卷绕在架子上，这便是最早的整经机，如图 4-61所示。

（3）古老脚踏织布机

在使用梭子引纬之后，用脚上下踏动踏板，驱动综框开口，用手投梭、打纬。后来将脚踏的动力通过连杆机构，传动投梭棒机筘座，将双手解放出来，处理断头并准备纬纱。如图 4-62 所示为脚踏织布机结构及工作原理。

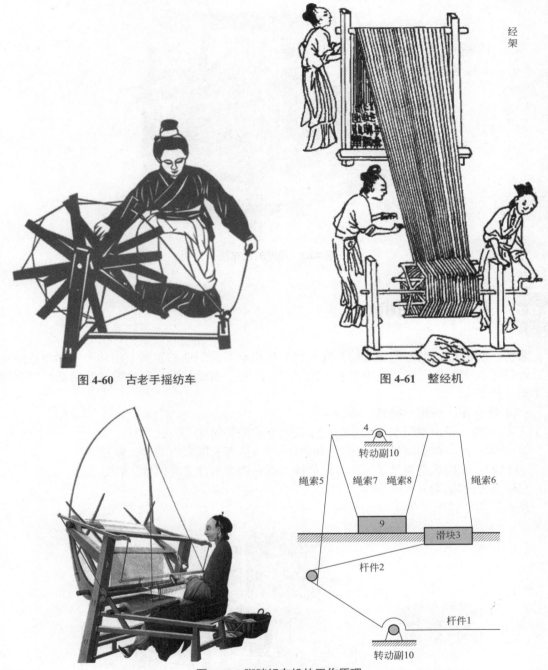

图 4-60　古老手摇纺车

图 4-61　整经机

经架

4

转动副10

绳索5　绳索7　绳索8　　　绳索6

9

滑块3

杆件2

杆件1

转动副10

图 4-62　脚踏织布机的工作原理

　　古老脚踏织布机是怎么工作的？见图 4-62，人将力作用于脚踏板上作原动力，使杆件 1 做顺时针运动，通过杆件 2 使滑块 3 横向右运动，同时滑块 3 拉动绳索 6 使 4 做顺时针运动，通过绳索 7、8 调整 9，当人卸去对脚踏板施加作用力时，由于重力作用，杆件 1 将逆时针运动，拉动杆件 2 使滑块 3 向左移动，同时与杆件相连的绳索 5 拉动 4 做逆时针运动，通过绳索 7、8 调整 9 的位置，如此一个循环完成。图 4-63 为早期的织布机。

图 4-63 早期的织布机

 ## 现代的织布机

　　水力、蒸汽机、电力等能源的开发，大大地推动了纺织业的发展，用动力驱动纺机的出现，促进了纺织业的发展。在织机上采用了自动换梭、自动换纡，产品质量及劳动生产率都有了明显提高。

（1）什么是机织物、经纱、纬纱

　①机织物：是由两组互相垂直的纱线反复交织的织物。

　②经纱：织物制造时处于径向方向的纱，即一匹布长度方向的纱，就是经纱。

　③纬纱：织物织造时处于纬向方向的纱，即一匹布宽度方向的纱，就是纬纱。

（2）织机的结构

织机结构示意图见图 4-64。

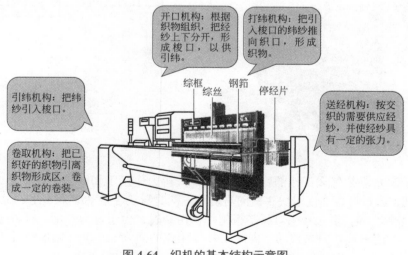

图 4-64 织机的基本结构示意图

织机由五大机构即开口机构、引纬机构、打纬机构、卷取机构、送经机构，及机架、启动、制动、传动系统（见图4-65）、保护装置、自动补纬装置、多色供纬装置组成。

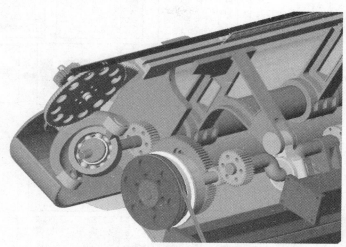

图 4-65　织机的传动系统

（3）机织过程

① 织造前的准备工作　机织物由经、纬两个系统的纱线构成，需要在织机上实现经纬纱的交织，由此必须在上机织造前将经纬纱线准备好，这就是织前准备工序如图4-66、图4-67所示。

② 织造过程　把准备工序制备的具有一定质量和卷装形式的经、纬纱按设计的要求交织成织物，如图4-68所示。

织物的形成是连续进行的，由五大运动完成。

开口运动：按照经纬纱交织规律，将经纱分成上下两片，形成梭口的运动。

引纬运动：将纬纱引入梭口的运动。

打纬运动：把引入梭口的纬纱推向织口的运动。

卷取运动：把已织好的织物引离织物形成区，卷到卷布辊上的运动。

送经运动：把经纱从织轴上放出的运动。

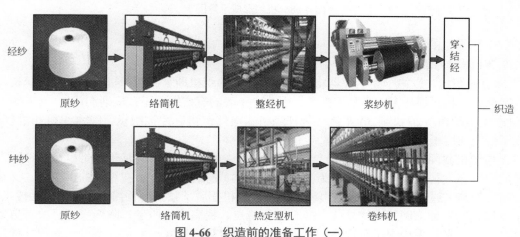

图 4-66　织造前的准备工作（一）

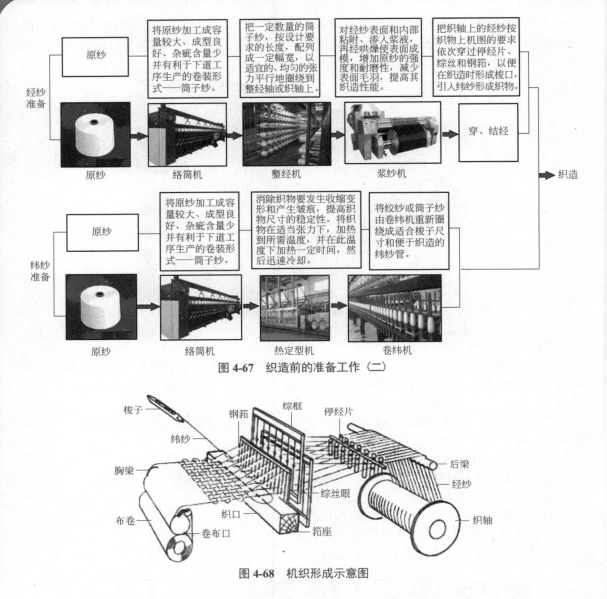

图 4-67 织造前的准备工作（二）

图 4-68 机织形成示意图

（4）织布机的分类

织布机根据引纬方式不同可分为以下两种。

① 有梭织机。以梭子为引纬器将纬纱引入梭口的织机即为有梭织机。梭子引纬织机振动大，噪声大，物料损耗多，不利于高产，因此，一般的有梭织机正在逐渐淘汰。

② 无梭织机。20 世纪 50 年代，剑杆织机、喷气织机、片梭织机、喷水织机相继问世，摆脱了传统的梭子引纬方式。

无梭织机共同的基本特点是将纬纱卷装从梭子中分离出来，或是仅携带少量的纬纱以小而轻的引纬器代替大而重的梭子，为高速引纬提供了有利的条件。在纬纱的供给上，又直接采用筒子卷装，通过储纬装置进入引纬机构，使织机摆脱了频繁的补纬动作。采用无梭织机，对于增加织物品种、调整织物结构、减少织物疵点、提高织物质量、降低噪声、改善劳动条件具有重要意义。无梭织机车速高，通常比有梭织机效率高 4～8 倍，所以大面积地推广应用无梭织机，可以大幅度提高劳动生产率。

由于无梭织机的结构日臻完善，选用材料范围广泛，加工精度越来越高，加上世界科技发展，电子技术、微电子控制技术逐步取代机械技术，无梭织机的制造是冶金、机械、电子、化工和流体动力等多学科相结合，集电子技术、计算机技术、精密机械技术和纺织技术于一体的高新技术产品。

（5）常用织机

① 剑杆织机。剑杆织机（见图4-69）是目前应用最为广泛的无梭织机，它除了具有无梭织机高速、高自动化程度、高效能生产的特点外，其积极引纬方式具有很强的品种适应性，能适应各类纱线的引纬，加之剑杆织机在多色纬织造方面也有着明显的优势，可以生产多达16色纬纱的色织产品。随着无梭织机取代有梭织机，剑杆织机将成为机织物的主要生产机种。

图4-69　剑杆织机

剑杆引纬是以剑杆头作为引纬器握持纬纱，在剑杆的推动下穿越梭口，将纬纱引入梭口，使经纬纱交织成织物。

剑杆织机多用两个剑杆进行引纬，由设置在织机一侧的筒子供给纬纱，送纬剑与接纬剑做往复运动，送纬剑携带纬纱进入梭口，在梭口中央将纬纱交付给接纬剑，由接纬剑将纬纱带过梭口，完成引纬。

② 喷气织机。喷气织机（见图4-70）是采用喷射气流牵引纬纱穿越梭口的无梭织机。工作原理是利用空气作为引纬介质，以喷射出的压缩气流对纬纱产生摩擦牵引力进行牵引，将纬纱带过梭口，通过喷气产生的射流来达到引纬的目的。

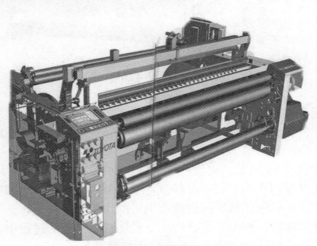

图4-70　喷气织机

喷气引纬系统：典型的异形筘多喷嘴喷气引纬系统主要包括定长储纬器、主喷嘴、辅助喷嘴、异形筘、探纬器、剪刀等。如图4-71所示，从筒子上退绕下来的纬纱缠绕在定长储纬器的鼓轮上，然后经导纱器，依次穿过两个主喷嘴。在引纬时，压缩空气从主喷嘴的圆管中喷出，纬纱在气流的作用下从定长储纬器上退绕下来，穿过主喷嘴，在异形筘的筘槽中飞行。为了防止因扩散造成引纬气流速度的降低，由辅助喷嘴向筘槽补充气流，使纬纱头从织机供纬侧飞行到另一侧，完成引纬。然后钢筘将新引入的纬纱打入织口，使经纬纱交织成织物。剪刀在主喷嘴出口与布边之间剪断纬纱，为下次引纬做好准备。

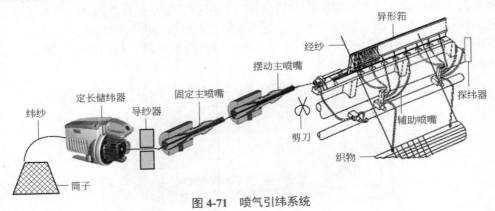

图4-71 喷气引纬系统

③ 喷水织机。如图4-72所示，喷水织机属于喷射织机，是利用水作为引纬介质，通过喷射水流对纬纱产生摩擦牵引力，使固定筒子上的纬纱引入梭口。由于水流的集聚性较好，喷水织机上没有任何防水流扩散装置，即使这样它的筘幅也能达到两米多。

图4-72 喷水织机

喷水织机的水流集束性好，加之水对纬纱的摩擦牵引力也大，因此喷水织机的纬纱飞行速度、织机速度都居各类织机之首。喷水织机较适合合成纤维、玻璃纤维等疏水性纤维纱线织造，因此品种上有局限性。

喷水引纬系统如图4-73所示，喷射凸轮回转，在由工作点的大半径转到小半径的过程中，喷射泵的活塞在弹簧的作用下快速右移，将喷射泵中的水压向喷嘴喷射而出。同时，夹纬器开启释放纬纱。这样纬纱在其周围射流牵引力的作用下，从定长储纬器上退解下来，穿过梭口。喷射凸轮继续回转，在由工作点的小半径转到大半径的过程中，活塞左移，喷射泵内产生负压，将水箱中的水吸入喷射泵，为下次引纬做准备。

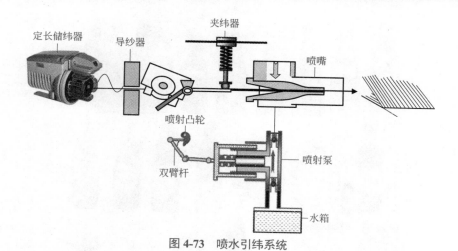

图 4-73 喷水引纬系统

④ 片梭织机。片梭织机是用一个薄片状梭子而实现引纬的，所以原则上说它还是属于有梭织机，只是和传统的有梭织机相比，梭子尺寸大大缩小了而已。片梭织机和传统有梭织机的区别主要是在投梭原理和打纬机构上。如图 4-74 所示为片梭的结构。

片梭织机以片状梭作为引纬器，将纬纱引入梭口。也是最早投入工业化的无梭织机。

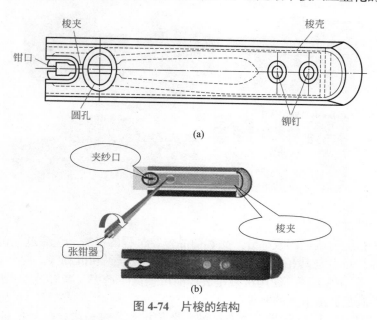

(b)

图 4-74 片梭的结构

# 4.4 包装机器

我们每天都要和包装打交道，吃的、穿的、用的、娱乐的，哪一样也离不开包装。包装是商品的重要组成部分，是使产品进入流通领域的必要条件，实现包装的主要手段是使用包装机械。

什么是包装机械?

　　包装机械是指能完成全部或部分产品和商品包装过程的机械。包装过程包括充填、裹包、封口等主要工序,以及与其相关的前后工序,如清洗、堆码和拆卸等。此外,包装还包括计量或在包装件上盖印等工序。使用机械包装产品可提高生产率,减轻劳动强度,适应大规模生产的需要,并满足清洁卫生的要求。

　　包装机械按功能不同可分为:填充机械、灌装机械、裹包机械、封口机械、贴标机械、清洗机械、干燥机械、杀菌机械、捆扎机械、集装机械、多功能包装机械,以及完成其他包装作业的辅助包装机械。无论哪种包装机械,种类都很多,在这里了解一些常见包装机械。

## 4.4.1 供送装置

　　包装机械的供送对象一般是指被包装物品、包装材料和包装容器等。如图 4-75 所示为输送带把纸箱从一台机器输送到包装线上。

（1）包装物料供送装置

被包装物品按其状态可划分为散体、块状、流体等。其供送装置种类很多，如供送散体物品的螺旋供送装置如图4-76所示，其工作原理为螺旋转轴由驱动装置驱动，送入输送槽中的物品由转动的螺旋叶片推动沿输送槽轴向前进，直到从排料口排出。

链带式供送装置，主要包括机架、链轮、输送链带、推头、导轨、台面板等构件。推头与链节铰接在一起，在推移过程中借助导轨定向，当推头走到终点时，使物品脱离约束而继续绕链上销轴回转下滑。

如图4-77所示为块状物料的链带式供送装置，置于链带上的块状物料，由随链带运动的推头推送向前移动。当物品较宽时，可采用平行双链带，以确保物件在传送中不偏离中心线。如图4-78所示为链板输送机。

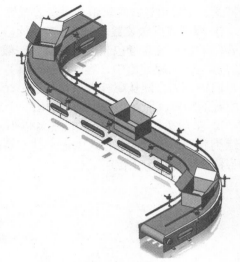

图4-75　输送带

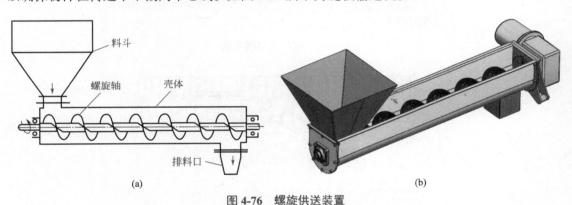

(a)　　　　　　　　　　　　(b)

图4-76　螺旋供送装置

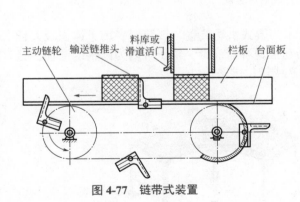

图4-77　链带式装置

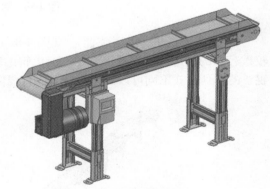

图4-78　链板输送机

（2）包装容器供送装置

包装容器可分为刚性包装容器和柔性包装容器。刚性包装容器的结构类型有瓶、罐、筒、盒及桶等。在自动包装机或包装生产线中，常用刚性包装容器供送装置有链式、带式、辊式、螺杆式、星形拨轮式和索道式供送装置等，它们可以单独或共同完成对容器的供送。

① 螺杆式供送装置。如图4-79所示为螺杆式供送装置。它由螺杆及侧面导板组成，安装在容器供送系统靠近包装机的一端，一般与星形拨轮等相衔接使容器转位。等速转动的螺杆将容器导送入螺旋槽中，容器（瓶或罐）在螺旋的推动下前进，同时为螺旋槽所分隔开。螺杆每回转一周，即从螺杆入口端导进一个容器，同时在螺旋槽中的容器将由螺旋推动前进一个螺距的距离，而在出口端则排送出一个容器。

② 星形拨轮供送装置。如图4-80所示为星形拨轮供送装置。它专用于供送单件或多件瓶罐类容器，由链（带）式供送来的容器由齿形拨轮拨送入星形拨轮，再经星形拨轮的转动将容器供送到下个工位。

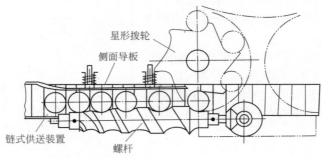

图4-79　螺杆式供送装置

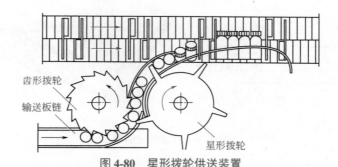

图4-80　星形拨轮供送装置

③ 辊式输送机（供送装置）。如图4-81所示为辊式供送装置，该装置多用于体积较大且较重容器的供送，容器置于辊子上，由辊的转动推送容器前行。辊子可以为圆辊或锥辊，随辊子的排列形式不同可以实现对容器的直线供送或转位供送。

图4-81　辊式输送机

④ 链式供送装置。如图 4-82 所示为平板链片供送装置。它由一片一片的平板连接而形成平坦的表面，可以在相当高的速度下运行，其链片可以是塑料制成的，也可以是金属制的。

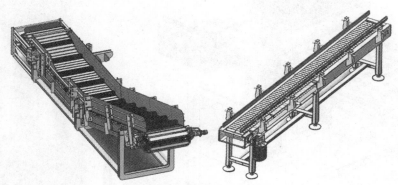

图 4-82 平板链片供送装置

⑤ 中心传动输送机见图 4-83。

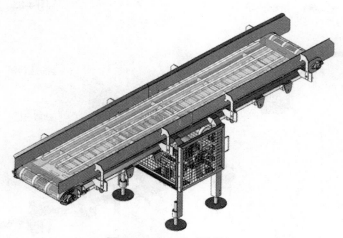

图 4-83 中心传动输送机

## 4.4.2 充填机

充填机如图 4-84、图 4-85 所示，是将包装物料按预定量充填到包装容器内的机器。其种类很多，按计量方式不同，可分为容积式充填机、称重式充填机和计数充填机。按充填物的物理状态可分为粉料充填机、颗粒物料充填机、块状物料充填机、膏状物料充填机、液体灌装机等。

充填器的种类很多，我们了解一下螺杆充填机和组合式称重充填机。

（1）螺杆充填机

如图 4-86 所示为螺杆充填机，它属于容积式的充填机。螺杆式充填机是通过控制螺杆旋转的转数或时间来量取产品，并将其充填到包装容器内的机器。

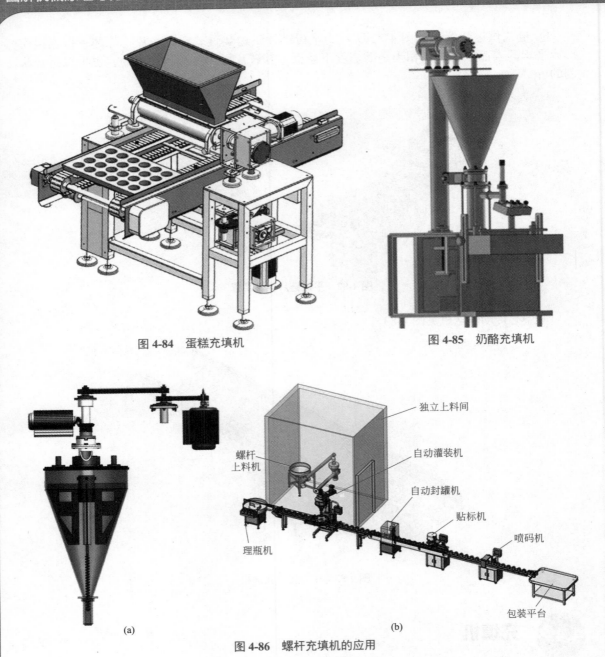

图 4-84　蛋糕充填机

图 4-85　奶酪充填机

（a）

（b）

独立上料间

自动灌装机

自动封罐机

贴标机

喷码机

包装平台

理瓶机

螺杆
上料机

图 4-86　螺杆充填机的应用

（2）组合式称重充填机

组合式称重充填机是由多个秤斗各自称出一定的质量，然后通过微处理机将某几个秤斗的质量组合起来，使之最接近预定的质量，并将其充填到包装容器内的机器。

如图 4-87、图 4-88 所示为多秤斗组合式充填机。该种机器一般可配备多达 9 ～ 14 个秤斗，呈水平辐射状排列，物料从中央料斗进入分料斗和各秤斗。每一个秤斗都配有质量传感器，可分别同时精确测出各秤斗中物料质量，然后根据物料的质量要求，通过计算机快速计算并将各秤斗质量配对，从中选出最佳秤斗组合。在秤斗驱动装置作用下，只有参与最佳组合的秤斗的闸门被开启，将物料充填入下面的容器中。

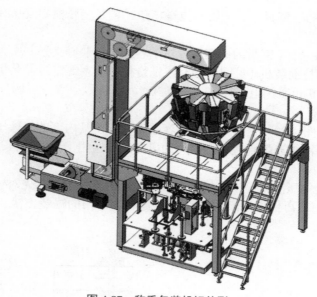

图 4-87 称重包装机组外形

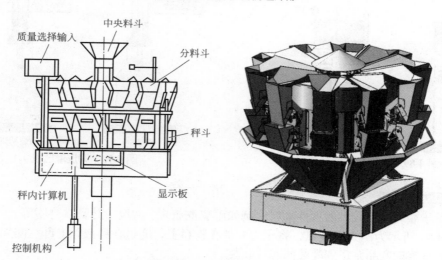

图 4-88 组合式称重充填机

中央料斗

质量选择输入

分料斗

秤斗

秤内计算机

显示板

控制机构

## 4.4.3 灌装机

灌装机是将液体产品按预定量灌装到包装容器内的机器。灌装机主要用于三大类包装容器，即玻璃瓶、金属易拉罐及塑料瓶的液料灌装。

灌装液料主要包括食品行业的啤酒、饮料、乳品、植物油及调味品，化工行业的洗涤日化用品、矿物油及农药，等等。

（1）常压灌装机

常压灌装机是在常压下将液体充填到包装容器内的机器。它可以灌装任何流动性好的或黏度稍高的不含气体的液体（如牛奶、酱油、醋、果酒及日化产品），能适应由各种材料制成的包装容器（如玻璃瓶、塑料瓶、金属易拉罐、塑料袋及金属桶）或具有各种不同形状尺寸的容器。

常压灌装只需要一个不密封的储液箱，对于容器与灌装阀接触并密封的常压灌装机常采用排气控制液位的料位灌装机（见图4-89）或定量杯、活塞等定量灌装机。对于容器与灌装阀不接触的常压灌装机可采用电子称重式灌装机。

（2）等压灌装机

等压灌装机（见图4-90）是指先向包装容器充气，使其内部的气体压力和储液箱内的气体压力相等，然后将液体充填到包装容器内的机器。普遍用于含气饮料，如啤酒、汽水等的灌装。

等压灌装原理是等压法，等压法是在高于大气压的条件下，首先对包装容器充气，使之与储液箱内气压相等，再依靠液料的自重流进包装容器内的罐装方法，也称压力重力式灌装法。

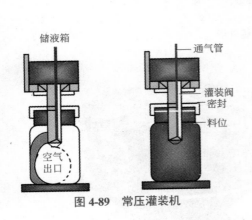

图4-89 常压灌装机

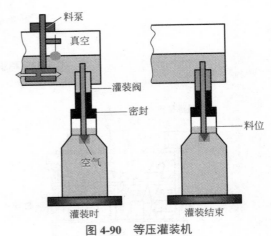

图4-90 等压灌装机

（3）压力灌装机

主要用于灌装黏度较大的稠性物料，例如灌装番茄酱、肉糜、牙膏、香脂等。

如图4-91所示为压力灌装机，将压力施加在物料上，通过在储液箱上部空间加压的方法灌装，或者直接把产品泵送到灌装阀实现灌装。

（4）直线型灌装机

直线型灌装机可采用单头或多头灌装阀对做直线运动的容器进行灌装。单头灌装机一次可以灌装一个容器，通常是灌装机静止不动，容器间歇运动到灌装头下进行灌装；多头灌装机可以同时灌装几个容器如图4-92所示，其灌装头静止不动时实现间歇灌装，灌装头和容器同步进行时实现连续灌装。

我们喝的桶装纯净水，其灌装机的灌装原理为常压灌装，适用于灌装不含气体且黏度小的液体，靠液体的自身重力进行灌装。

桶装纯净水生产线如图4-93所示，主要设备包括：灌装机，自动拔盖机，手动封膜机或自动封膜机，瓶盖打码机，自动内洗外洗桶机，自动上桶机，自动封口机，自动提桶机，检验设备，等等。

其工艺流程：人工上瓶—自动拔盖—内外刷瓶—自动上瓶—洗瓶—灌装—人工上盖—压盖—自动套标—胶帽热缩—灯检—自动提桶—人工套薄膜袋。

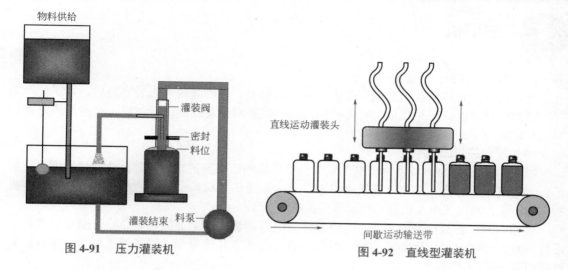

图 4-91 压力灌装机

图 4-92 直线型灌装机

图 4-93 桶装纯净水生产线和主要设备

如图 4-94 所示为果汁生产过程及所用设备。

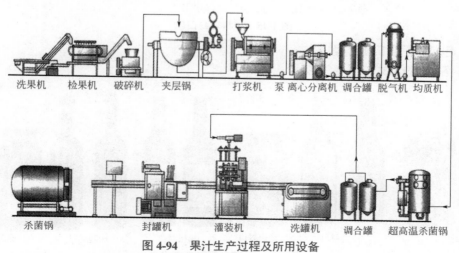

图 4-94 果汁生产过程及所用设备

117

**4.4.4** **封口机**

什么是封口机?

封口机是对充填有包装物的容器进行封口的机器。在产品装入包装容器后,为了使产品得以密封保存,保持产品质量,避免产品流失,需要对包装容器进行封口,这种操作是在封口机上完成的。

(1)塑料袋封口机

如图 4-95 所示为塑料袋封口机,其工作原理是利用高温把塑料局部融化,然后把融化的部分,通过压力黏合在一起。该机由机架、减速调速传动机构、加热散热机构、封口印字机构、输送装置及电气电子控制系统等部件组成。

接通电源,各机构开始工作。电热元件通电后加热,使上下加热块急剧升温并通过控制系统调整到所需温度,压印轮转动,根据需要冷却系统开始冷却,输送带送转、并由调速装置调整到所需的速度。

当装有物品的包装放置在输送带上的,袋的封口部分被自动送入运转中的两根封口带并带入加热区,加热块的热量通过封口带传输到袋的封口部分,使薄膜受热熔软,再通过冷却区,使薄膜表面温度适当下降,然后经过滚花轮(或印字轮)滚压,使封口部分上下塑料薄膜黏合并压制出网状花纹(或印制标志),再由导向橡胶带与输送带将封好的包装袋送出机外,完成封口作业。

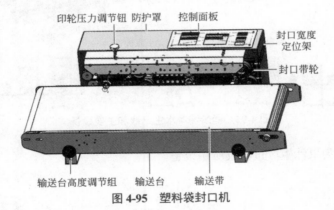

图 4-95 塑料袋封口机

(2)包装容器封口机类型

包装容器封口方式如图 4-96 所示。

卷边封口　　　　压盖封口　　　　滚边封口　　　　滚压封口　　　　压塞封口　　　　旋盖封口

图 4-96 包装容器封口方式

① 卷边封口机：该种机器主要用于金属食品罐的封口。它用滚轮将罐盖与罐身凸缘的周边，通过互相卷曲、钩合、压紧来实现密封包装。

② 压盖封口机：专门用于啤酒、汽水等饮品的皇冠盖封口机。将皇冠盖置于瓶口，压盖封口机的压盖模下压，皇冠盖的波纹周边被挤压内缩，卡在瓶口颈部的凸缘上，造成瓶盖与瓶口间的机械勾连，从而将瓶子封口。

③ 滚边封口机：先将筒形金属盖套在瓶口，用滚轮滚压其底边，使其内翻变形，紧扣住瓶口凸缘而将其封口。该种机器多用于广口罐头瓶等的封口包装。

④ 滚压封口机：这种封口机的成品封盖多用铝制，事先没有螺纹，是用滚轮滚压铝盖，使封盖出现与瓶口螺纹形状完全相同的螺纹，将容器密封。盖子在启封时将沿裙部周边的压痕断开，而无法复原，故又称"防盗盖"。该机多用于高档酒类、饮料的封口包装。

⑤ 压塞封口机：适用于用橡胶、塑料、软木等具有一定弹性的封口材料做成的瓶塞，利用其本身的弹性变形来密封瓶口。封口时，将瓶塞置于瓶口上方，通过对瓶塞的垂直方向的压力将其压入瓶口来实现封口包装。压塞封口既可用作单独封口，也可与瓶盖一起用作组合封口。

⑥ 旋盖封口机：这种封口机的成品封盖事先加工出内螺纹，螺纹有单头和多头之分。药瓶多用单头螺纹，罐头瓶多用多头螺纹。该机是靠旋转封盖，并将其压紧于容器口部。

（3）直线行进式旋盖机

直线行进式旋盖机的工作原理如图 4-97 所示，已装料瓶由输送带送进，盖由自动料斗送至送盖滑槽。滑槽的端头有弹性定位夹持器夹持定位瓶盖，当料瓶送达时，瓶口碰到盖而盖自动扣在瓶口上，料瓶继续行进至两条平行反向运行的带式输送带之间，使瓶在行进中自转，瓶盖上方的压板和输送带阻止盖随瓶转动，而使盖做直线式送进，从而实现瓶与盖的旋合拧紧作业。

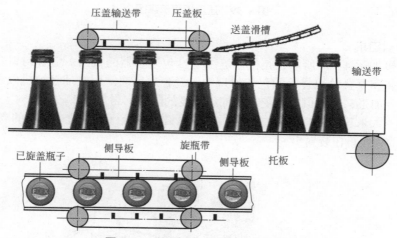

图 4-97 直线行进式旋盖机工作原理

（4）压盖封口机

压盖封口的瓶盖一般称为皇冠盖，所谓皇冠盖是预压成的冠状金属圆盖，边缘有褶皱，盖内有密封垫，如图 4-98 所示。

压盖封口原理：封口时，皇冠形瓶盖加在待封瓶口上，由机械施加压力，促使位于盖与瓶间的密封垫产生较大的弹性挤压变形，卡在瓶子封口凸棱的下缘，造成盖与瓶身间的机械勾连，得到牢固且具有密封性的封口。如图 4-99 所示为压盖过程示意图。

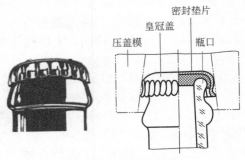

图 4-98 皇冠盖结构

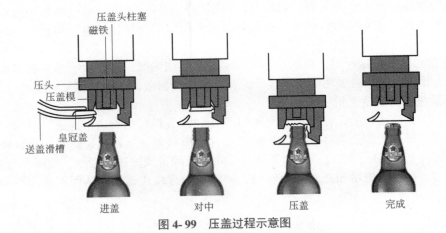

图 4- 99 压盖过程示意图

（5）缝合封口机

缝合封口机如图 4-100 所示，是使用缝线缝合包装容器的机器。缝合封口多用于复合纸带、麻袋、布袋和复合纺织袋等的包装封口中。缝合封口通常用电动缝纫机以缝线对封口折合部位进行缝合加工，其封口速率受缝纫加工速度的限制，封口速率较低。

适用范围：大米、面粉、饲料、化肥、化工原料、糖等行业颗粒、粉料的高速输送缝包。如图 4-101 所示为面粉包装封口。

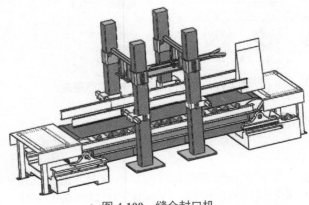

图 4-100 缝合封口机

图 4-101  面粉包装封口

（6）纸箱胶带封口机

利用粘贴胶带封口是目前应用最为广泛的封箱方法。折合好封口折片或是已采用黏合封口的纸箱，用卷盘式压敏胶带跨着封口折片的折合缝粘贴，并对其施加一定压力使箱口封牢。如图 4-102 所示为纸箱胶带封口机。

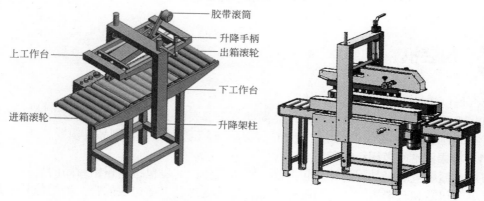

图 4-102  纸箱胶带封口机

图 4-103 为胶带封箱过程示意图。纸箱按箭头方向进入封箱工位，在上、下机架上设有胶带封条的展开机构；单面胶带被拉出后经压紧轮的作用，将纸箱大折片封口粘贴；随着纸箱的移动，胶带继续被拉出，当到达切断工位时，切刀把上下两条胶带切断，并由毛刷把胶带两断头分别刷平粘紧在纸箱两侧面上。图 4-104 为自动封箱包装机模型。

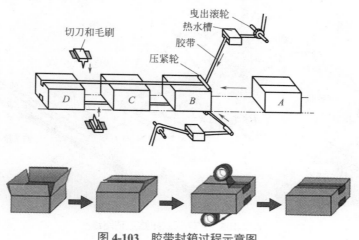

图 4-103  胶带封箱过程示意图

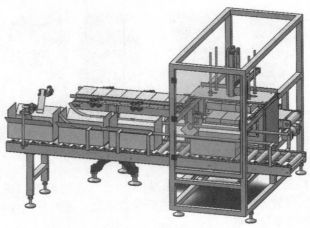

图 4-104　自动封箱包装机模型

## 4.4.5　包装机

什么是包装机？

包装机是指用挠性包装材料裹包产品局部或全部表面的机器。它是包装机械行业中最重要的组成部分之一，广泛用于食品、烟草、药品、轻工产品及音像制品等领域。

（1）糖果双端间歇扭结包装机

扭结式糖果包装机是用挠性裹包产品，将末端伸出的裹包材料扭结封闭的机器。其裹包方式有单端扭结和双端扭结。人们吃的各种各样的糖果是怎样包装的呢？糖果包装机的种类很多，我们来了解双端间歇扭结包装机。包装机主要由钳糖机构、扭结机构、折纸机构、打糖机构等组成。

（2）糖果双端间歇扭结包装机工艺路线

如图 4-105 所示为双端间歇扭结工艺路线。

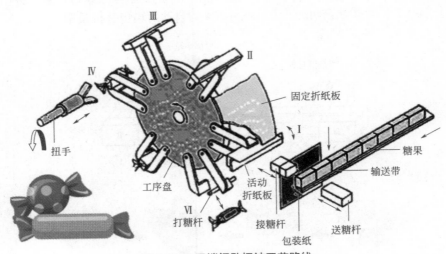

图 4-105　双端间歇扭结工艺路线

在Ⅰ工位：工序盘停歇，送糖杆、接糖杆将糖果和包装纸送入工序盘上的糖钳手内，并夹持成 U 形状。接着活动折纸板将下部伸出的包装纸向上折叠。

在Ⅱ工位：固定折纸板将上部伸出的包装纸向下折叠成筒状。固定折纸板沿圆周方向一直延续到Ⅳ工位。

在Ⅳ工位：连续回转的两只扭结手夹紧糖果两端的包装纸，并完成扭结。

在Ⅵ工位：糖钳手张开，打糖杆将糖果成品打出，裹包过程结束。

（3）枕式包装机

枕式包装机是指用挠性包装材料裹包产品，将末端伸出的裹包材料热压封闭的机器。

接缝式包装机又称卧式枕形包装机，是指一般能自动完成制袋、充填、封口、切断、成品排出等工序的多功能包装设备。

枕形包装机包装成品外观如图 4-106 所示，其产品是在用薄膜裹包之后直接三面封口切断，自然成型。如袋装方便面、巧克力、威化饼干等。枕形自动包装机一般用于彩色复合膜材料的包装。

图 4-106　枕形包装机包装成品外观

如图 4-107 所示为枕形裹包机外观图。接缝式裹包机整机由如下几个基本部分构成。

① 进料部分：由等间距的推料板组成的输送链匀速运动，将被包装物品按包装周期送入已成型的卷筒材料中，以便进行裹包。

② 裹包膜输送、成型部分：该部分由卷筒薄膜安装架、输送滚筒、色标检验装置、薄膜牵引装置、成型器等组成。在牵引滚筒及牵引辊轮的作用下，薄膜自卷筒、薄膜卷上拉下，向前输送经成型器成型成筒状实现对物品的裹包。

③ 机架：是机器的主体，主机的各部分通过机架组合成完整的机器，同时机架也是主机动力、传动系统的支承基体。

④ 传动系统：是将主电机的运动向各执行部件、运动部件传递的系统，主要由链轮副、带传动副、凸轮、齿轮副、差动机构、不等速机构、无级调速机构等组成。

⑤ 封接、切断机构：包括纵向、横向封接，横向切断。它是接缝式裹包机的核心。

⑥ 成品输出部分：包括输出带和输出毛刷。输出带的线速度一般为主机牵引速度的 1.5～2 倍。

⑦ 电气控制部分：是裹包机的控制系统，其功能的强弱是裹包机自动化程度高低的重要标志。电气控制部分主要包括控制面板（或操作屏幕）、主电机控制系统、纵横向封接器温度控制系统、光电跟踪袋长控制系统、保护系统、湿度及故障显示系统及计数等。PLC 及计算机控制为目前裹包机的主要控制系统。

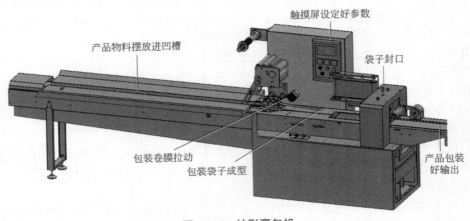

触摸屏设定好参数

产品物料摆放进凹槽

袋子封口

包装卷膜拉动

包装袋子成型

产品包装好输出

图 4-107　枕形裹包机

如图 4-108 所示的枕形裹包机，精密快速地完成机器中横封横切与拉膜牵引以及送料的配合，横切的位置能精确地定位在包装袋的色标上，包装膜和横切轴的同步关系，高速精密地完成每一次的包装。

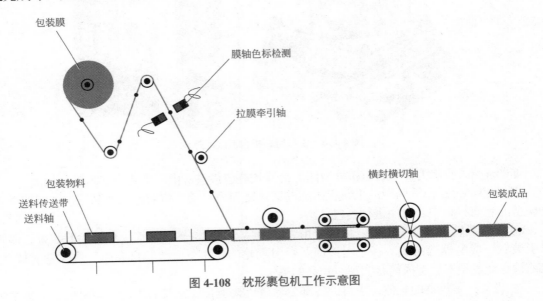

包装膜

膜轴色标检测

拉膜牵引轴

包装物料

送料传送带

送料轴

横封横切轴

包装成品

图 4-108　枕形裹包机工作示意图

## 4.4.6　多功能包装机

多功能包装机是指能完成多项包装工序的机器。

（1）热成型 – 充填 – 封口机

热成型 - 充填 - 封口机是在加热条件下对塑料片状包装材料进行深冲，形成包装容器，然后进行充填和封口的机器。该类机器要分别完成包装容器的热成型、包装物料的充填、包装容器封口、包装产品裁剪等多个工序。

如图 4-109 所示为卧式热成型包装机工作原理。该类机器在包装过程中，容器成型薄膜材料的运动是间歇的，塑料片卷筒薄膜经过加热装置时受热变软，在成型装置内被模具冲压并经冷却定型为容器，已成型的容器步进到充填装置下方时实现物料定量充填，随后被覆盖上封口材料的容器，由热封装置完成容器的封口，最后由冲裁装置裁切成单个包装产品，完成包装。成品由输送带输出，废料则由废料卷辊回收。

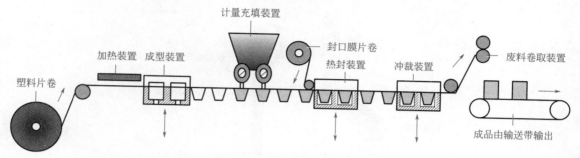

图 4-109  卧式热成型包装机工作原理

（2）袋成型-充填-封口机

袋成型-充填-封口机是指将挠性包装材料形成袋，然后进行充填和封口的机器，其特点是直接使用卷筒状的热封包装材料，自动完成制袋、计量和充填、排气或充气、封口和切断等多种功能。

① 三面封口袋成型-充填-封口机。如图 4-110 所示为三面封口多功能包装机。卷筒薄膜材料经多道导辊后被引入成型器，在成型器下端薄膜逐渐被卷曲成对接圆筒，接着被连续逆向回转的一对纵封滚轮进行加热加压封合。然后对包装袋裁剪，开袋充填物料，最后顶部密封。

② 四面封口袋成型-充填-封口机。如图 4-111 所示为四面封口多功能包装机。卷筒薄膜材料经多道导辊后进入充填管两侧，由纵向封口器将其对接成圆筒状后充填物料，随后由横向热封器将其横向封口，切断刀将连续袋切断成单个四面封口袋产品。

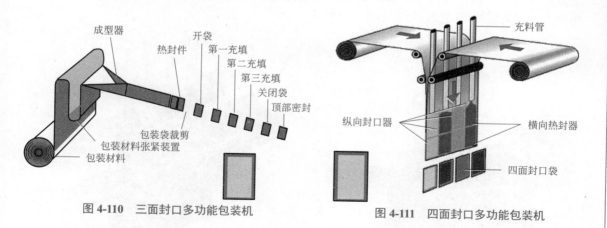

图 4-110  三面封口多功能包装机

图 4-111  四面封口多功能包装机

③ 枕形袋成型-充填-封口机。如图 4-112 所示为枕形袋多功能包装机。卷筒薄膜材料在导辊、张紧装置的作用下，连续地送至成型器处自动卷成圆筒形，然后由纵向连续纵封辊将筒形纵向对接缝加热封合，形成密封的筒状，计量好的物料由加料管充填入筒袋中，再由

横向热封器对其横向封口，最后由切刀从横封边中间切断，得到包装成品。

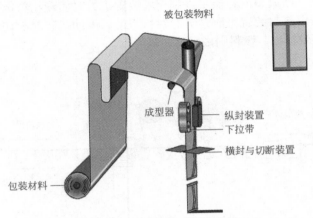

图 4-112 枕形袋多功能包装机

## 4.4.7 贴标机

什么是贴标机？

贴标机是以黏合剂把标签（纸质或金属箔）粘贴在规定的包装容器上的机器。贴标机是现代包装不可缺少的组成部分。如图 4-113 所示为不干胶贴标机外观图。

立式不干胶贴标机是怎么工作的？

不干胶贴标机按其结构形式可分为立式和卧式两种形式，如图 4-114 所示是立式单面不干胶机的结构形式，采用滚压法贴标，其支架上装有不干胶标签卷筒，标签带经张力装置及导辊舒展，然后从标签检测装置下面通过，绕经导辊组和标签剥离装置，当标签带绕过剥离装置前端头时，标签从剥离纸带上被剥离下来，并由压标滚轮装置压贴到协调配合的待贴标物件上，剥离层纸带则绕经压轮与传送路线上。

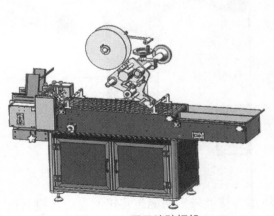

图 4-113 不干胶贴标机

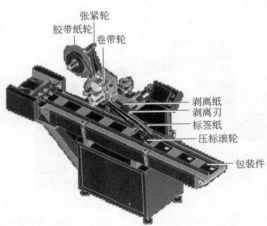

图 4-114 立式单面不干胶贴标机结构图

贴标的基本工艺过程：取标—标签传送—印码—涂胶—贴标—抚平。

如图 4-115 所示为滚压法贴标，卷筒状不干胶标签在贴标时将剥离层纸一端绕在卷筒上，卷筒旋转时，先经压紧辊将标签压在包装件上，其压标的位置与包装件要求位置配合要准确，剥离层纸运动的线速度与包装件输送带的速度要同步。此法比较适合在平面上贴标。

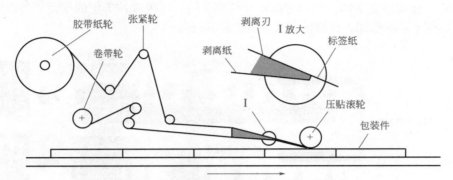

图 4-115　不干胶贴标机的工作原理

根据包装件的要求，选择不同形式的贴标机及粘贴工艺。

## 4.4.8　啤酒流水线

啤酒是我们熟悉的一种酒类，当酿酒师傅把啤酒酿好后，散发着酒香味而清醇的啤酒是怎样装入瓶中，怎样进行包装的呢？用的是什么样的包装机器？包装机器都是怎样工作的？让我们了解一下包装啤酒的机器。

如图 4-116 所示为啤酒灌装生产流水线示意简图。

图 4-117 为啤酒灌装线设备流程图。

灌装机是围绕灌装的工艺流程展开的，旋转啤酒灌装机如图 4-118 所示，从洗瓶机出来的洁净瓶子由输瓶带送入灌装机的进瓶螺旋，经进瓶星轮送至回转台的托瓶气缸上并升高。

瓶口在定中装置的导向下紧压灌装阀的下料口，形成密封。瓶子在被抽真空后，储液箱内的背压气体二氧化碳被冲入瓶中，当瓶中气体压力与储液箱内气体压力相等时，液阀在液阀弹簧的作用下开启。此时，由于回气管上伞型反射环的导向作用，啤酒自动沿瓶壁灌入玻璃瓶内，玻璃瓶中的二氧化碳，通过回气管被置换回储液箱内。当酒液上升到一定高度并将回气管口封闭时，自动停止下酒。然后将液阀和气阀关闭，排掉瓶颈部位的压力气体以防止带气酒液在玻璃瓶下降时喷涌，这样便完成了整个灌装过程。

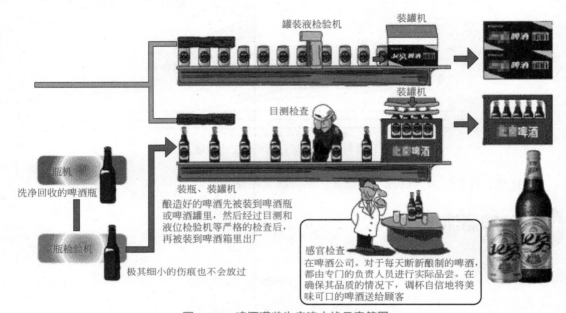

图 4-116 啤酒灌装生产流水线示意简图

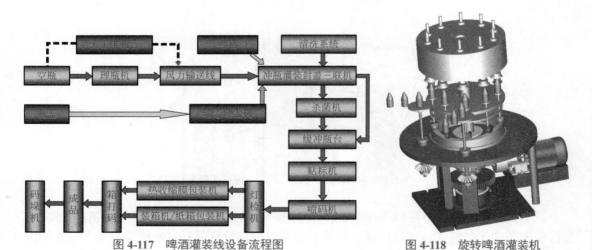

图 4-117 啤酒灌装线设备流程图　　　　　图 4-118 旋转啤酒灌装机

（1）灌装阀

灌装阀是将储液箱中的液料充填到包装容器内的机构，是包装容器与储液箱及气室间液料的通道。

液体灌装阀在阀体的上部设有液体进口，滑动体与阀体滑动配合并在其间设有弹性件控制灌装阀在灌装过程中的密封，滑动体的下部设有液体出口；出口与灌装头上装有密封装置，通过挤压力接触密封，阀体上设有排气管，该排气管的一端从滑动体穿过后伸出液体出口与灌装头连接，另一端与外界相通而形成排气通道；在滑动体与排气管上设有相配合的密封面，在液体灌装阀导通时，液体进口与液体出口之间形成灌液通道，灌装头与滑动体的外径对齐，可以避免灌装过程中因液体冲击力而形成大量泡沫等对灌装精度和效率的影响。

等压灌装阀结构及工作原理如下。

图4-119为等压灌装阀结构。图4-120为等压灌装阀工作原理。

① 瓶阀对中［见图4-120（a）］：冲洗干净的瓶子从冲瓶机经过星轮拨入灌装机，其瓶口与灌装阀下部升降气缸上的卡瓶盘开口对正，此时升降气缸随滚轮沿凸轮工作面上升，提升瓶子一起上升，同时外部导板护着瓶身至阀下端对正并压紧，此时瓶与阀口呈密封状态。

② 开阀充气等压［见图4-120（b）］：在瓶口与阀实现密封后，开阀机构拨动扳机，开启灌装阀上部气阀，使灌装缸内气体快速充入瓶中，实现了灌装缸内压与瓶内压力相等。

③ 灌装回气［见图4-120（c）］：实现等压后，灌装阀芯依靠弹簧自动打开，液体靠液位势差自动流出，经分水环成伞状顺瓶壁而下。与此同时，瓶中空气经回气管道返回灌装缸，当瓶内液面上升至堵死回气管下口，气体不能再返回灌装缸时，瓶颈空腔处压力升高，缸内液体不能继续灌入瓶中。

④ 关阀泄压［见图4-120（d）］：灌装完成后，在闭阀机构作用下，灌装阀被关闭。然后，在泄压板控制下，排气柱塞被打开，瓶内气压慢慢泄出，与外界气压相近，以防止瓶子脱离阀口产生溢沫现象。

⑤ 灌装结束［见图4-120（e）］。

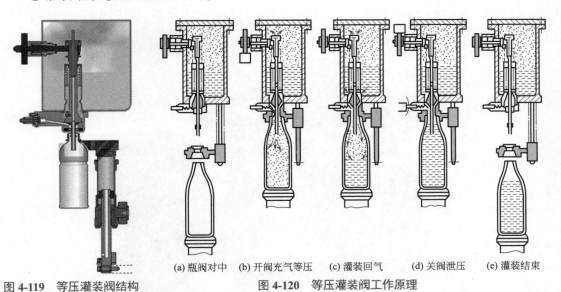

图4-119 等压灌装阀结构　　　　(a) 瓶阀对中　(b) 开阀充气等压　(c) 灌装回气　(d) 关阀泄压　(e) 灌装结束

图4-120 等压灌装阀工作原理

（2）压力封口机

压力封口机是通过在封口器材的垂直方向上施加预定的压力以封闭包装容器的机器。

压力封口机封口是某些液体饮品（如啤酒、汽水等）包装封口的主要方式。一般使用配有高弹密封垫片（通常用橡胶或软木制造）的皇冠形瓶盖，架在包装容器口上，由机械施加压力，使位于盖与瓶口间的密封垫产生较大的弹性接触挤压变形，瓶盖结构上的波纹形周边被挤压而变形卡在瓶子封口凸棱的下缘，造成盖与瓶间的机械勾连，得到牢固且严密的密封性封口。

图 4-99 所示就是皇冠盖封口形式。它是将一浅盘状的金属圆盖扩口轧成裙边，当裙边被轧在瓶颈凸起的圆环上时，瓶盖紧扣在瓶上。皇冠盖可采用简单的撬开动作取下。

完成灌装后的瓶子，由平板链带输送至供瓶装置，经变螺距螺杆隔开，被进瓶拨轮送到压盖转盘上。封口用的瓶盖，在贮藏箱中经槽式电振给料器振动后送出，被磁性带吸附连续向上提升，经电振给料器使杂乱堆放的瓶盖沿螺旋滑道自动定向排列输出，并由输送滑道送到压盖机头的导向环槽中定位。然后由瓶拨轮输出。

（3）回转式贴标机

回转式贴标机由机架、传动装置系统、标签供给装置系统、贴标对象物（瓶罐包装件）的传送装置系统、涂胶装置、贴标整理装置和检测联锁控制装置等组成。

待贴标的瓶罐包装件由板链输送机供给，经分件供送螺杆传送，分割成要求的等间距而到达回转工作台。此时，装在工作台上方的定位压头受凸轮控制下降，加于待贴标瓶罐包装件顶部，使它们在回转工作台上处于确定位置而运行。粘贴标签由取标转鼓和标签的协调运动实现。取标转鼓连续回转，涂胶装置在其标版上涂布适量的粘贴胶液，当它转到与固定的标签盒前部的标签接触时，取标转鼓将粘取最前方的那张标签，作回转传送，当转到与有夹子的贴标转鼓相接触时，夹子将标签从取标转鼓上夹走，夹子受凸轮控制而夹上标签做回转运动，当与回转工作台上再运来的待贴标瓶罐包装件表面相接触时，夹子抬起，松开夹持，标签被粘贴到瓶罐表面上。之后，在回转工作台做回转工作时，定位器在凸轮控制下做自转性运动。转到某一个角度，以便接受刷子和海绵滚轮的磨砺，使标签贴牢实整齐。完成贴标的瓶罐包装件由星形拨轮送到回转工作台拨送到板链输送机上排出。如图 4-121 所示为回转式贴标机。

图 4-121　回转式贴标机

（4）喷码机

喷码机是运用带电的墨水微粒，利用高压电场偏转的原理，在各种物体表面上喷印上图案文字和数码的机器。产品广泛应用于食品工业、化妆品工业、医药工业、汽车等零件加工行业、电线电缆行业、铝塑管行业、烟酒行业以及其他领域。可用于喷印生产日期、批号、条形码以及商标图案、防伪标记和中文字样，是贯彻卫生法和促进包装现代化强有力的设备。如图 4-122 所示为喷码机。

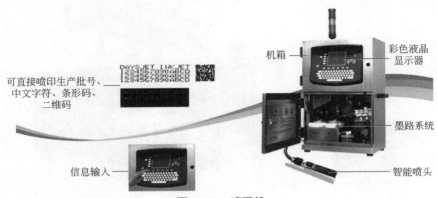

图 4-122　喷码机

（5）纸箱包装机

纸箱包装机如图 4-123 所示，由进瓶部分、分瓶部分、吸送纸箱部分、折叠成型部分、喷胶黏结部分、气动部分以及电控部分组成。根据客户包装要求，对从灌装机出来的单道进料进行准确分组；同时由吸送纸板机构将包装用纸箱同步送至每组产品之下，由成型折叠机构和喷胶黏结装置协调工作来完成产品的最终包装成型；各个部分的同步是由数台伺服电机及机械调整同步来完成的，以保证每组产品包装的准确、合格、美观。根据运行速度均一地涂胶，电子调节涂胶长度。

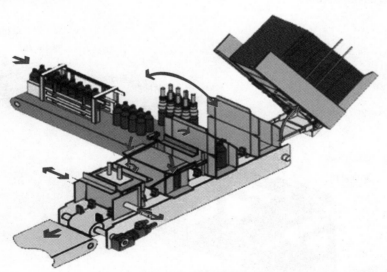

图 4-123　纸箱包装机

（6）热缩膜包装机

采用收缩薄膜包裹在产品或包装件外面，经过加热，使收缩薄膜收缩裹紧产品或包装件，充分显示物品的外观，提高产品的展销性，增加美观及价值感。经过热收缩机包装后的物品能密封、防潮、防污染,并保护商品免受来自外部的冲击,具有一定的缓冲性,尤其是当包装易碎品时,能防止器皿破碎时飞散。此外,可减低产品被拆、被窃的可能性。如图 4-124 所示为全自动边封热缩包装机。

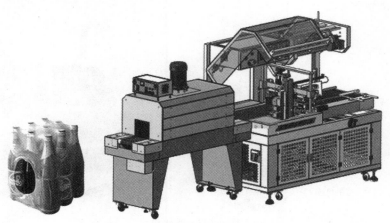

图 4-124　全自动边封热缩包装机

全自动边封热缩包装机对产品进行全自动在线边封热缩包装,采用光电对产品进行自动侦测,可选择输送线自动进料或单独手工进料两种模式,采用对折薄膜并可对其他三边进行封口。恒温加热封切系统可用于封切 PE、PVC、POF 等各种工业标准的热封膜。后接热缩机,热能系统循环利用,更节能,效率更高,封口牢固美观,产品尺寸更换时只需通过手轮做简单调整,无需更换任何部件,减少了产品更换时间,更加容易操作。可调速的前端进料系统,及后端的储物工作平台,使整机动作真正实现高速化、无人化自动运行。

图 4-125 为包装运输流水线。

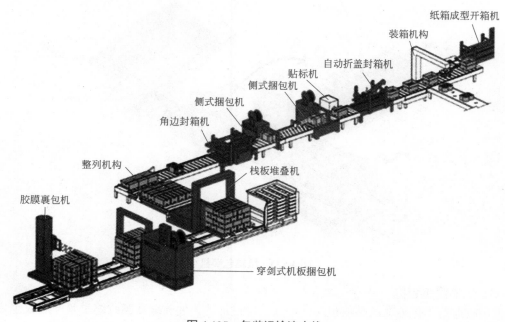

图 4-125　包装运输流水线

（7）码垛机（见图4-126）

码垛机是将已装入容器的纸箱，按一定顺序排列码放在托盘、栈板（木质、塑胶）上，进行自动堆码，可堆码多层，然后推出，便于叉车运至仓库储存。

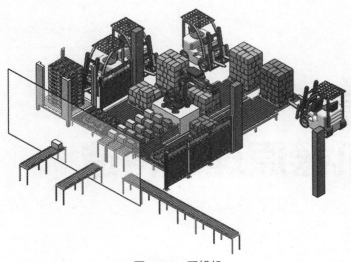

图 4-126　码垛机

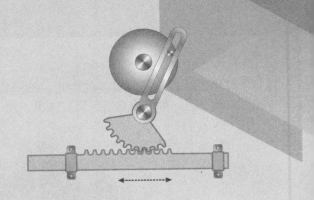

# 第5章
# 运输机器原理与构造

什么是运输机器？用来搬运物品和人的机器称为运输机器，如汽车、飞机、起重机器、运输机器等。

## 5.1 汽车

汽车作为重要的陆路交通工具，自问世以来，取得了惊人的发展。汽车已成为人类最常用的交通工具，全世界有一半以上的客货运输是由汽车来完成的。人们的生活离不开汽车，尤其是轿车的普及不仅加快了人们的生活节奏，并且提高了人们的生活品质。

那么我们首先了解汽车的基本结构，之后再讨论汽车是怎么会跑起来的。

### 5.1.1 汽车的组成

如图 5-1 所示为汽车的基本结构。

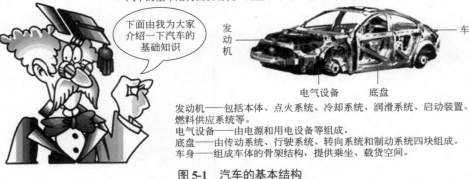

图 5-1 汽车的基本结构

## 5.1.2 汽车的动力传递过程

大家都知道，发动机输出的动力并不是直接作用于车轮上来驱动汽车行驶的，而是需经过一系列的动力传递机构。那动力到底是如何传递到车轮的?

发动机输出的动力，是要经过一系列的动力传递装置才到达驱动轮的。发动机到驱动轮之间的动力传递机构如图 5-2 所示，称为汽车的传动系统，主要由离合器、变速器、传动轴、主减速器、差速器以及半轴等部分组成。发动机输出的动力，先经过离合器，然后由变速器变转矩和变速后，经传动轴把动力传递到主减速器上，最后通过差速器和半轴把动力传递到驱动轮上。

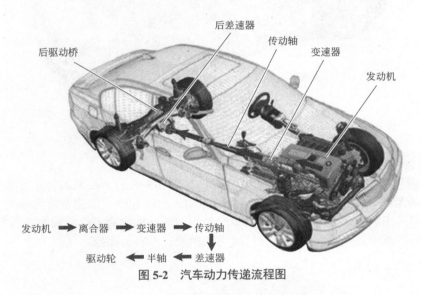

发动机 ➡ 离合器 ➡ 变速器 ➡ 传动轴

驱动轮 ⬅ 半轴 ⬅ 差速器

图 5-2　汽车动力传递流程图

汽车传动系统的布置形式与发动机的位置及驱动形式有关，一般可分为前置前驱、前置后驱、后置后驱、中置后驱四种形式。

（1）什么是前置前驱?

前置前驱是指发动机放置在车的前部，如图 5-3 所示，并采用前轮作为驱动轮。现在大部分轿车都采取这种布置方式。由于发动机布置在车的前部，所以整车的重心集中在车身前段，会有点"头重尾轻"。但由于车体会被前轮拉着走，所以前置前驱汽车的直线行驶稳定性非常好。另外，由于发动机动力经过

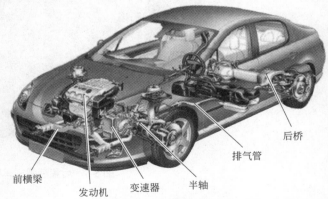

图 5-3　前置前驱汽车构造

差速器后用半轴直接驱动前轮，不需要经过传动轴，动力损耗较小，适合小型车。不过由于前轮同时负责驱动和转向，所以转向半径相对较大，容易出现转向不足的现象。

（2）什么是前置后驱?

前置后驱是指发动机放置在车前部，如图 5-4 所示，并采用后轮作为驱动轮。前置后驱整车的前后重量比较均衡，拥有较好的操控性能和行驶稳定性。不过传动部件多、传动系统质量大，贯穿乘坐舱的传动轴占据了舱内的地台空间。前置后驱汽车拥有较好的制动性，现在的高性能汽车依然喜欢采用这种布置形式。

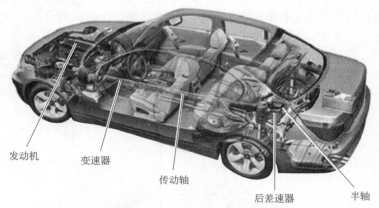

发动机　　变速器　　传动轴　　后差速器　　半轴

图 5-4　前置后驱汽车构造

（3）什么是后置后驱?

后置后驱是指将发动机放置在后轴的后部，如图 5-5 所示，并采用后轮作为驱动轮。由于全车的重量大部分集中在后方，且又是后轮驱动，所以起步、加速性能都非常好，因此超级跑车一般都采用后置后驱方式。后置后驱汽车的转弯性能比前置前驱和前置后驱更加敏锐，不过当后轮的抓地力达到极限时，会有打滑甩尾现象，不容易操控。

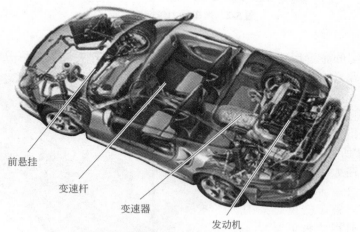

前悬挂　　变速杆　　变速器　　发动机

图 5-5　后置后驱汽车构造

（4）什么是中置后驱?

如图 5-6 所示，中置后驱是指将发动机放置在驾乘室与后轴之间，并采用后轮作为驱动轮。这种设计已是高级跑车的主流驱动方式。由于将车中运动惯量最大的发动机置于车体中央，整车重量分布接近理想平衡，使得中置后驱车获得最佳运动性能。

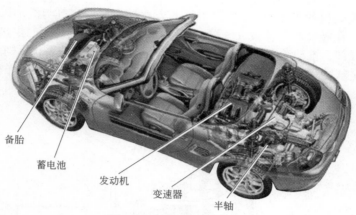

图5-6 中置后驱汽车构造

中置后驱车由于发动机中置，车厢比较窄，一般只有两个座位，而且发动机离驾驶人员近，噪声也比较大。

## 5.1.3 汽车发动机

发动机是汽车的心脏，为汽车的行走提供动力，关系着汽车的动力性、经济性、环保性。简单来说，发动机就是一个能量转换机构，即将汽油（柴油）或天然气的热能，通过在密封气缸内燃烧气体膨胀，推动活塞做功，转变为机械能，这是发动机最基本的原理。如图5-7所示为发动机的结构。

发动机主要结构是机体，其他构件都是安装在机体上，有曲柄连杆机构、配气机构、燃油供给系统、润滑系统、冷却系统、汽油机点火系统等。按燃料分，发动机有汽油和柴油发动机两种；按工作方式分，有二冲程和四冲程两种。

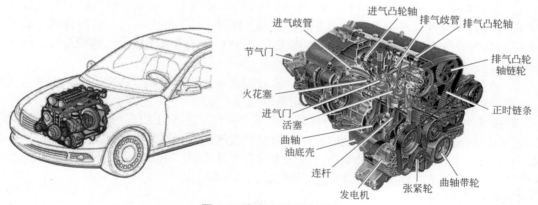

图5-7 汽车发动机结构图

（1）四行程发动机的工作原理

汽车的开动源于它的心脏——发动机。气缸则是发动机的心脏，汽车的动力就源于气缸内部。

四冲程汽油发动机的工作原理如图 5-8 所示。汽油机是将空气与汽油以一定的比例混合成良好的混合气，在吸气冲程被吸入气缸，混合气经压缩点火燃烧而产生热能，高温高压的气体作用于活塞顶部，推动活塞做往复直线运动，通过连杆、曲轴飞轮机构对外输出机械能。四冲程汽油机在进气冲程、压缩冲程、做功冲程和排气冲程内完成一个工作循环。

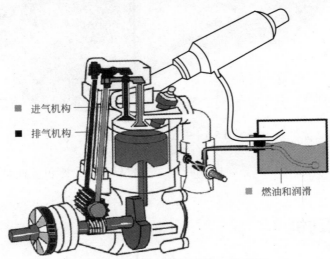

图 5-8　四冲程汽油发动机的工作原理

活塞沿气缸做上下移动，移动到最低点的位置称为下止点，移动到最高点的位置称为上止点。从上止点到下止点所移动的距离称为活塞行程。当活塞在上止点时，活塞顶上面的空间称为燃烧室。活塞在气缸中移动四个行程，两上两下，也就是曲轴转 720°（两周）时才完成一次动力的发动机，称为四冲程发动机。

① 进气冲程。活塞在气缸内自上止点向下行移动至下止点时，此时进气门打开，排气门关闭，气缸内可以产生部分的真空，将新鲜的空气和汽油的混合气吸进气缸内。

② 压缩冲程。进气门和排气门都关闭，活塞由下止点上行移动，将气缸中的混合气压缩，进入气缸中的混合气越多及活塞越接近上止点位置，压缩压力越大。将混合气压缩主要是为了提高混合气温度（气体压缩后有温度上升的特性），从而利于混合气燃烧；混合气压缩也可使它混合得更均匀，燃烧更完全。

③ 做功冲程。进气门和排气门都关闭，火花塞适时发出电火花，将温度很高的混合气点燃，将活塞从上止点推至下止点，从而推动曲轴做功产生动力。

④ 排气冲程。活塞自下止点上行移动至上止点，此时进气门关闭，排气门开放，气缸中已经燃烧过的废气由活塞向上移动时经排气门排至大气之中。因为燃烧过的废气通过消声器的消声作用，才不致产生太大的响声。这四个冲程连续不断，重复不停，周而复始，一直循环下去，发动机产生的动力便源源不绝，最终传递到车轮上。

（2）曲柄连杆机构

曲柄连杆机构是发动机的主要运动机构，其作用是将活塞的往复运动转变为曲轴的旋转运动，同时将作用于活塞上的力转变为曲轴对外输出的转矩，以驱动汽车车轮转动。曲轴连杆机构由活塞、连杆组和曲轴飞轮组的零件组成，如图 5-9 所示。

发动机共有进气、压缩、做功、排气四个冲程，在做功冲程中，曲柄连杆机构将活塞的往复运动转变成曲轴的旋转运动，对外输出动力，而在其他三个冲程中，由于惯性作用又把曲轴的旋转运动转变成活塞的往复直线运动。总的来说曲柄连杆机构是发动机借以产生并传递动力的机构。通过它把燃料燃烧后发出的热能转变为机械能。

① 活塞连杆组。活塞连杆组组成如图 5-10 所示,图中活塞的作用是活塞顶部与气缸盖、气缸壁共同组成燃烧室,承受气体压力,并通过活塞销和连杆驱动曲轴旋转。图中连杆的作用是将活塞的力传给曲轴,变活塞的往复运动为曲轴的旋转运动。

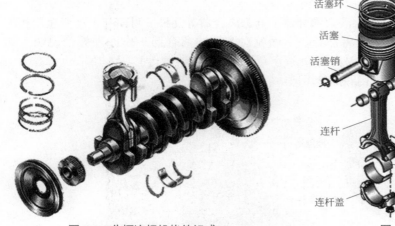

图 5-9 曲柄连杆机构的组成

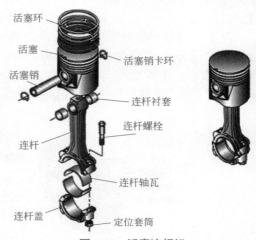

图 5-10 活塞连杆组

② 曲轴飞轮组件。曲轴飞轮组如图 5-11 所示。图中曲轴的作用是将活塞的直线往复运动转化为曲轴的旋转运动,驱动配气机构和其他辅助装置。飞轮主要的作用是将在做功冲程中输入于曲轴的动能的一部分储存起来,用以其他冲程中克服阻力,带动曲柄连杆机构越过上、下止点。

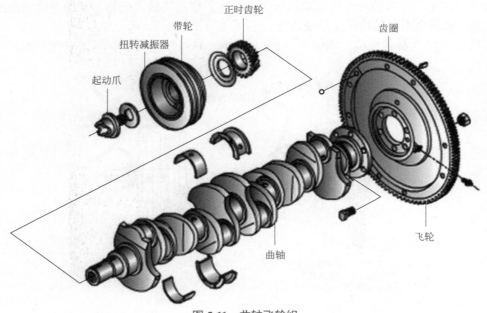

图 5-11 曲轴飞轮组

# 5.1.4 离合器

　　离合器位于发动机与变速器之间的飞轮壳内，被固定在飞轮的后平面上，另一端连接变速器的输入轴。离合器相当于一个动力开关，可以传递或切断发动机向变速器输入的动力，主要是为了使汽车平稳起步，适时中断到传动系统的动力以配合换挡，还可以防止传动系统过载。

　　汽车离合器有摩擦式离合器、液力耦合器、电磁离合器等几种。目前与手动变速器相配合的离合器绝大部分为干式摩擦离合器。下面就对摩擦式离合器工作原理做个说明。如图 5-12 所示，干式摩擦离合器主要由主动部分（飞轮、离合器盖等）、从动部分（摩擦片）、压紧机构（膜片弹簧）和操纵机构四部分组成。

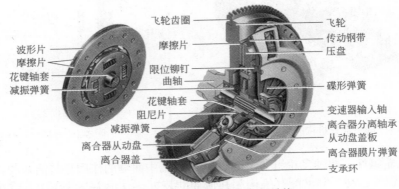

图 5-12　汽车干式摩擦离合器结构

　　离合器盖通过螺钉固定在飞轮的后端面上，离合器内的摩擦片在弹簧的作用力下被压盘压紧在飞轮面上，而摩擦片与变速器的输入轴相连。通过飞轮及压盘与从动盘接触面的摩擦作用，将发动机发出的转矩传递给变速器。

　　在没踩下离合器踏板前，如图 5-13（a）所示，摩擦片是紧压在飞轮端面上的，发动机

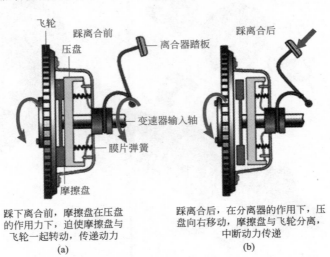

踩下离合前，摩擦盘在压盘的作用力下，迫使摩擦盘与飞轮一起转动，传递动力
(a)

踩离合后，在分离器的作用下，压盘向右移动，摩擦盘与飞轮分离，中断动力传递
(b)

图 5-13　摩擦式离合器的工作原理

的动力可以传递到变速器。当踩下离合器踏板后，如图 5-13（b）所示，通过操纵机构，将力传递到分离叉和分离轴承，分离轴承前移将膜片弹簧往飞轮端压紧，膜片弹簧以支撑圈为支点向相反的方向移动，压盘离开摩擦片，这时发动机动力传输中断；当松开离合器踏板后，膜片弹簧重新回位，离合器重新结合，发动机动力继续传递。

## 5.1.5 变速器

（1）变速器的作用

① 改变传动比，扩大驱动轮转矩和转速的变化范围，以适应经常变化的行驶条件，使发动机在较好工况下工作。

② 在发动机旋转方向不变的情况下，使汽车实现倒向行驶。

③ 利用空挡，中断动力传递，以使发动机能够启动、怠速运转和滑行等。

（2）变速器的分类

按传动比变化情况可分为有级式变速器、无级式变速器和综合式变速器三种。这里先了解一下普通齿轮变速器的工作原理。

（3）普通齿轮变速器的工作原理

普通齿轮变速器也叫定轴式变速器，它由一个外壳、轴线固定的几根轴和若干齿轮组成，可实现变速、变矩和改变旋转方向。

1）变速和变矩原理

① 齿数不同的齿轮啮合传动时，转速、转矩改变。一对齿数不同的齿轮啮合传动时，若小齿轮为主动齿轮，带动大齿轮转动，转速就降低了；若大齿轮驱动小齿轮，则转速升高，如图 5-14 所示，这就是齿轮传动的变速原理。

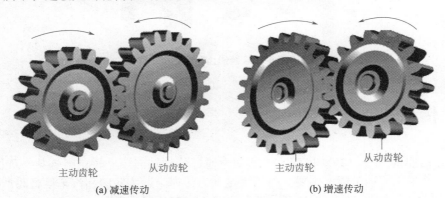

主动齿轮　　　　从动齿轮　　　　　　　主动齿轮　　　　从动齿轮

(a) 减速传动　　　　　　　　　　(b) 增速传动

**图 5-14　齿轮传动原理**

主动齿轮转速与从动齿轮转速之比值称为传动比，用 $i_{12}$ 表示，有

$$i_{12}=n_1/n_2=z_1/z_2$$

式中　$n_1$、$z_1$——主动齿轮的转速、齿数；

$n_2$、$z_2$——从动齿轮的转速、齿数。

汽车变速器就是根据这一原理利用若干大小不同的齿轮副传动而实现变速的。

② 总传动比等于各级齿轮传动比的乘积。汽车变速器某一挡位的传动比就是这一挡位各级齿轮传动比的连乘积。

由于 $i = \dfrac{n_\text{入}}{n_\text{出}} = \dfrac{M_\text{出}}{M_\text{入}}$（$M$ 表示转矩），可见传动比既是变速比又是变矩比。降速则增矩，增速则降矩。汽车变速器就是利用这一关系，通过改变速比来适应汽车行驶阻力变化的需要。

2）换挡原理

① 传动比变化，即挡位改变。

② 当动力不能传到输出轴，这就是空挡。

3）变向原理

① 相啮合的一对齿轮旋向相反，每经过一传动副，其轴旋转方向改变一次。

② 经两对圆柱直齿轮传动，其输入轴与输出轴转向一致。

③ 如再加一个倒挡轴，变成三对圆柱直齿轮传递动力，则输入轴与输出轴的转向相反，如图 5-15 所示。

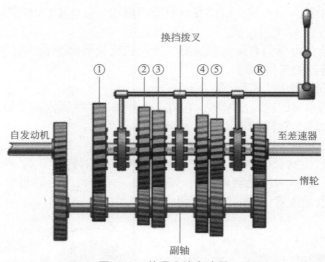

图 5-15　普通齿轮变速器

## 5.1.6　传动轴与万向节

如前置后驱的汽车，必须将变速器的动力通过传动轴与驱动桥进行连接，如图 5-16 所示。那为什么要用万向节呢？主要是为了满足动力传递、适应转向和汽车运行时产生的上下跳动所造成的角度变化。如图 5-17 所示为传动轴万向节位置示意图。

图 5-16　汽车传动轴

图 5-17　传动轴万向节位置示意图

万向节是指利用球形装置等来实现不同方向的轴动力输出，位于传动轴的末端，起到连接传动轴和驱动桥、半轴等机件的作用。万向节的结构和作用有点像人体四肢上的关节，它允许被连接的零件之间的夹角在一定范围内变化。

按万向节在扭转方向上是否有明显的弹性可分为刚性万向节和挠性万向节。刚性万向节又可分为不等速万向节（常用的为十字轴式）、准等速万向节（如双联式万向节）和等速万向节（如球笼式万向节）三种。目前轿车上常用的等速万向节为球笼式万向节，如图 5-18 所示。

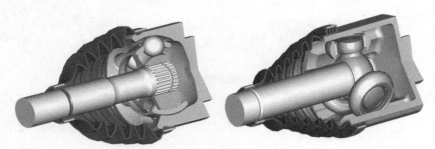

图 5-18 球笼式等速万向节结构图

① 双联式万向节。双联式万向节结构如图 5-19 所示。其特点：两个十字轴式万向节相连，中间传动轴长度缩减至最小。其优点：允许有较大的轴间夹角、轴承密封性好、效率高、制造工艺简单、加工方便、工作可靠等。多用于越野汽车。

② 十字轴式刚性万向节。十字轴式刚性万向节结构如图 5-20 所示，结构简单、工作可靠、且允许所连接的两轴之间有较大夹角，在汽车上应用最为普遍。

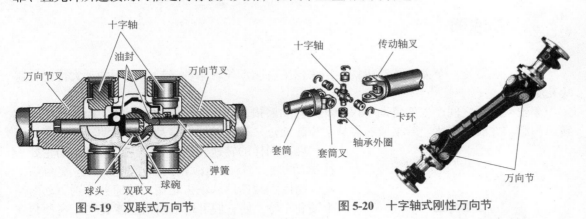

图 5-19 双联式万向节

图 5-20 十字轴式刚性万向节

③ 球笼式万向节。球笼式万向节又有固定型球笼式万向节和伸缩型球笼式万向节。

a. 固定型球笼式万向节结构如图 5-21 所示。其特点：在传递转矩的过程中，主、从动轴之间只能相对转动，不会产生轴向位移。

b. 伸缩型球笼式万向节结构如图 5-22 所示。其特点：在传递转矩的过程中，主、从动轴之间不仅能相对转动，而且可以产生轴向位移。

固定型球笼式等速万向节 RF 节（外万向节）和伸缩型球笼式万向节 VL 节（内万向节）广泛应用于采用独立悬架的轿车转向驱动桥，如红旗、桑塔纳、捷达、宝来、奥迪等轿车的前桥。其中固定型球笼式等速万向节 RF 节用于靠近车轮处，伸缩型球笼式万向节 VL 节用于靠近驱动桥处，布置如图 5-23 所示。

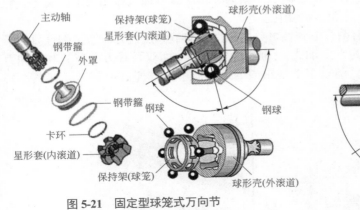

图 5-21　固定型球笼式万向节

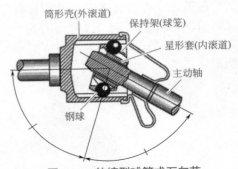

图 5-22　伸缩型球笼式万向节

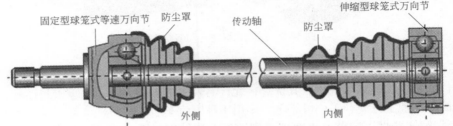

图 5-23　固定型球笼式等速万向节与伸缩型球笼式万向节在转向驱动桥的布置

## 5.1.7　差速器

　　汽车差速器是一个差速传动机构，用来保证各驱动轮在各种运动条件下的动力传递，避免轮胎打滑。

　　车轮与路面之间产生的滑动不仅会加速轮胎磨损，增加汽车的动力消耗，而且可能导致转向和制动性能的恶化。若主减速器从动齿轮通过一根整轴同时带动两侧驱动轮，则两侧车轮只能以同样的转速转动。为了保证两侧驱动轮处于纯滚动状态，就必须改用两根半轴分别连接两侧车轮，而由主减速器从动齿轮通过差速器分别驱动两侧半轴和车轮，使它们可用不同角速度旋转。这种装在同一驱动桥两侧驱动轮之间的差速器称为轮间差速器，如图 5-24 所示。

　　差速器是通过一个行星齿轮组将左右的传动轴连接起来，变速器的输出轴连接到差速器外壳上，带动差速器外壳旋转，差速器内部通过一组行星齿轮（轴固定在外壳上）将动力通过左右半轴传送给两侧车轮。

　　如图 5-25（a）所示，汽车直线行驶时，小齿轮和侧齿轮的齿轮之间保持相对静止。差速器外壳与左右轮轴同步转动，差速器内部行星齿轮只随差速器旋

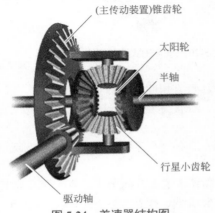

图 5-24　差速器结构图

转，没有自转。

如图 5-25（b）所示，汽车转弯行驶时，小齿轮和侧齿轮保持相对转动，使左右轮可以实现不同转速行驶。由于汽车左右驱动轮受力情况发生变化，反馈在左右半轴上，进而破坏行星齿轮原来的力平衡，这时行星齿轮开始旋转，使弯内侧轮转速减小，弯外侧轮转速增加，重新达到平衡状态。

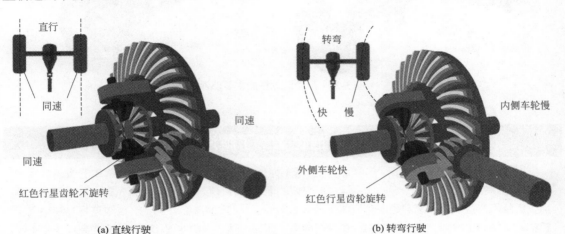

(a) 直线行驶　　　　　　　　　　　　　　　(b) 转弯行驶

图 5-25　差速器的工作原理

差速器的布置如图 5-26 所示。

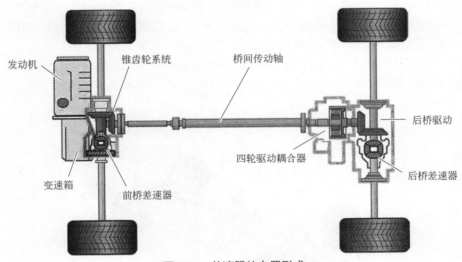

图 5-26　差速器的布置形式

## 5.1.8　半轴

半轴在差速器和驱动轮之间传递较大的转矩，是将差速器与驱动轮连接起来的轴。其内外端各有一个万向节分别通过万向节上的花键与减速器齿轮及轮毂轴承内圈连接。如图 5-27 所示为后轮驱动桥的主要部件。

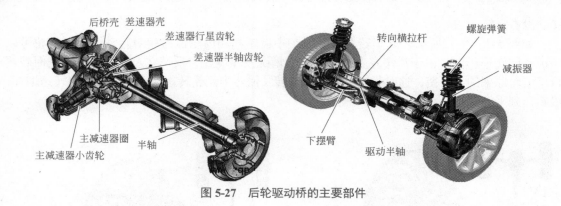

后桥壳 差速器壳
差速器行星齿轮
差速器半轴齿轮

转向横拉杆
螺旋弹簧
减振器

主减速器圈 半轴
主减速器小齿轮

下摆臂
驱动半轴

图 5-27 后轮驱动桥的主要部件

## 汽车为什么会跑起来? 了解汽车发动机

　　了解了汽车汽车的传动系统,你能明白汽车为什么能跑起来。我们做一下简单的概述。汽油发动机是将空气与汽油以一定的比例混合成良好的混合气,在吸气冲程被吸入气缸,混合气经压缩点火燃烧而产生热能,高温高压的气体作用于活塞顶部,推动活塞向下移动,通过连杆、曲轴飞轮机构对外输出机械。四冲程汽油机在进气冲程、压缩冲程、做功冲程和排气冲程内完成一个工作循环。混合气体在气缸内燃烧,推动活塞向下移动,使曲轴转动,通过离合器与变速器连接,离合器使发动机与传动系统逐渐接合,保证汽车平稳起步。通过变速器改变传动比,扩大驱动轮转矩和转速的变化范围,以适应经常变化的行驶条件。再将变速器的动力通过传动轴与驱动桥进行连接使驱动车轮转动,汽车中的差速器是一个差速传动机构,用来保证各驱动轮在各种运动条件下的动力传递,避免轮胎与地面间打滑。半轴是将差速器与驱动轮连接起来的轴,也是变速箱减速器与驱动轮之间传递转矩的轴,将动力经半轴传至驱动轮,从而驱动汽车行驶。

　　当然这里只讨论了汽车的底盘中传动系统使汽车车轮动起来,真正了解汽车,还要知道汽车底盘中的转向系统、制动系统、行驶系统(见图 5-28)及汽车辅助系统、控制系统和汽车的全部。

行驶系统
转向系统
传动系统
制动系统

图 5-28 底盘的组成

　　(1)转子发动机

　　如图 5-29 所示,转子发动机是内燃机的一种,它采用三角转子旋转运动来控制压缩和排放。与传统的活塞往复式发动机的直线运动迥然不同,转子发动机把热能转为旋转运动而非活塞运动,如马自达 RX-8 的发动机。

（2）直列式发动机

如图 5-30 所示为直列式发动机的气缸肩并肩地排成一排，一般的车都用这种形式的发动机。直列式发动机，一般缩写为 L，比如 L4 就代表着直列 4 缸的意思。

直列布局是如今使用最为广泛的气缸排列形式，尤其是在 2.5L 以下排量的发动机上。这种布局的发动机的所有气缸均是按同一角度并排成一个平面，并且只使用了一个气缸盖，同时缸体和曲轴的结构也相对简单，好比气缸们站成了一列纵队。如图 5-31 所示为宝马 M20 直列式发动机。

图 5-29　转子发动机及结构

图 5-30　直列式发动机

图 5-31　宝马 M20 直列式发动机

（3）V 型发动机

如图 5-32 和图 5-33 所示为 V 型发动机，将所有气缸分成两组，把相邻气缸以一定夹角布置一起，使两组气缸形成一个有夹角的平面，从侧面看气缸呈 V 字形，故称 V 型发动机。

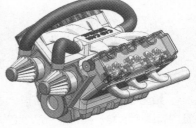

图 5-32　V 型发动机（一）　　　　图 5-33　V 型发动机（二）

如 V8 发动机，是内燃机的气缸排列形式之一，一般使用在中高端车辆上。8 个气缸分成两组，每组 4 个，成 V 字形排列，是高层次汽车运动中最常见的发动机结构。V12 发动机是将 12 个气缸分成两组成 V 字形排列，如图 5-34 所示。

（4）W 型发动机

将 V 型发动机的每侧气缸再进行小角度的错开，就形成了 W 型发动机（见图 5-35、图 5-36）。

图 5-34　V12 型发动机

图 5-35　W 型发动机

图 5-36　W16 缸直喷发动机

（5）水平对置式发动机

如图 5-37 和图 5-38 所示，水平对置式发动机气缸在相对的两个平面上。在上面介绍 V 型发动机的时候已经提过，V 型发动机气缸布局形成的夹角通常为 60°（左右两列气缸中心线的夹角小于 180°），而水平对置式发动机的气缸夹角为 180°。

图 5-37　水平对置式发动机（一）

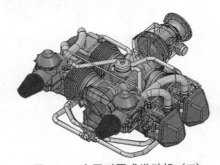
图 5-38　水平对置式发动机（二）

（6）涡轮增压发动机

如图 5-39、图 5-40 所示，涡轮增压发动机工作时，排气管中的废气推动涡轮旋转，涡轮带动叶轮将进气管中来自空滤的空气加压，经中冷器后输入到气缸中。

（7）二冲程发动机

如图 5-41、图 5-42 所示，二冲程发动机，缸体对称布置，为多燃料、双活塞发动机，每个缸内有两个活塞。其特点：两冲程，转速高，体积小，可使用多种燃料，构造不复杂，转矩大，容易制造，可用于飞行器和陆地交通工具中。活塞往复四个行程完成一个工作循环的，称为四冲程发动机；活塞往复两个行程完成一个工作循环的，称为二冲程发动机。

图 5-39　涡轮增压发动机

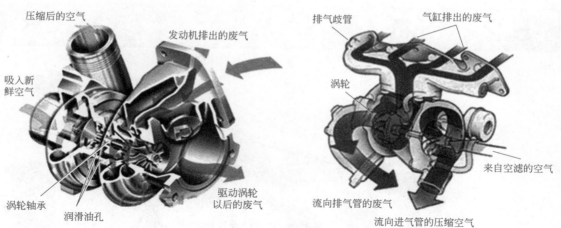

图 5-40　涡轮增压发动机结构图

图 5-41　二冲程发动机

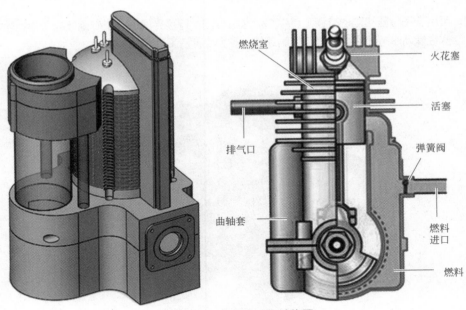

图 5-42 二冲程发动机结构图

燃烧室
火花塞
排气口
活塞
弹簧阀
曲轴套
燃料进口
燃料

## 5.2 飞机

在科学技术飞速发展的今天，飞机仍然有着不可取代的地位。在运输方面，它既可载物，也能载人，飞行变得愈来愈快速及便利。让我们一起来了解飞机为什么能飞上天。

### 5.2.1 飞机的构造

你了解飞机的基本构造吗？图 5-43 为客机的基本构造。

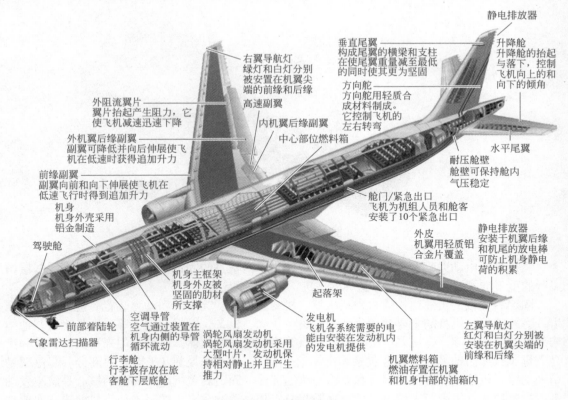

右翼导航灯
绿灯和白灯分别
被安置在机翼尖
端的前缘和后缘

高速副翼

垂直尾翼
构成尾翼的横梁和支柱
在使尾翼重量减至最低
的同时使其更为坚固

静电排放器

升降舵
升降舵的抬起
与落下，控制
飞机向上的和
向下的倾角

方向舵
方向舵用轻质合
成材料制成。
它控制飞机的
左右转弯

外阻流翼片
翼片抬起产生阻力，它
使飞机减速迅速下降

内机翼后缘副翼

外机翼后缘副翼
副翼可降低并向后伸展使飞
机在低速时获得追加升力

中心部位燃料箱

水平尾翼

前缘副翼
副翼向前和向下伸展使飞机在
低速飞行时得到追加升力

机身
机身外壳采用
铝金制造

耐压舱壁
舱壁可保持舱内
气压稳定

舱门/紧急出口
飞机为机组人员和舱客
安装了10个紧急出口

外皮
机翼用轻质铝
合金片覆盖

静电排放器
安装于机翼后缘
和机尾的放电棒
可防止机身静电
荷的积累

驾驶舱

机身主框架
机身外皮被
坚固的肋材
所支撑

前部着陆轮

气象雷达扫描器

空调导管
空气通过装置在
机身内侧的导管
循环流动

行李舱
行李被存放在旅
客舱下层底舱

起落架

发电机
飞机各系统需要的电
能由安装在发动机内
的发电机提供

左翼导航灯
红灯和白灯分别被
安装在机翼尖端的
前缘和后缘

涡轮风扇发动机
涡轮风扇发动机采用
大型叶片，发动机保
持相对静止并且产生
推力

机翼燃料箱
燃油存置在机翼
和机身中部的油箱内

图 5-43　客机的基本构造

## 5.2.2　飞机的分类

　　飞机是由固定翼产生升力，由推进装置产生推力，在大气层中飞行的重于空气的航空器。

（1）固定翼飞机

如图 5-44 所示为空客 A380 客机，图 5-45 为波音 757 客机。

图 5-44　空客 A380 客机外形

图 5-45　波音 757 客机

　　飞机是指由动力装置产生前进的推力或拉力，由机身的固定机翼产生升力，在大气层内飞行的重于空气的航空器。当今世界的飞机，主要是固定翼飞机。

　　固定翼飞机的机体结构通常包括机翼、机身、尾翼、起落架和动力装置。机翼是飞机产生升力的部件。机身的主要功用是装载人员、货物、设备、燃料和武器等，也是飞机其他结构部件的安装基础，将尾翼、机翼及发动机等连接成一个整体。尾翼是用来平衡、稳定和操纵飞机飞行姿态的部件，通常包括垂直尾翼（垂尾）和水平尾翼（平尾）两部分。起落架是用来支撑飞机停放、滑行、起飞和着陆滑跑的部件。固定翼飞机动力装置的核心是航空发动机，主要功能是用来产生拉力或推力克服与空气相对运动时产生的阻力使飞机前进。次要功能则是为飞机上的用电设备提供电力，为空调等用气设备提供气源，等等。飞机的动力装置除发动机外，还包括一系列保证发动机正常工作的系统，如发动机燃油系统、发动机控制系统等。现代飞机的动力装置一般为涡轮发动机（喷气发动机）和活塞发动机两种。

　　固定翼飞机工作原理：由发动机产生前进动力，当速度达到一定程度后，机翼上下两侧的空气流速不同而产生气压差，以给飞机提供升力。

　　（2）直升飞机（直升机）

　　如图 5-46 所示为直升飞机的基本结构。直升机主要由机体和升力（含旋翼和尾桨）、动力、传动三大系统以及机载飞行设备等组成。旋翼一般由涡轮轴发动机或活塞式发动机通过由传动轴及减速器等组成的机械传动系统来驱动，也可由桨尖喷气产生的反作用力来驱动。

图 5-46　直升机

直升机工作原理：直升机靠发动机驱动旋翼提供升力，把直升机举托在空中，单旋翼直升机的主发动机同时也输出动力至尾部的小螺旋桨（尾桨），机载陀螺仪能侦测直升机回转角度并反馈至尾桨，通过调整小螺旋桨的螺距可以抵消大螺旋桨产生的不同转速下的反作用力。

（3）运输飞机

如图 5-47 所示为运输机的基本结构。大型运输机是指起飞总重量超过 100 吨的运输类飞机，包括军用型、民用型。现代大型运输机的航程已达数千甚至上万千米，基本可实现跨洲际部署，经空中加油后，可进行全球输送。

图 5-47　运输飞机

（4）战斗机

如图 5-48 所示为歼 -15 战斗机，按目前世界上的两种划分方法，属于俄标归类中第 4 代战斗机，按美标来划分应该是第 3 代战斗机。歼 -15 机长 22.28 米，机高 5.92 米，最大起飞重量 30 吨，最大机内燃油航程 3000 公里以上，作战半径 1200 公里以上，载弹量高达 8 吨，配 1 门 30 毫米航空机关炮。机上配有相控阵雷达、玻璃化座舱、数据链系统等。

图 5-48　歼 -15 战斗机

## 5.2.3　飞机的动力

飞机需要动力，使飞机前进。飞机的动力来源就是发动机，它是飞机的心脏，是飞行器技术发展的基石。

　　燃气涡轮发动机最广泛的用途是作为航空发动机,而且航空发动机绝大多数是燃气涡轮发动机,称为航空燃气涡轮发动机。主要有四种类型:涡轮喷气发动机、涡轮风扇发动机、涡轮螺旋桨发动机、涡轮轴发动机。

　　① 涡轮喷气发动机(简称涡喷发动机),外观结构、工作原理及气流走向如下所述。

　　● 涡喷发动机结构。图5-49为涡喷发动机外形。如图5-50与图5-51所示是涡喷发动机剖面图,转子(见图5-52)安装在机壳(气缸)内,在压气机与涡轮之间有环形燃烧室,燃烧室内安装环形火焰筒与多个燃料喷嘴,由于转子轴没有通向机外,一般通过锥齿轮与外面的起动机相连接,起动机一般采用电机,在启动后作发电机用,大的涡喷发动机则采用另一个小型涡轮发动机启动。

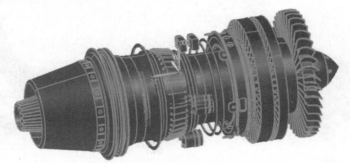

图 5-49　涡轮喷气发动机

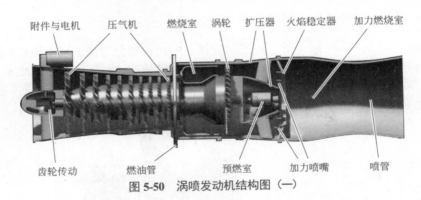

图 5-50　涡喷发动机结构图(一)

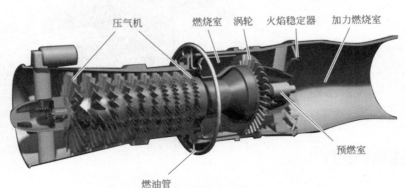

图 5-51　涡喷发动机结构图(二)

如图 5-52 所示是涡喷发动机的转子,它由涡轮、压气机叶轮、主轴、锥齿轮组成。

图 5-52　涡喷发动机的转子

涡喷发动机主要用在歼击机等军用战斗机上,多为超声速飞行,仅靠涡轮机喷出的燃气产生推力还不能满足多种需求,于是在涡轮后方又增加了加力燃烧室。加力燃烧室利用涡轮排出燃气中剩余氧气(空气通过主燃烧室后尚剩余有 2/3 ～ 3/4 的氧气)加燃油燃烧,产生更大的推力。在短距离起飞、大角度爬升时,都需要加力燃烧室助力。加力燃烧室在涡轮后部,主要由扩压室、预燃室、火焰稳定器、喷管组成,如图 5-53 所示。

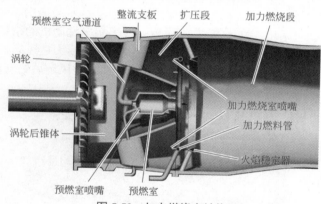

图 5-53　加力燃烧室结构

- 涡喷发动机工作原理。涡喷发动机工作原理与普通燃气轮机相同,其特点是膨胀的燃气除了推动压气机外,大部分能量变为高速喷出燃气的动能,产生推力推动飞机前进。
- 涡喷发动机气流走向。加力燃烧室流出的燃气在喷管膨胀加速,将燃气的能量转变为动能,从尾喷口高速喷出,产生反作用推力。加力燃烧耗油很大,仅在需加力时短时使用。涡喷发动机的气流走向如图 5-54 所示。压气机产生高压空气,燃烧室产生高速膨胀燃气,加力燃烧室继续加温膨胀气体。

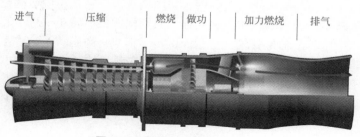

图 5-54　涡喷发动机的气流走向

② 涡轮风扇发动机。涡轮风扇发动机外观如图 5-55 所示，简称涡扇发动机。涡扇发动机包括轴流式压气机、环形燃烧室（或环管燃烧室）、由轴流式涡轮组成的核心机与风扇，风扇由核心机带动。

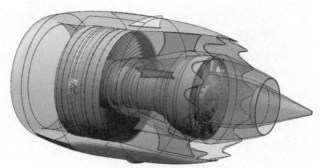

图 5-55　涡轮风扇发动机

涡扇发动机的推力来自两个方面：一部分是核心机喷出的燃气产生的推力；更多的是风扇旋转产生的推力。由于风扇只能低转速运行，压气机需要较高转速，于是有二转子或三转子涡扇发动机。

● 三转子涡扇发动机结构。如图 5-56 所示为三转子涡扇发动机的结构，其中心部分与普通涡轮发动机一样，只是转子为三转子结构。在低压转子前端头是风扇，在风扇外周是风扇包容机匣，用来保护风扇与安装附件装置，风扇静子叶片可对风扇后的气流进行整流。

图 5-56　三转子涡扇发动机结构图

● 涡扇发动机的转子。如图 5-57 所示是涡扇发动机的转子结构示意图，由三个转子组成的三转子结构：高压涡轮与高压压气机同轴，共同构成高压转子；中压涡轮与中压压气机同轴，共同构成中压转子；低压涡轮与风扇同轴，共同构成低压转子。三个转子轴线重合，低压转子轴在中心，中压转子轴是管状，套在低压转子轴上，高压转子轴也是管状，套在中压转子轴上。三个转子轴间有空隙，不直接接触，安装在各自的轴承上，轴承固定在轴承机匣上。三个转子各自运行在最佳转速，高压压气机运行在高转速，中压压气机转速一般比高压压气机略低些，风扇运行在低转速，压气机分两段不同转速，可用较少级数达到较高的压缩比。

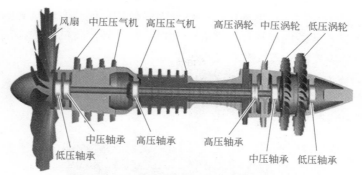

风扇　中压压气机　高压压气机　　高压涡轮　中压涡轮　低压涡轮

中压轴承　高压轴承　　　高压轴承　　中压轴承　低压轴承

低压轴承

图 5-57　涡扇发动机的转子结构示意图

● 涡扇发动机工作气流走向。如图 5-58 所示是涡扇发动机工作区划分与气流走向。一部分空气经过风扇进入压气机，经过燃烧室、涡轮从喷管喷出，这部分称为内涵气流；大部分空气经过风扇从核心机外壳的外环流过，称为外涵气流。外涵气流量与内涵气流量（质量）之比称为涵道比。内涵气流经过风扇、中压压气机与高压压气机得到较高的气压（增压比达24 以上）。气流在燃烧室升温膨胀得到很高的速度喷向涡轮机，第一级涡轮以很高转速带动高压压气机旋转，第二级涡轮以低一些的转速带动中压压气机旋转，第三、四级涡轮以较低转速带动风扇旋转，外涵气流由风扇推动产生。

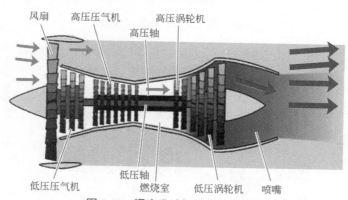

风扇　　高压压气机　　高压涡轮机

高压轴

低压压气机　　低压轴　　低压涡轮机　喷嘴

燃烧室

图 5-58　涡扇发动机工作气流走向

● 安装在机翼下的涡扇发动机，外涵气流与内涵气流的动能一起产生发动机的推力。涡扇发动机广泛用在民航客机、货运机、军用运输机、轰炸机等大型飞机上。

③ 涡轮螺旋桨发动机。涡轮螺旋桨发动机（见图 5-59）简称涡桨发动机，涡桨发动机与普通涡轮发动机一样，由轴流式压气机、环形燃烧室（或环管燃烧室）、轴流式涡轮组成。

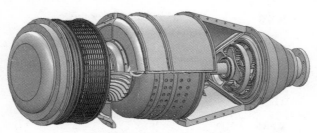

图 5-59　涡轮螺旋桨发动机

涡桨发动机的功能是产生高温高压燃气推动涡轮做功。涡桨发动机的涡轮非常强劲，大部分热能转化为了推动涡轮的机械能。涡轮带动螺旋桨旋转产生的推力，是发动机主要推力来源，发动机从尾管中喷出的燃气推力仅占总推力的一小部分。

● 涡桨发动机转子。如图 5-60 所示为涡桨发动机的转子模型，由主轴、压气机叶轮与涡轮组成。

图 5-60　涡桨发动机转子

● 涡桨发动机火焰筒。如图 5-61 所示，涡桨发动机采用带单独头部的环形火焰筒。

图 5-61　涡桨发动机转子与火焰筒

● 涡桨发动机半剖图。如图 5-62 所示为涡桨发动机的半剖图。与涡喷发动机、涡扇发动机不同的是转子主轴前端连接减速器，减速器输出轴则连接螺旋桨。

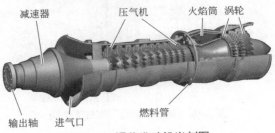

图 5-62　涡桨发动机半剖图

● 涡桨发动机全剖图（如图 5-63 所示）。螺旋桨直径大，可产生大推力，但大推力螺旋桨转速一般仅能运行在 1000 转每分钟左右，而涡轮发动机转速在 10000 转每分钟左右或更高，所以涡桨发动机必须通过减速器带动螺旋桨。减速器由齿轮组成，其构造就不在这里介绍了。

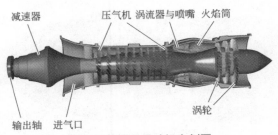

图 5-63　涡桨发动机全剖图

如图 5-64 所示，是装有大推力螺旋桨的涡桨发动机。

④ 涡轮轴发动机。涡轮轴发动机（见图 5-65 和图 5-66）是现代直升机的主要动力，它的组成部分和工作过程与涡轮螺旋桨发动机很相似。所不同的是，涡轮轴发动机中燃气的一部分可用能量驱动压气机涡轮带动压气机转动；而大部分能量转变成自由涡轮的轴功率，用于通过直升机上的主减速器减速后驱动直升机的旋翼和尾桨；由尾喷管喷射出的燃气温度和速度极低，基本上不产生推力。由于直升机的旋翼和尾桨转速较低，涡轮轴和旋翼之间有必要加装减速装置进行减速。

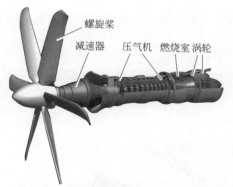

图 5-64　带螺旋桨的涡桨发动机半剖图

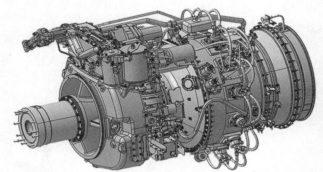

图 5-65　涡轮轴发动机

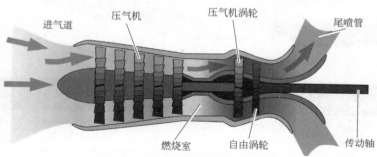

图 5-66　涡轮轴发动机的组成部件

⑤ 冲压喷气发动机。冲压喷气发动机与燃气涡轮发动机的不同是没有专门的压气机，要靠飞行器高速飞行时的相对气流进入发动机进气道后减速，将动能转变成压力能，使空气静压提高。燃油和空气在燃烧室混合燃烧后从喷管中高速喷出。冲压喷气发动机通常由进气道、燃烧室和尾喷管三部分组成，其结构组成如图 5-67 所示。由于没有压气机和涡轮等转动部件，因此结构大大简化。

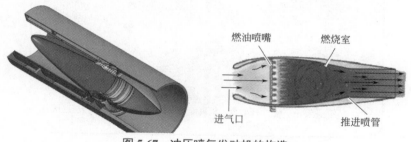

图 5-67　冲压喷气发动机的构造

## 5.2.4 飞机的起飞原理

飞机起降两个阶段都需要逆风。

如图 5-68 所示，飞机之所以能飞在空中不掉下来，是因为机翼提供了升力，机翼之所以能提供升力，是因为机翼同气流形成相对速度（也就是传说中的空速），空速可以通过飞机发动机把飞机往前推进获得（兜风），如果这时恰好有一阵风迎面吹来，等于额外增加了流过机翼的空气速度。

鉴于上述原理，在发动机推力相同的情况下，逆风起飞无疑使飞机滑跑更短的距离就可以飞起来（加速到起飞空速所需距离更短）。

降落的时候，飞行员需要将飞机相对于地面的速度尽可能降低，但是又不能使气流过小以免升力不足以托起飞机（也就是传说中的失速）。这时如果逆风降落，可以在减速的同时为机翼提供额外的升力，有助于飞机缩短滑跑距离。

因此，逆风是非常需要的，小伙伴们可别再祝朋友一路顺风了……

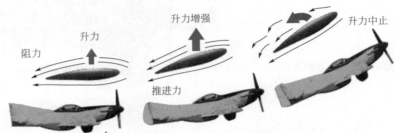

图 5-68 飞机的起飞过程示意图

## 飞机为什么能飞上天？飞机的机翼

飞机能飞上天空，如图 5-69 所示，主要是透过四种力量交互作用所产生的结果。这四种力

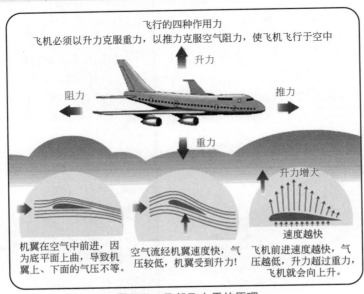

图 5-69 飞机飞上天的原理

量是引擎的推力、空气的阻力、飞机自身的重力和空气的升力。飞机以引擎的速度产生推力，并且以升力克服重力，使机身飞行空中。当空气流经机翼时，飞机的机翼截面形成拱形，上方的空气分子因在同一时间内走较长的距离，相对于下方的空气分子跑得较快，造成在机翼上方的气压会比下方低，这样下方较高的气压就将飞机支承着，并浮在空气中，这就是物理学的伯努利原理。当推力大于阻力，升力大于重力时，飞机就能起飞爬升，待飞机爬升到巡航高度时就收小油门，称为平飞，这时候推力等于阻力，重力等于升力，也就是所谓的定速飞行。

● 推力的来源：牛顿第三运动定律（作用力 = 反作用力）。一般螺旋桨飞机（图 5-70 ～图 5-72）飞行的推力（或动力）是靠飞机利用螺旋桨（图 5-73）所产生的，但是喷气式飞机是通过发动机尾管向后喷气产生推力驱动飞机前进的。

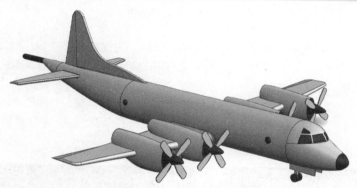

图 5-70 四螺旋桨飞机

图 5-71 螺旋桨飞机模型示意图

图 5-72 螺旋桨飞机外观

161

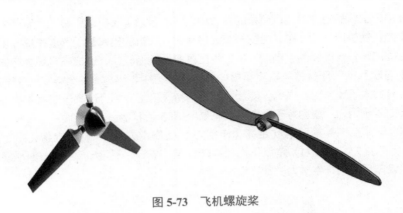

图 5-73　飞机螺旋桨

● 阻力的来源：空气对机身的阻力和摩擦力。所以，为提高飞行效率，飞机的设计应更接近流线型以减少不必要的阻力。但阻力是必须的，如用于飞机减速和稳定机身等用途。

● 升力的来源：板状的物件遇到强风就会产生升力。风筝就是一个好例子：当风筝的轨迹与风成一适当角度时，便会不断地往上升，故飞机的机翼与气流保持某一倾斜角度时，会产生升力。

● 重力的来源：是飞机本身的全体重量，重力对飞行有负面影响，故飞机机身的设计都是采用比较轻的材料。

## 飞机的机翼

机翼是飞机的重要部件之一，安装在机身上。其最主要作用是产生升力，同时也可以在机翼内布置弹药仓和油箱，在飞行中可以收藏起落架。另外，在机翼上还安装有改善起飞和着陆性能的襟翼和用于飞机横向操纵的副翼，有的还在机翼前缘装有缝翼等增加升力的装置。

飞机的机翼构造原理：飞机机翼的剖面又叫做翼型，一般翼型的前端圆钝，后端尖锐，上表面拱起，下表面较平，呈鱼侧形。前端点称前缘，后端点称后缘，两点之间的连线称翼弦。如图 5-74 所示为飞机机翼的横截面形状。

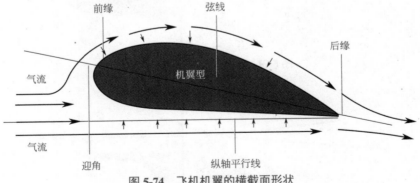

图 5-74　飞机机翼的横截面形状

由于机翼上表面拱起，使上方的那股气流的通道变窄，根据气流的连续性原理和伯努利原理得知，机翼上方的压强比机翼下方的压强小，也就是说机翼下表面受到向下的压力要大，这个压力差就是机翼产生的升力。

比如，如图 5-75 所示，向两片相隔很近的纸片中间吹气，会发现两片纸会向中间靠拢，这就是因为吹气的时候，两纸片间的空气流速大，其间的压强比纸片外侧的小，从而产生压力差，使纸片向中间靠。

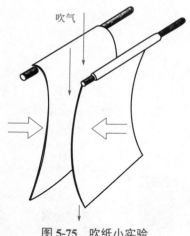

图 5-75　吹纸小实验

飞机的俯仰运动靠升降舵控制，滚转是由副翼控制，偏航运动靠方向舵控制。飞机前进的动力是发动机提供的。

# 5.3　起重机

什么是起重机?
起重机是指在一定范围内垂直提升和水平搬运重物的多动作起重机械，又称吊车。

## 5.3.1 塔式起重机

你见过塔式起重机吗？在任何一个大型建筑工地上你都能看见它的，它通常有几十米上百米高。而且它的"胳膊"伸出那么远。建筑工人用塔式起重机提升钢材、水泥等建筑材料，沉沉的重物，轻轻一吊就起来了。

如图 5-76 所示，当你观察耸立的塔式起重机时，不禁会对它感到不可思议，它为何不会翻倒？这么长的吊杆怎么能举起这么重的物体呢？它是怎么做到随建筑物增高而增高的呢？如果你想了解塔式起重机是怎样工作的，下面将会给你答案。

图 5-76　高耸的塔式起重机

（1）塔式起重机的结构

塔式起重机，简称塔机，亦称塔吊，起源于西欧。动臂装在高耸塔身上部的旋转起重机。作业空间大，主要用于房屋建筑施工中物料的垂直和水平输送及建筑构件的安装。由金属结构、工作机构和电气系统三部分组成。

如图 5-77 所示，金属结构包括塔身、起重臂、转台、基础承座、平衡臂、塔尖等。工作机构有起升、变幅、回转和（固定）行走机构四部分。电气系统包括电动机、控制器、配电柜、连接线路、信号及照明装置等。

所有的塔式起重机的基本组成部件都是基本相同的，起重机的基座通过螺栓与一块支撑起重机的大型混凝土板固定在一起。塔身结构也称塔架，是塔机结构的主体，现今塔机均采用方形断面。基座与塔架（或塔体）相连，塔体高度即塔式起重机的高度。

回转机构：与塔顶（塔帽）相连，包括电动机和齿轮减速器，使起重机水平旋转。在回转机构的顶部有三个部分：水平伸出的起重臂，它是起重机中负荷重物的部分；一个变幅小车，它能沿起重臂行走，使得起吊物靠近或远离起重机的中心；较短一些的平衡臂，其中放置了起重机的电动机及电气设备，以及实心的大块配重。

起升机构：平衡臂中含有用于提升重物的电动机的机构称之为起升机构，用于驱动起重机的电气控制设备和电缆卷筒。

（2）塔式起重机是怎样工作的？

塔式起重机的起升机构、回转机构、变幅机构是塔式起重机的功能执行机构。

起升机构：电动机驱动减速器带动卷筒做收放绳运动完成吊物的升降动作。

变幅机构：电动机驱动减速器带动卷筒做收放绳运动完成吊物的平移动作。
回转机构：电动机驱动减速器带动小齿轮在大齿轮外做旋转完成回转动作。

图 5-77 塔式起重机结构图

（3）塔式起重机能提升多大的重量？

根据塔式起重机的型号可以确定其提升的重量是多少。

塔式起重机的最大起重量是按塔式起重机配备的卷扬机单绳最大提升力设计的。若单绳最大提升力是 3 吨，按 6 倍率的计算就是 18 吨。如果单绳最大提升力是 4 吨，该塔式起重机最大起重量则可以达到 24 吨。但如果重物是放置于起重臂的末端的，那么起重机将不能提升那么大的重量。重物离塔柱越近，塔机能安全提升的重量就越大。

（4）塔式起重机为何不倒？

让我们看看是什么使得这些庞大的结构能够保持竖直。当注视一个塔式起重机的时候，眼前的景象似乎是难以置信的——一个没有任何拉索支撑的结构居然可以稳稳地站立，它们为什么不会倾倒呢？

与塔式起重机的稳定性相关的首要因素是一块很大的混凝土台，在起重机运抵之前，施工队会花上几周的时间来浇筑这个台子。这个混凝土台的尺寸应根据起重机的尺寸来确定。深嵌入混凝土板内的大锚固螺栓能支撑起重机的底部。

（5）塔式起重机是怎样随建筑物的增高而增高的？

塔式起重机在建筑施工等领域发挥着重要的作用。由于塔式起重机远看上去像一座高塔，故它的升高方式也成了人们感兴趣的话题。其实，塔机结构按功能可以分为：基础、塔身、顶升、回转、起升、平衡臂、起重臂、塔顶、驾驶室、变幅等部分。在搭建塔机时首先应安装基础部分，即确定塔机架设位置，确定原则为能够最大限度发挥塔机施工能力，方便塔机进出场及安装、拆卸。然后选择恰当的基础型式。压重及混凝土基础均应提前制作并达到标号，基础地面地耐力不小于 20 吨每平方米。接着便在此基础上组装底架和标准节。塔机标准节是构成塔机主体部分的主要零件，也是加高塔式起重机高度的主要"角色"。在施工过程中，塔机伴随着建筑物的升高，自然也需要加高。在加高塔机时，先用顶升架将套架向上加高，从而在塔身和套架之间留出空位，再将塔身的标准节安装在这个空间里面。这样便实现了升高塔机的目的。

## 5.3.2　鹤式起重机

什么是鹤式起重机？

鹤式起重机如图 5-78 所示，学名叫做四连杆门座式起重机、门座起重机。它可以做水平运行，水平回转。

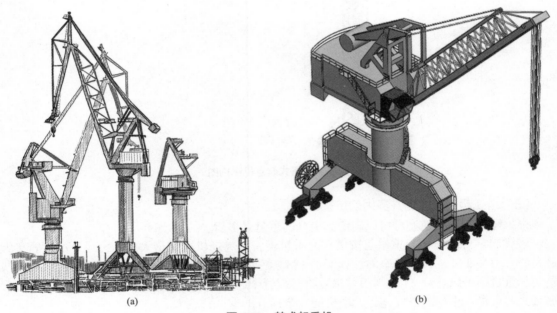

(a)　　　　　　　　　　　　　　　(b)

图 5-78　鹤式起重机

（1）鹤式起重机结构

鹤式起重机结构如图 5-79 所示，由起重运行机构、门架、回转机构、变幅机构、臂架及起升机构等组成。变幅机构，大多采用水平变幅系统。起升机构做垂直运行，一般额定起重量从 10 吨到 1900 吨。鹤式起重机是港口、大型船厂的常规起重设备。实质上，该类起重机的起吊工作机构是一个双摇杆机构。

什么是双摇杆机构？

铰链四杆机构的两个连架杆若都是摇杆，则称为双摇杆机构。其功能是：将原动件的一种摆动转换为从动件的另一种摆动。

图 5-79 鹤式起重机的结构

如图 5-80 所示的鹤式起重机的提升机构属于双摇杆机构，当原动件（臂架）AB 摆动时，连架杆 CD 也随着摆动，并使连杆 BC 上的 E 点的轨迹近似水平，在该点所吊重物做水平移动，从而避免不必要的升降所引起的能耗。

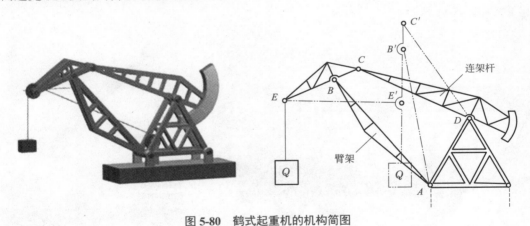

图 5-80 鹤式起重机的机构简图

（2）鹤式起重机的工作原理

① 重物和臂架系统各自的重心在变幅过程中几乎无垂直位移。其方法之一是靠增设活动平衡重来平衡臂架系统俯仰时的合成重心的升降变化，这种方法布置较方便，工作也较可靠，应用广泛。方法之二是靠臂架系统的机构特性来保证变幅时合成重心的移动轨迹接近水平线，无活动平衡重。

② 所吊重物在变幅过程中沿着近于水平线的轨迹移动。可采用补偿法和组合臂架法。补偿法是通过特种储绳系统在变幅过程中自动收放相应起升绳，以补偿臂架升降造成的吊具垂直位移。组合臂架法是依靠组合臂架的机构特性保证臂端在变幅过程中接近水平移动。两种方法都得到广泛应用。

## 5.3.3 汽车起重机

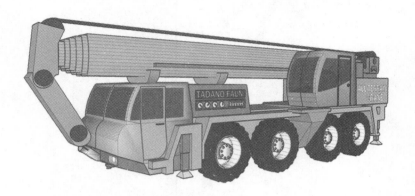

什么是汽车起重机?

汽车起重机是装在普通汽车底盘或特制汽车底盘上的一种起重机,其行驶驾驶室与起重操纵室分开设置。这种起重机的优点是机动性好,转移迅速。缺点是工作时要支腿保持稳定,不能负荷行驶,也不适合在松软或泥泞的场地上工作。汽车起重机的底盘性能等同于同等整车总重的载重汽车,符合公路车辆的技术要求,因而可在各类公路上通行无阻。此种起重机一般备有上、下车两个操纵室,作业时必须伸出支腿保持稳定。起重量的范围很大,可从 8 吨至 1600 吨,底盘的车轴数,可为 2 ~ 10 根。是产量最大,使用最广泛的起重机类型。汽车起重机如图 5-81 所示。

图 5-81 汽车起重机

(1)汽车起重机的结构

如图 5-82 所示,汽车起重机主要由起升机构、臂架、变幅机构、回转机构、起重运行机构等组成。

汽车起重机的结构组成分析如下所述。

回转平台是上车各组成部分的支承连接平台,提供臂架的铰接点和上车各机构的运动约束,承受起升载荷和上车部分的自重,并通过旋转支承装置传递到下车部分。配重设置在与臂架悬伸相反的方向上,起平衡稳定作用。

图 5-82　汽车起重机结构

　　汽车起重机的金属结构以回转平台为界，分为上车和下车两部分。上车部分由起重臂架、人字架、配重、回转平台和起重操纵室组成；下车部分由车架、汽车驾驶室和支腿组成。上车部分可以相对下车部分旋转。起重机的金属结构将起重机连接成一个整体，承受起重机的自重以及作业时的各种外载荷。

　　① 起重臂。起重臂有桁架式和箱型伸缩式两种。后者采用多节套装在一起的箱形结构，满足了起重机运行时臂架缩叠体积小，起重时臂架伸展幅度大的不同要求，成为现代流动式液压起重机的首选臂架形式。伸缩臂架结构由基本臂、伸缩臂和附加臂组成，借助人字架铰支在回转平台上，通过变幅液压缸的活塞运动调整臂架幅度。起重作业时，在臂架平面和垂直臂架平面这两个平面上承受压、弯联合作用。起重臂必须满足强度、刚度和稳定性要求，是起重机最主要的承载构件。如图 5-83 所示为五节伸缩臂结构图。

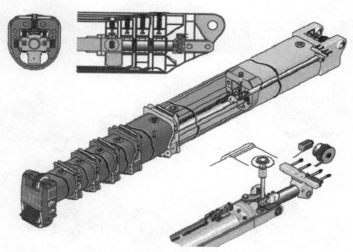

图 5-83　五节伸缩臂结构

② 回转平台。回转平台是上车各组成部分的支承连接平台，提供臂架的铰接点和上车各机构的运动约束，承受起升载荷和上车部分的自重，并通过旋转支承装置传递到下车部分。

③ 车架。车架是整个起重机的基础结构，也是整机驱动装置和运行机构连接的固定框架。车架的刚度、强度将直接影响起重机的性能。

④ 支腿。支腿安装在车架上，支腿在起重机运行时收回，起重作业时伸出并支承在坚实的基础上，将充气轮胎架空，构成刚性支承，为起重作业提供较大的支承面积，提高稳定性。

（2）汽车起重机怎么吊起重物？

绝大多数汽车起重机的起重臂是用钢丝绳拉出去的。在起重臂里面的下方有一个转动卷筒，上面绕有钢丝绳，钢丝绳通过在下一节臂顶端上的滑轮，将上一节起重臂拉出去，以此类推。缩回时，卷筒倒转回收钢丝绳，起重臂在自重作用下回缩。这个转动卷筒采用液压马达驱动，因此能看到两根油管，但千万别当成液压缸。

另外有一些汽车起重机的伸缩臂里面安装有套装式的柱塞式液压缸，但此种应用极少见。因为多级柱塞式液压缸成本昂贵，而且起重臂受载时会发生弹性弯曲，对液压缸寿命影响很大。

（3）伸缩杆的机械原理

在一杆的顶头设置轮滑，二杆的尾部设置轮滑，三杆的顶头设置轮滑，以此类推，用一根绳依次将内杆到外杆的杆头杆尾串联，卷扬机收缩钢丝绳，绳排收紧就会使一杆头部和二杆尾部收缩，使吊杆伸出。反之同理。

## 5.4　工程车

工程车是一个建筑工程的主干力量，由于它们的出现才使建筑工程的进度倍增，大大减少了人力。观工程车作业，不由得震撼机器与科技的威力。它们用于工程的运载、挖掘、抢修等。常见工程车有：重型运输车辆、大型吊车、挖掘机、推土机、压路机、装载机、混凝土搅拌输送车等。如图 5-84 所示为各种类型的工程车。

图 5-84　部分工程车类型

## 5.4.1 挖掘机

什么是挖掘机?

挖掘机,又称挖掘机械,是用铲斗挖掘高于或低于承机面的物料,并装入运输车辆或卸至堆料场的土方机械。挖掘机挖掘的物料主要是土壤、煤、泥沙以及经过预松后的土壤和岩石。从近几年工程机械的发展来看,挖掘机的发展相对较快,挖掘机已经成为工程建设中最主要的工程机械之一。挖掘机最重要的三个参数:操作重量(质量),发动机功率和铲斗斗容。

挖掘机按驱动方式分为内燃驱动挖掘机、电力驱动挖掘机;按行走方式分为履带式挖掘机(如图 5-85 所示)、轮式挖掘机(如图 5-86 所示);按传动方式分为液压挖掘机、机械挖掘机;按铲斗分为正铲挖掘机、反铲挖掘机。

图 5-85 履带式挖掘机　　　　　　　　图 5-86 轮式挖掘机

(1)挖掘机的组成

现今的挖掘机占绝大部分的是全液压全回转挖掘机。液压挖掘机一般由工作装置、上部车体和下部车体三大部分组成。据其构造和用途可以区分为:履带式、轮胎式、步履式、全液压、半液压、全回转、非全回转、通用型、专用型、铰接式、伸缩臂式等多种类型。

工作装置是直接完成挖掘任务的装置。它由动臂、斗杆、铲斗等三部分铰接而成。为了适应各种不同施工作业的需要,液压挖掘机可以配装多种工作装置,如可进行挖掘、起重、装载、平整、夹钳、推土、冲击、旋挖等多种作业的机具。

回转与行走装置是液压挖掘机的机体,转台上部设有动力装置和传动系统。发动机是液压挖掘机的动力源,大多采用柴油发动机,也可改用电动机。

(2)挖掘机是怎么工作的

如图 5-87 所示,挖掘机有三个部分的液压缸,分别是动臂、斗杆、铲斗。有三个液压马达,即左右行走和一个回转。这些都由换向阀控制供油。油液从液压泵出来经换向阀分配到以上各执行元件。挖掘机的换向阀大多是液控的,就是用一股压力较小的油推动换向阀的阀芯。一般中型挖掘机用的是三联泵,两个大泵提供工作所需要的压力,一个小齿轮泵给控制油路供油。通过手柄下边的控制阀调节主油路换向阀阀芯的位置,从而实现动臂、斗杆和铲斗液压缸的伸缩,液压马达的转与停以及转动方向。主油路设溢流阀,压力超过限定值就会打开，油液直接回油箱。所以系统压力始终保持在一定范围内。同样道理在各液压缸的支路也设溢流阀，实现二次调定压力。不光是挖掘机，任何液压系统工作原理都是：油箱中油液—泵—控制元件—执行元件—油箱。

传动机构通过液压泵将发动机的动力传递给液压马达、液压缸等执行元件，推动工作装置动作，从而完成各种作业。

工作装置——动臂、斗杆、铲斗、液压缸、连杆、销轴、管路

上部转台——发动机、减振器主泵、主阀、驾驶室、回转机构、回转支承、回转接头、转台、液压油箱、燃油箱、控制油路、电气部件、配重

行走机构——履带架、履带、引导轮、支重轮、托轮、终传动、张紧装置

图 5-87　挖掘机的构成

## 5.4.2　混凝土搅拌输送车

什么是混凝土搅拌输送车?

混凝土搅拌输送车是在行驶途中对混凝土不断进行搅动或搅拌的特殊运输车辆，主要用于在预拌混凝土工厂和施工现场之间输送混凝土，如图 5-88 所示。

图 5-88　混凝土搅拌输送车

（1）混凝土搅拌输送车组成

如图 5-89 所示，混凝土搅拌输送车由汽车底盘、搅拌筒、传动系统、供水装置等部分组成。

① 汽车底盘是混凝土搅拌输送车的行驶和动力输出部分，一般根据搅拌筒的容量选择。

② 搅拌筒是混凝土搅拌输送车的主要作业装置，其结构形式及筒内的叶片形状直接影响混凝土的输送和搅拌质量。

③ 搅拌筒的动力分机械和液压两种。液压传动应用最广泛，由发动机驱动液压泵经控制阀、液压马达和行星齿轮减速器带动搅拌筒工作。机械传动是由发动机经万向联轴器、减速器和链轮、链条等驱动搅拌筒工作。动力方式也有两种：一种是直接从汽车的发动机中引出动力；另一种是设置专用柴油机输出动力。

④ 供水装置供输送途中加水搅拌和出料后清洗搅拌筒之用。

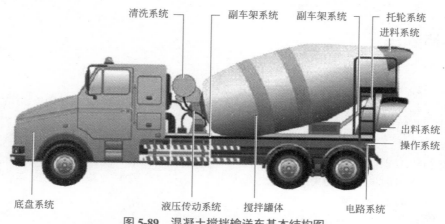

图 5-89　混凝土搅拌输送车基本结构图

（2）混凝土搅拌输送车的工作原理

通过取力装置将汽车底盘的动力取出，并驱动液压系统的变量泵，把机械能转化为液压能传给定量马达，马达再驱动减速器，由减速器驱动搅拌装置，对混凝土进行搅拌。

① 取力装置：取力装置的作用是通过操纵取力开关将发动机动力取出，经液压系统驱动搅拌筒，搅拌筒在进料和运输过程中正向旋转，以利于进料和对混凝土进行搅拌，在出料时反向旋转，在工作终结后切断与发动机的动力连接。

② 液压系统：将经取力器取出的发动机动力，转化为液压能（排量和压力），再经马达输出为机械能（转速和转矩），为搅拌筒转动提供动力。

③ 减速器：将液压系统中马达输出的转速减速后，传给搅拌筒。

④ 操纵机构：控制搅拌筒旋转方向，使之在进料和运输过程中正向旋转，出料时反向旋转；控制搅拌筒的转速。

⑤ 搅拌装置：搅拌装置主要由搅拌筒及其辅助支撑部件组成。搅拌筒是混凝土的装载容器，转动时混凝土沿叶片的螺旋方向运动，在不断提升和翻动的过程中受到混合和搅拌。在进料及运输过程中，搅拌筒正转，混凝土沿叶片向里运动；出料时，搅拌筒反转，混凝土沿着叶片向外卸出。

⑥ 清洗系统：清洗系统的主要作用是清洗搅拌筒，有时也用于运输途中进行干料搅拌。清洗系统还对液压系统起冷却作用。

（3）采用斜齿轮传动的混凝土搅拌输送车

如图 5-90 所示的混凝土搅拌输送车采用斜齿轮传动机构，斜齿轮传动的啮合性好、传动平稳、噪声小，降低了每对齿轮的载荷，提高了齿轮的承载能力。

图 5-90 混凝土搅拌输送车采用斜齿轮传动机构

## 5.4.3 自卸车

什么是自卸车?

自卸车是指利用本车发动机动力驱动液压举升机构,将车厢倾斜一定角度卸货,并依靠车厢自重使其复位的专用车,如图 5-91 所示。

自卸车在土木工程中,常同挖掘机、装载机、带式输送机等联合作业,构成装、运、卸生产线,进行土方、砂石等松散物料的装卸运输。由于装载车厢能自动倾斜翻转一定角度卸料,大大节省卸料时间和劳动力,缩短运输周期,提高生产效率,减低运输成本,并标明装载容积,是常用的运输机械。

（1）自卸车的组成

如图 5-92 所示,自卸车是指车厢配有自动倾斜装置的汽车,又称为翻斗车、工程车,由自卸车底盘、举升机构总成、液压系统总成、锁紧机构总成、大箱总成等组成。

图 5-91 自卸车　　　　　图 5-92 自卸车结构图

（2）自卸卡车的举升机构

举升机构是自卸卡车的重要工作系统之一。其举升机构主要运动形式采用的是曲柄摇块机构,液压缸可视为摇块,用压力油推动活塞使车厢翻转,完成自卸工作。自卸卡车是工程机械中最常见的运输工具,它为人类节省了巨大的劳动力。

　　要了解自卸卡车举升机构，先从曲柄滑块说起，如图 5-93 所示，若 $C$ 点运动轨迹正对曲柄转动中心 $A$，则称为对心曲柄滑块机构。若将如图 5-93 所示的对心曲柄滑块机构的构件 2 作为机架，则曲柄滑块机构将演变为摇块机构。如图 5-94 所示，该机构的功能是将导杆 4 的往复移动转换为滑块 3 的摆动。图 5-95 为自卸卡车举升机构，是曲柄摇块机构的应用实例。液压缸 3 内的压力油推动活塞杆 4 做往复移动，从而推动车厢 1 绕车身 2 的 $B$ 点翻转，将货物自动卸下，此机构也称为摇缸机构，在液压机械中应用广泛。

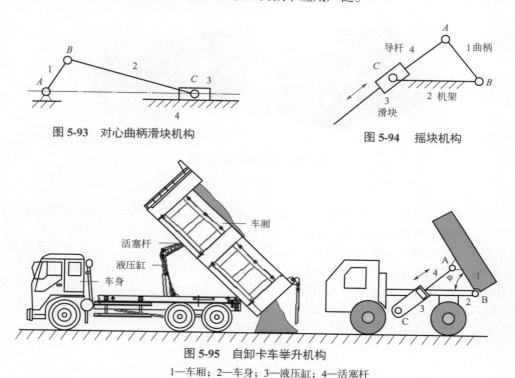

图 5-93　对心曲柄滑块机构

图 5-94　摇块机构

图 5-95　自卸卡车举升机构

1—车厢；2—车身；3—液压缸；4—活塞杆

　　自卸卡车举升机构是怎样工作的？
　　自卸卡车的发动机、底盘及驾驶室的构造和一般载重汽车相同。自卸卡车的举升机构均采用液压压力作为举升动力。自卸车的车厢分后向倾翻和侧向倾翻两种，通过操纵系统控制活塞杆运动，后向倾翻较普遍，推动活塞杆使车厢倾翻，少数双向倾翻。
　　车厢液压倾翻机构由油箱、液压泵、分配阀、举升液压缸、控制阀和油管等组成。发动机通过变速器、取力装置驱动液压泵，高压油经分配阀、油管进入举升液压缸，推动活塞杆使车厢倾翻。以后向倾翻较普遍，通过操纵系统控制活塞杆运动，可使车厢停止在任何需要的倾斜位置上。车厢利用自身重力和液压控制复位。

 **5.4.4　压路机**

　　什么是压路机？
　　利用滚压、夯实和振实等压实方法来对路基和路面进行压实施工的作业机械，俗称压路机。如图 5-96 所示为各种形式的压路机。

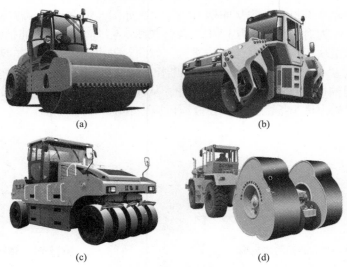

图 5-96　各种形式的压路机

（1）振动压路机

振动压路机由机架、工作行走装置、传动系统和操纵机构等组成。根据工作要求，其振动轮可调成不振、弱振或强振等不同状态，可兼作轻、中、重三种类型的压路机用。

振动压路机的结构如图 5-97 所示，振动轮通过减振器与机架连接，以减少对车架及机架上机件的振动。振动轮的钢轮由耐磨且焊接性好的钢板焊成。振动轮为从动轮。若在振动轮上装有行走驱动装置和减速器，振动轮为驱动轮。图 5-97 中压路机前轮为振动轮（驱动轮）、后轮为转向轮，前轮为钢轮，后轮为胶轮。

图 5-97　振动压路机结构图

机械传动式振动压路机通过齿轮、链条来驱动压路机行走，并使碾压轮产生振动。

液压传动式振动压路机通过液压泵产生的高压油使碾压轮产生振动，通过机械传动使压路机行走。

若压路机均为全液压驱动，则压路机的行走、振动、转向，均是靠液压油在各部件间的高速流动实现的。

行走系统：发动机带动液压变速（量）泵输出液压油经过输油管使液压马达使前后轮转动实现行走，通过控制变量泵使油液的流速、流向发生改变实现压路机的前后换向、无级变速。（液压变速/量泵提供动力，液压马达输出动力，液压变量泵是可以改变液压油流量大小和方向的泵）

振动系统：液压定量泵经过输油管带动液压马达使钢轮内部偏心块高速旋转产生振动。

转向系统：液压定量泵经过输油管带动液压缸实现转向。

（2）压路机振动轮

振动轮（如图5-98所示）是压路机的核心部件，压路机主要是靠振动轮内部的偏心块（如图5-99所示）旋转产生激振力，依靠激振力进行工作。随着振动马达的正传和反转，偏心块能产生两种组合，获得两种不同的偏心力矩，从而获得两种不同的激振力。

图 5-98 压路机的振动轮

图 5-99 偏心机构

压路机振动轮的工作原理：马达动力通过花键传给振动偏心机构，旋转的偏心块产生径向离心力，产生激振力。其中在偏心块机构中，偏心块组件可以围绕轴转动，在马达分别正转和反转的情况下，可获得不同大小的偏心力矩，偏心轮可获得高低不同的两种激振力。

（3）偏心轮机构

偏心轮相对于旋转中心，质量分布是不均匀的，无法达到动平衡，故会振动。

如图5-100所示为两种偏心轮机构，其是四杆机构的演化。图5-90（a）中，构件1为圆盘，其几何中心为 $B$，因运动时该圆盘绕轴 $A$ 转动，故称为偏心轮。$A$、$B$ 之间的距离 $e$ 称为偏心距。按照相对运动关系，可画出机构运动简图如图中线段 $AB$、$BC$、$CD$。由图可知，偏心轮是将转动副 $B$ 扩大到包括转动副 $A$ 而形成的，偏心距 $e$ 即为曲柄的长度。

在曲柄滑块机构或其他含有曲柄的四杆机构中，当曲柄长度很短时，由于存在结构设计困难，工程中常将曲柄设计成偏心轮或偏心轴的形式，这样不仅克服了结构设计问题，而且提高了偏心轴的强度和刚度。曲柄为偏心轮结构的连杆机构称为偏心轮机构。偏心轮机构广泛应用于传力较大的剪床、冲床、内燃机等机械中。

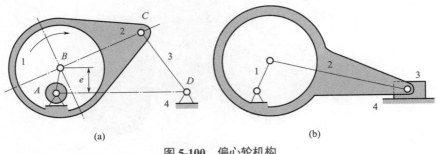

(a)          (b)

图 5-100 偏心轮机构

## 5.4.5 装载机

你认识装载机吗?

装载机是一种广泛用于公路、铁路、建筑、港口、矿山等建设工程的土石方施工机械,它主要用于铲装土壤、砂石、石灰、煤炭等散状物料,也可对矿石、硬土等做轻度铲挖作业。换装不同的辅助工作装置还可进行推土、起重和对其他物料如木材进行装卸作业。在道路、特别是在高等级公路施工中,装载机用于路基工程的填挖、沥青混合料和水泥混凝土料场的集料与装料等作业。此外还可进行推运土壤、刮平地面和牵引其他机械等作业。由于装载机具有作业速度快、效率高、机动性好、操作轻便等优点,因此它成为工程建设中土石方施工的主要机种之一。如图 5-101 所示为履带式装载机,如图 5-102 所示为轮式装载机。

图 5-101 履带式装载机

图 5-102 轮式装载机

装载机的组成如图 5-103 所示,装载机的铲掘和装卸物料作业是通过其工作装置的运动来实现的。装载机工作装置由铲斗、动臂、连杆、摇臂和转斗液压缸、动臂液压缸等组成,整个工作装置铰接在车架上。铲斗通过连杆和摇臂与转斗液压缸铰接,用以装卸物料。动臂与车架、动臂液压缸铰接,用以升降铲斗。铲斗的翻转和动臂的升降采用液压操纵。动臂为单板结构,后端支承于前车架上,前端连着铲斗,中部与动臂液压缸连接。当动臂液压缸伸缩时,使动臂绕其后端销轴转动,实现铲斗提升或下降。摇臂为单摇臂机构,中部与动臂连接,当转斗液压缸伸缩时,使摇臂绕其中间支承点转动,并通过连杆使铲斗上转或下翻。

图 5-103 装载机的组成

如图 5-104 所示，装载机的驱动铲斗机构采用平行性机构。铰链四杆机构两个连架杆若都是曲柄，则称为双曲柄机构。在双曲柄机构中，如果两曲柄的长度相等，则称为平行四边形机构或平行双曲柄机构。平行四边形机构两曲柄做等速同向转动，连杆做平动。

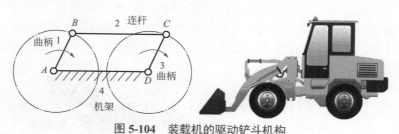

图 5-104　装载机的驱动铲斗机构

# 5.5　输送机

输送机的历史悠久，中国古代的高转筒车和提水的翻车，是现代斗式提升机和刮板输送机的雏形。输送机按运作方式可分为：带式输送机、螺旋输送机、斗式提升机、辊子输送机、计量输送机、板式输送机、网带输送机和链条输送机。我们了解几种常见的输送机。

## 5.5.1　带式输送机

带式输送机如图 5-105、图 5-106 所示，是一种摩擦驱动以连续方式运输物料的输送机械。主要由机架、输送带、传动滚筒、张紧装置、传动装置等组成。它可以将物料在一定的输送线上，从最初的供料点到最终的卸料点间形成一种物料的输送流程。它既可以进行碎散物料的输送，也可以进行成件物品的输送。除进行纯粹的物料输送外，还可以与各工业企业生产流程中的工艺过程的要求相配合，形成有节奏的流水作业输送线。

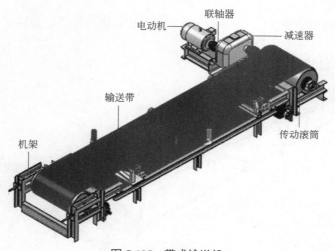

图 5-105　带式输送机

你知道带式输送机是怎样工作的吗？电动机通过联轴器将动力传入减速器，再经联轴器传至带式输送机进行工作。它是以挠性输送带作物料承载和牵引构件的连续输送机械。一条无端的输送带环绕驱动滚筒和改向滚筒。两滚筒之间的上下分支各以若干托辊支承。物料置于上分支上，利用驱动滚筒与带之间的摩擦力曳引输送带和物料运行。带式输送机适用于水平和倾斜方向输送散粒物料和成件物品，也可用于进行一定工艺操作的流水作业线。结构简单，工作平稳可靠，对物料适应性强，输送能力较大，功耗小，应用广泛。

图 5-106　移动带式输送机

带式输送机是怎样工作的？

带式输送机主要由两个端点滚筒及紧套其上的闭合输送带组成。带动输送带转动的滚筒称为驱动滚筒（传动滚筒）；另一个仅用于改变输送带运动方向的滚筒称为改向滚筒。驱动滚筒由电动机通过减速器驱动，输送带依靠驱动滚筒与输送带之间的摩擦力拖动。驱动滚筒一般都装在卸料端，以增大牵引力，有利于拖动。物料由进料端进入，落在转动的输送带上，依靠输送带摩擦带动运送至卸料端卸出。

## 5.5.2 链式输送机

链式输送机是利用链条牵引、承载，或由链条上安装的板条、金属网带、辊道等承载物料的输送机。

金属网带式输送机如图 5-107 所示。

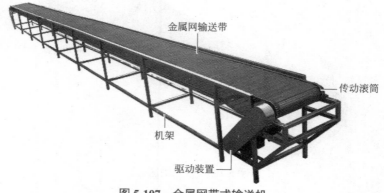

图 5-107　金属网带式输送机

链板式输送机如图 5-108 所示。

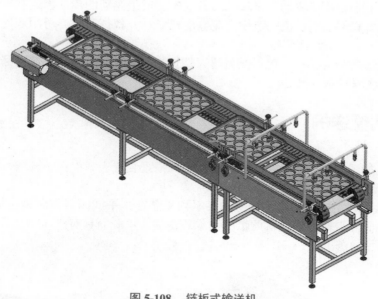

图 5-108　链板式输送机

## 5.5.3　辊子输送机

辊子输送机是利用按一定间距架设在固定支架上的若干个辊子来输送成件物品的输送机。

动力式辊子输送机如图 5-109、图 5-110 所示，由动力辊子组件、铝旁板、片架、拉杆、承座、驱动装置和链条组成。由驱动装置带动牵引链条，链条带动各动力辊子上的链轮转动，从而完成输送工作。

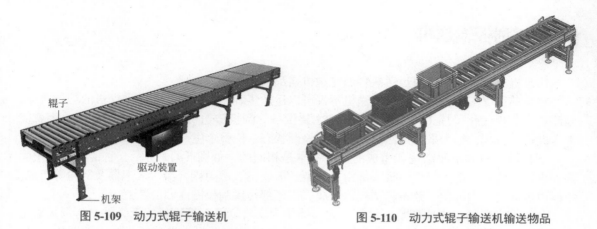

辊子

驱动装置

机架

图 5-109　动力式辊子输送机

图 5-110　动力式辊子输送机输送物品

动力式辊子输送机常用于水平的或向上微斜的输送线路。驱动装置将动力传给辊子，使其旋转，通过辊子表面与输送物品表面间的摩擦力输送物品。按驱动方式有单独驱动与成组驱动之分。单独驱动的每个辊子都配有单独的驱动装置，以便于拆卸。成组驱动是若干辊子作为一组，由一个驱动装置驱动，以降低设备造价。成组驱动的传动方式有齿轮传动、链传动和带传动。动力式辊子输送机一般用交流电动机驱动，根据需要亦可用双速电动机和液压马达驱动。

辊子输送机适用于各类箱、包、托盘等大件货物的输送，散料、小件物品或不规则的物品需放在托盘上或周转箱内输送。

## 5.5.4　板式输送机

板式输送机如图 5-111 所示，它由驱动机构、张紧装置、牵引链、板条、驱动装置及改向链轮、机架等部分组成。

板式输送机是利用固接在牵引链上的一系列板条在水平或倾斜方向输送物料的输送机，以单片钢板铰接成环带作为输送机的牵引和承载构件，承载面具有横向隔片置于槽箱中驱动环带借隔片将物品输送出。

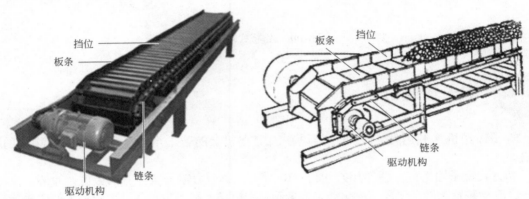

挡位　板条　挡位　板条　链条　驱动机构　链条　驱动机构

图 5-111　板式输送机

## 5.5.5　刮板输送机

用刮板链牵引，在槽内运送散料的输送机叫刮板输送机。

在当前采煤工作面内，刮板输送机不仅可以运送煤和物料，而且还是采煤机的运行轨道，因此它成为现代化采煤工艺中不可缺少的主要设备。刮板输送机能保持连续运转，生产就能正常进行。否则，整个采煤工作面就会呈现停产状态，使整个生产中断。

刮板输送机的主要结构和组成的部件基本是相同的，如图 5-112 所示，它由机头、中间部和机尾部等三个部分组成。机头部由机头架、电动机、液力耦合器、减速器及链轮等组成。中部由过渡槽、中部槽、链条和刮板等组成。机尾部是供刮板链返回的装置。

刮板输送机的工作原理是，将敞开的溜槽作为煤炭、矸石等物料的承受件，将刮板固定在链条上（组成刮板链），作为牵引构件。当机头传动部启动后，带动机头轴上的链轮旋转，使刮板链循环运行带动物料沿着溜槽移动，直至到机头部卸载。刮板链绕过链轮做无级闭合循环运行，完成物料的输送。

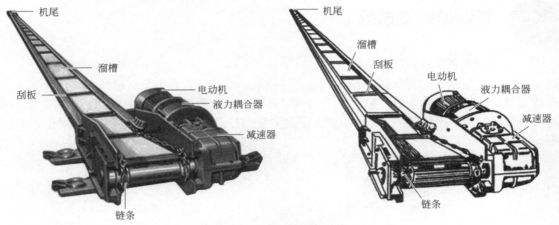

图 5-112　刮板输送机结构

### 5.5.6　螺旋输送机

什么是螺旋输送机？

螺旋输送机（见图 5-113）俗称绞龙，是矿产、饲料、粮油、建筑业中用途较广的一种输送设备，由钢材做成，用于输送温度较高的粉末或者固体颗粒等化工、建材用产品。

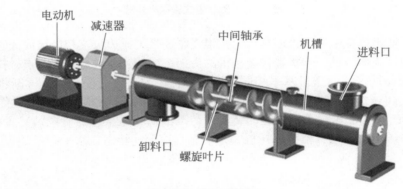

图 5-113　螺旋输送机

螺旋输送机的工作原理：当螺旋轴转动时，由于物料的重力及其与槽体壁所产生的摩擦力，使物料只能在叶片的推送下沿着输送机的槽底向前移动，其情形类似不能旋转的螺母沿着旋转的螺杆做平移运动。物料在中间轴承的运行移动，则是依靠后面前进着的物料的推力。所以，物料在输送机中的运送，完全是一种滑移运动。为了使螺旋轴处于较为有利的受拉状态，一般都将驱动装置和卸料口安放在输送机的同一端，而把进料口尽量放在另一端的尾部附近。旋转的螺旋叶片将物料推移而进行输送，使物料不与螺旋输送机叶片一起旋转的力是物料自身重量和螺旋输送机机壳对物料的摩擦阻力。叶片的面型根据输送物料的不同有实体面型、带式面型、叶片面型等。螺旋输送机的螺旋轴在物料运动方向的终端有止推轴承以随物料给螺旋的轴向反力，在机长较长时，应加中间吊挂轴承。

### 5.5.7 管状带式输送机

（1）管状带式输送机结构

管状输送带是指与管状带式输送机配套使用的、借助外力在整个运输线路或部分运输线路成圆管形状的输送带。管状输送带的芯体以高强力帆布或钢丝绳为骨架，配以高强度、耐磨优质胶料为上下覆盖层，工作时胶带由平面渐变为U形，最后卷成管状以实行封闭式输送。图5-114为管状带式输送机外形。

**图 5-114 管状带式输送机外形**

管状带式输送机是由呈六边形布置的托辊强制胶带裹成边缘互相搭接成圆管状来输送物料的一种新型带式输送机。管状带式输送机的头部、尾部、受料点、卸料点、拉紧装置等位置在结构上与普通带式输送机基本相同。输送带在尾部过渡段受料后，逐渐将其卷成圆管状进行物料密闭输送，到头部过渡段再逐渐展开直至卸料。管状带式输送机的具体结构如图5-115所示：管状带式输送机由驱动装置及传动滚筒、尾架、螺旋拉紧装置、改向滚筒、过渡机架、输送带、支柱、桁架、托棍、走道、六边形托辊组、水平翻带装置、中间机架、塔架等组成。

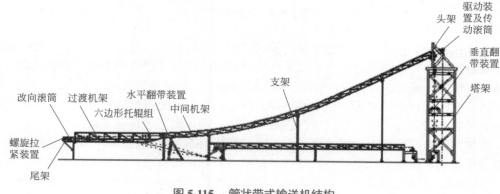

**图 5-115 管状带式输送机结构**

（2）管状式输送机的工作过程

管状带式输送机靠摩擦驱动，并利用按一定间距布置的正多边形托辊组，强制输送带卷成圆管状，其工作过程如图 5-116 所示，物料从尾部漏斗处进入加料段，输送带由平面变成U形，再经过渡段逐渐变成 O 形，将物料包裹密闭运行，输送到头部过渡段时，输送带由 U 形渐渐展成平面，将物料卸掉。

可以利用输送带的往复运行，实现双向输送物料。与一般输送机的双向输送不同，管状带式输送机可以同时进行双向输送，即输送机的往复都是承载段，没有空载段。

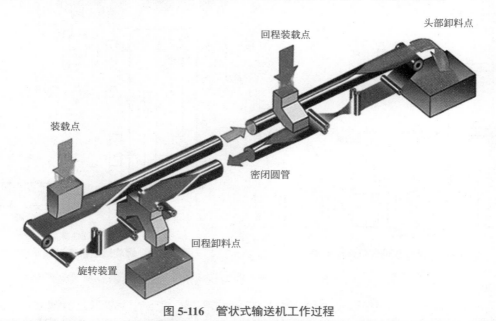

图 5-116 管状式输送机工作过程

## 输送机的传动装置

（1）带式输送机的传动装置

如图 5-117 所示为一带式输送机的传动装置，通过电动机→联轴器→齿轮传动（减速器）→平带传动，实现动力和运动的传递。

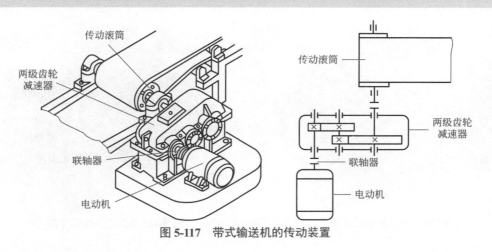

图 5-117 带式输送机的传动装置

（2）链板式输送机传动装置

如图 5-118 所示为链板式输送机传动装置，通过电动机→联轴器→减速器→开式齿轮传动→输送链的链轮，实现动力和运动传递。

（3）螺旋输送机的传动装置

如图 5-119 所示为螺旋输送机传动装置，通过电动机→联轴器→减速器→开式齿轮传动→联轴器→螺旋输送机，实现动力和运动传递。

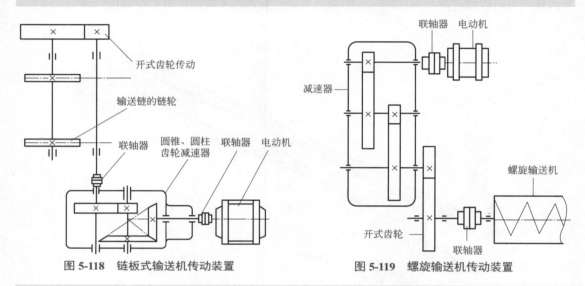

图 5-118　链板式输送机传动装置　　　图 5-119　螺旋输送机传动装置

（4）减速器

减速器是一种动力传递机构，是利用齿轮的速度转换器，将电动机的回转数减速到所要的回转数，并得到较大转矩的机构。目前，在用于传递动力与运动的机构中，减速器的应用范围相当广泛。几乎在各种机械的传动系统中都可以见到它的踪迹，从交通工具的船舶、汽车、机车，建筑用的重型机具，机械工业所用的加工机具及自动化生产设备，到日常生活中常见的家电，等等。从大动力的传输工作，到小负荷、精确的角度传输都可以见到减速器的应用，且在工业应用上，减速器具有减速及增加转矩功能，因此广泛应用在速度与转矩的转换设备。减速器的种类很多，根据用途来选择不同种类的减速器。如图 5-120 所示为一级齿轮减速器，如图 5-121 所示为二级齿轮减速器。

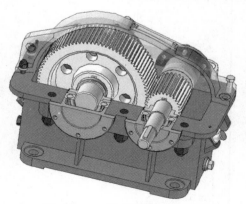

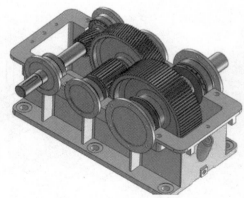

图 5-120　一级齿轮减速器　　　　　图 5-121　二级齿轮减速器

# 5.6 电梯

什么是电梯？

电梯是一种以电动机为动力的升降机，装有箱状吊舱，用于多层建筑乘人或载运货物。也有台阶式，踏步板装在履带上连续运行，俗称自动扶梯或自动人行道，是服务于规定楼层的固定式升降设备。电梯是垂直运行的升降电梯，倾斜方向运行的自动扶梯，倾斜或水平方向运行的自动人行道的总称。

你知道吗？公元前 236 年，希腊数学家阿基米德设计出一种人力驱动的卷筒式卷扬机，安装在尼罗皇帝金宫里，共有三台。这三台卷扬机被认为是现代电梯的鼻祖。19 世纪初，欧美国家开始用蒸汽机作为升降工具的动力。

1854 年，在纽约水晶宫举行的世界博览会上，美国人伊莱沙·格雷夫斯·奥的斯第一次向世人展示了他的发明。他站在装满货物的升降梯平台上，命令助手将平台拉升到观众都能看得到的高度，然后发出信号，令助手用利斧砍断了升降梯的提拉缆绳。令人惊讶的是，升降梯并没有坠毁，而是牢牢地固定在半空中——奥的斯发明的升降梯安全装置发挥了作用。

奥的斯先生的发明彻底改写了人类使用升降工具的历史。从那以后，搭乘升降梯不再是"勇敢者的游戏"了，升降梯在世界范围内得到广泛应用。1889 年 12 月，美国奥的斯电梯公司制造出了真正的电梯，它采用直流电动机为动力，通过蜗杆减速器带动卷筒上缠绕的绳索，悬挂并升降轿厢。1892 年，美国奥的斯公司开始采用按钮操纵装置，取代传统的轿厢内拉动绳索的操纵方式，为操纵方式现代化开了先河。

## 5.6.1 垂直升降电梯

垂直升降电梯具有一个轿厢，运行在至少两列垂直于水平面或与铅垂线倾斜角小于 15°的刚性导轨之间。轿厢尺寸与结构形式便于乘客出入或装卸货物。习惯上不论其驱动方式如何，将电梯作为建筑物内垂直交通运输工具的总称。

电梯的基本结构是：一条垂直于水平面的电梯井内，放置一个上下移动的轿厢，电梯井壁装有导轨，与轿厢上的导靴限制轿厢的移动。具体结构见图 5-122。

电梯驱动方式有曳引驱动，强制（卷筒）液压驱动等，其中曳引驱动方式具有安全可靠、提升高度基本不受限制、电梯速度容易控制等优点，其已成为电梯产品驱动方式的主流。在曳引式提升机构中，钢丝绳悬挂在曳引轮绳槽中，一端与轿厢连接，另一端与多种连接，曳引轮利用其与钢丝绳之间的摩擦力，带动电梯钢丝绳继而驱动轿厢升降。

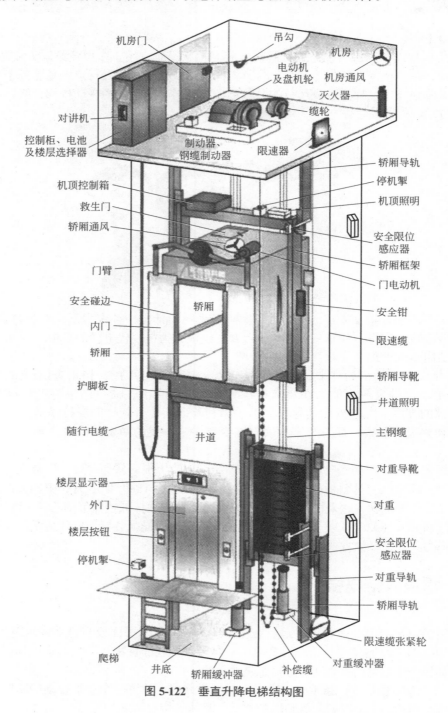

机房门　吊勾　机房　电动机及盘机轮　机房通风　灭火器　缆轮　对讲机　控制柜、电池及楼层选择器　制动器、钢缆制动器　限速器

轿厢导轨　停机掣　机顶照明　安全限位感应器　轿厢框架　门电动机　安全钳　限速缆

机顶控制箱　救生门　轿厢通风　门臂　安全碰边　内门　轿厢　护脚板　随行电缆

轿厢　井道

楼层显示器　外门　楼层按钮　停机掣

轿厢导靴　井道照明　主钢缆　对重导靴　对重

安全限位感应器　对重导轨　轿厢导轨　限速缆张紧轮　对重缓冲器

爬梯　井底　轿厢缓冲器　补偿缆　对重缓冲器

**图 5-122　垂直升降电梯结构图**

（1）电梯的组成

电梯由八大系统组成，如图 5-123 所示。

① 曳引系统的主要功能是输出与传递动力，使电梯运行。曳引系统主要由曳引机、曳引钢丝绳、导向轮、反绳轮组成。

② 导向系统的主要功能是限制轿厢和对重的活动自由度，使轿厢和对重只能沿着导轨做升降运动。导向系统主要由导轨、导靴和导轨架组成。

③ 轿厢是运送乘客和货物的电梯组件，是电梯的工作部分。轿厢由轿厢架和轿厢体组成。

④ 门系统的主要功能是封住层站入口和轿厢入口。门系统由轿厢门、层门、开门机、门锁装置组成。

⑤ 重量平衡系统的主要功能是相对平衡轿厢重量，在电梯工作中能使轿厢与对重间的重量差保持在限额之内，保证电梯的曳引传动正常。重量平衡系统主要由对重和重量补偿装置组成。

⑥ 电力拖动系统的功能是提供动力，实行电梯速度控制。电力拖动系统由曳引电动机、供电系统、速度反馈装置、电动机调速装置等组成。

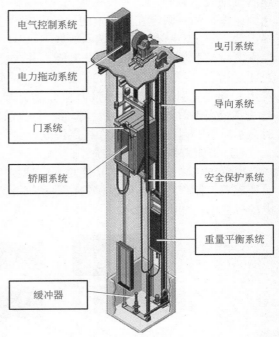

图 5-123　电梯的组成

⑦ 电气控制系统的主要功能是对电梯的运行实行操纵和控制。电气控制系统主要由操纵装置、位置显示装置、控制屏（柜）、平层装置、选层器等组成。

⑧ 安全保护系统是保证电梯安全使用，防止一切危及人身安全的事故发生的系统。其由限速器，安全钳、缓冲器、端站保护装置组成。

（2）电梯工作原理（见图 5-124）

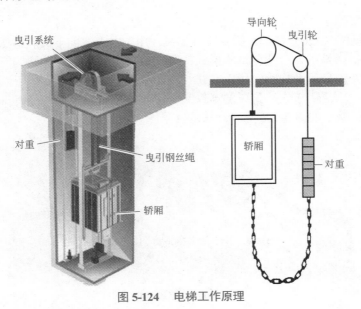

图 5-124　电梯工作原理

曳引绳两端分别连着轿厢和对重，缠绕在曳引轮和导向轮上，曳引电动机通过减速器变速后带动曳引轮转动，靠曳引绳与曳引轮摩擦产生的牵引力，实现轿厢和对重的升降运动，达到运输目的。固定在轿厢上的导靴可以沿着安装在建筑物井道墙体上的固定导轨做往复升降运动，防止轿厢在运行中偏斜或摆动。常闭块式制动器在电动机工作时松闸，使电梯运转，在失电情况下制动，使轿厢停止升降，并在指定层站上维持其静止状态，供人员和货物出入。轿厢是运载乘客或其他载荷的箱体部件。对重用来平衡轿厢载荷、减少电动机功率。补偿装置用来补偿曳引绳运动中的张力和重量变化，使曳引电动机负载稳定，轿厢得以准确停靠。电气系统实现对电梯运动的控制，同时完成选层、平层、测速、照明工作。指示呼叫系统随时显示轿厢的运动方向和所在楼层位置。安全装置保证电梯运行安全。

（3）电梯的电力拖动系统

电梯的电力拖动系统的功能是为电梯提供动力，并对电梯的启动加速、稳速运行和制动减速起着控制作用。目前电梯的拖动系统分为直流电动机拖动、交流电动机拖动和永磁同步电动机拖动，如图 5-125 所示。

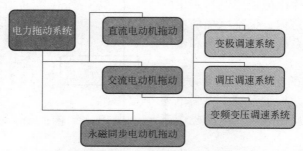

图 5-125　电梯的电力拖动系统分类

## 5.6.2　自动扶梯

什么是自动扶梯？

自动扶梯（见图 5-126）是带有循环运行梯级，用于向上或向下倾斜输送乘客的固定电力驱动设备。自动扶梯是由一台特种结构形式的链式输送机和两台特殊结构形式的胶带输送机所组合而成，带有循环运动梯路，用以在建筑物的不同层高间向上或向下倾斜输送乘客的固定电力驱动设备。广泛用于人流集中的地铁站、轻轨站、车站、机场、码头、商店及大厦等公共场所的垂直运输。如图 5-126 为自动扶梯外形图。

图 5-126　自动扶梯

（1）自动扶梯结构

如图 5-127 所示，自动扶梯由梯路（变形的板式输送机）和两旁的扶手（变形的带式输送机）组成。其主要部件有梯级、牵引链条及链轮、导轨系统、主传动系统（包括电动机、减速装置、制动器及中间传动环节等）、驱动主轴、梯路张紧装置、扶手系统、梳板、扶梯骨架和电气系统等。梯级在乘客入口处做水平运动（方便乘客登梯），以后逐渐形成阶梯；在接近出口处阶梯逐渐消失，梯级再度做水平运动。这些运动都是由梯级主轮、辅轮分别沿不同的梯级导轨行走来实现的。如图 5-128 为自动扶梯内部结构图。

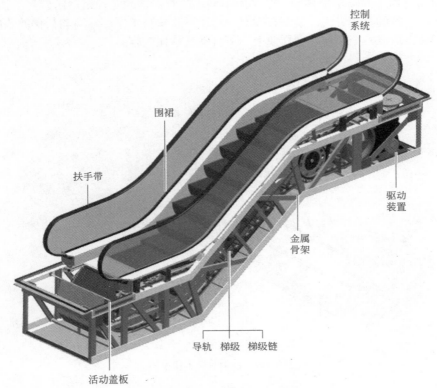

图 5-127　自动扶梯的结构图

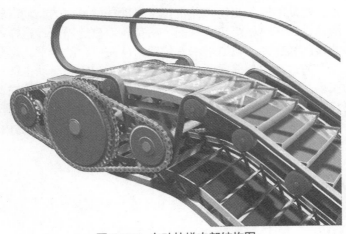

图 5-128　自动扶梯内部结构图

（2）自动扶梯工作原理

自动扶梯是人们日常生活中使用的最大、最昂贵的机器之一，但它们也是最简单的机器之一。从其最基本的功能来说，自动扶梯就是一个经过简单改装的输送带。两根转动的链圈以恒定周期拖动一组台阶，并以稳定速度承载许多人进行短距离移动。

如图 5-129 所示，自动扶梯的核心部件是两根链条，它们绕着两对齿轮进行循环转动。在扶梯顶部，有一台电动机驱动传动齿轮，以转动链圈。典型的自动扶梯使用 100 马力（约 73.5 千瓦）的发动机来驱动齿轮。发动机和链条系统都安装在构架中，构架是指在两个楼层间延伸的金属结构。与输送带移动一个平面不同，链圈移动的是一组台阶。自动扶梯最有趣的地方是这些台阶的移动方式，链条移动时，台阶一直保持水平。在自动扶梯的顶部和底部，台阶彼此折叠，形成一个平台。这样使上、下自动扶梯比较容易。

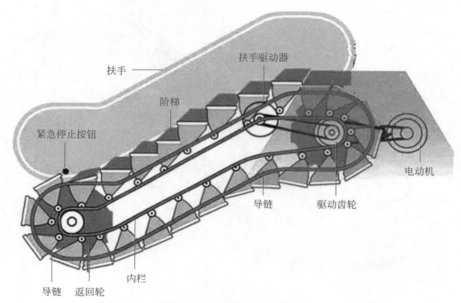

图 5-129　自动扶梯工作原理

自动扶梯上的每一个台阶都有两组轮子，它们沿着两个分离的轨道转动。上部装置（靠近台阶顶部的轮子）与转动的链条相连，并由位于自动扶梯顶部的驱动齿轮拉动。其他组的轮子只是沿着轨道滑动，跟在第一组轮子后面。两条轨道彼此隔开，这样可使每个台阶保持水平。在自动扶梯的顶部和底部，轨道呈水平位置，从而使台阶展平。每个台阶内部有一连串的凹槽，以便在展平的过程中与前后两个台阶连接在一起。除驱动主链环外，自动扶梯中的电动机还能移动扶手。扶手只是一条绕着一连串轮子进行循环的橡胶输送带，该输送带是精确配置的，以便与台阶的移动速度完全相同，让乘用者感到平稳。自动扶梯的速度范围是从 27 米 / 分至 55 米 / 分。一个移动速度为 44 米 / 分的自动扶梯在 1 小时内可承载 1 万多人，比标准电梯的承载人数多得多。

### 5.6.3　自动人行道

什么是自动人行道?

自动人行道：在水平或微倾斜方向连续运送人员的输送机。自动人行道用于车站、码头、商场、机场、展览馆和体育馆等人流集中的地方。通常，其活动路面在倾斜情况下也不形成阶梯状，其结构与自动扶梯相似，主要由活动路面和扶手两部分组成。按结构形式可分为踏步式自动人行道（类似板式输送机）、带式自动人行道（类似带式输送机）和双线式自动人行道。如图5-130、图5-131所示为自动人行道。

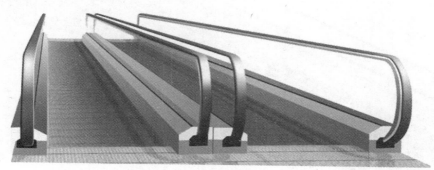

图5-130 自动人行道（一）

图5-131 自动人行道（二）

（1）自动人行道结构

自动人行道基本结构主要由金属骨架、驱动装置、传动系统、踏板、导轨系统、扶手装置、盖板、安全装置和电气系统等多个部件组成，如图5-132所示。

（2）自动人行道传动原理

如图5-133所示，踏板和扶手带由传动装置驱动。驱动装置通过双排驱动链带动主轴，从而带动踏板链轮使踏板运转；带动主轴上的小链轮，通过扶手驱动链传到扶手轴链轮，使扶手轴及摩擦轮运动，从而带动扶手带运转。

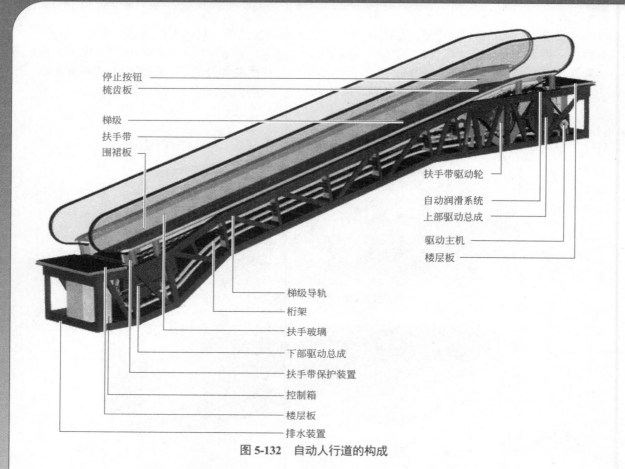

停止按钮

梳齿板

梯级

扶手带

围裙板

扶手带驱动轮

自动润滑系统

上部驱动总成

驱动主机

楼层板

梯级导轨

桁架

扶手玻璃

下部驱动总成

扶手带保护装置

控制箱

楼层板

排水装置

图 5-132　自动人行道的构成

驱动装置

驱动链

双排驱动链轮

扶手驱动链链罩

小链轮

扶手驱动链链罩

扶手轴

扶手轴链轮

摩擦轮

踏板链轮

主轴

扶手驱动链

图 5-133　自动人行道传动系统

## 奇妙的拱形电梯

如图 5-134 所示为美国圣路易斯的拱形天桥，要登上 192 米的建筑顶部，游客要么爬

1076 级台阶，要么 5 人一组乘坐卵形电梯，然后 8 个电梯间连成一体，只需要 4 分钟就可以到达顶部。

图 5-134　美国圣路易斯拱形天桥

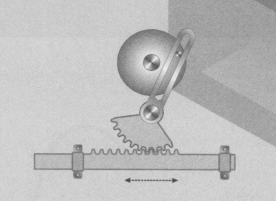

# 第6章
# 信息机器原理与构造

什么是信息机器?

信息机器是处理信息的机器。例如复印机、打印机、绘图仪等。

信息机器虽然也做机械运动，但其目的是处理信息，而不是完成有用的机械功，因为其所用的功率甚小。

## 6.1　复印机

传统的复印机属模拟方式，只能如实进行文献的复印。今后作为办公伙伴的复印机将向数字式复印机方向发展，使图像的存储、传输以及编辑排版（图像合成、信息追加或删减、局部放大或缩小、改错）等成为可能。它可以通过接口与计算机、文字处理机和其他微处理机相连，成为地区网络的重要组成部分。多功能化、彩色化、廉价和小型化、高速化仍然是重要的发展方向。图 6-1 为复印机的外观图，图 6-2 为夏普 AR-200 复印机内部结构图。

图 6-1 复印机外观

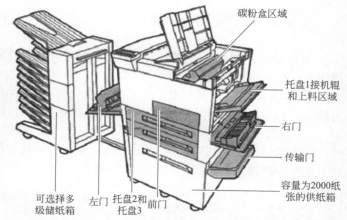

图 6-2 夏普 AR-200 复印机内部结构

（1）模拟复印技术工作原理

如图 6-3 所示，模拟复印机的工作原理也就是静电复印技术：通过曝光、扫描的方式将原稿的光学模拟图像经光学系统直接投射到已被充电的感光鼓上，产生静电潜像，再经过显影、转印、定影等步骤，完成整个复印过程。

（2）数码复印技术工作原理

如图 6-4 所示，数码复印机的工作原理是：首先通过电荷耦合器件（即 CCD）将原稿的模拟图像信号进行光电转换成为数字信号，然后将经过数字处理的图像信号输入到激光调制器，调制后的激光束对被充电的感光鼓进行扫描，在感光鼓上产生静电潜像，再经过显影、转印、定影等步骤，完成整个复印过程。数码式复印机相当于把扫描仪和激光打印机融合在一起。

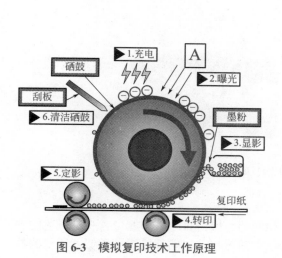

图 6-3 模拟复印技术工作原理

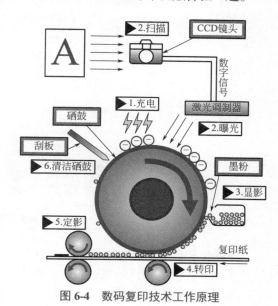

图 6-4 数码复印技术工作原理

数码复印机原理要点如下。

① 充电。在暗态，光导体表面呈绝缘状态，电晕器施加直流高压，使周围空气电晕放电（充电辊直接贴在感光鼓表面），在感光鼓恒速运行时，其表面被均匀的充上电荷的过程叫做充电。

② 曝光。将原稿图文成像在已充电的感光鼓上，并在感光鼓上形成静电潜像的过程称为曝光。

③ 显影。显影就是带静电的色粉，在感光鼓的静电潜像静电场力的作用下，吸附在静电潜像上，形成可见的色粉图像的过程。

④ 转印。转印就是利用复印纸贴紧感光鼓，在复印纸的背面施加与色粉相异性的电荷，将感光鼓已显影的色粉图像转移到复印纸上的过程。

⑤ 分离。将转印有色粉的复印纸从感光鼓表面剥离的过程称为分离。

⑥ 定影。通过加热加压的方式把复印纸上的不稳定的色粉图像熔化，并渗入到纸张的纤维，使色粉图像永久固定在纸上的过程称为定影。

# 6.2 打印机

##  激光打印机

激光打印机脱胎于 20 世纪 80 年代末的激光照排技术，流行于 20 世纪 90 年代中期。它是将激光扫描技术和电子照相技术相结合的打印输出设备。其基本工作原理是将计算机传来的二进制数据信息，通过视频控制器转换成视频信号，再由视频接口 / 控制系统把视频信号转换为激光驱动信号，然后由激光扫描系统产生载有字符信息的激光束，最后由电子照相系统使激光束成像并转印到纸上。

（1）黑白激光打印机

如图 6-5 所示为黑白激光打印机外观模型。如图 6-6 所示为黑白激光打印机的内部基本构造。

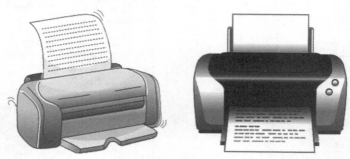

**图 6-5　黑白激光打印机**

激光打印机是怎么工作的?

黑白、彩色激光打印机两者工作原理基本是相同的，黑白打印机只能包含一种颜色的图片，通常是黑色，彩色打印机可以打印包含各种色彩的图片。它们都采用了类似复印机的静电照相技术，将打印内容转变为感光鼓上的以像素点为单位的点阵位图图像，再转印到打印纸上形成打印内容。与复印机唯一不同的是光源，复印机采用的是普通白色光源，而激光打印机采用的是激光束。

黑白激光打印机的工作原理及工作过程如下所述。

如图6-7所示为黑白激光打印机的结构及工作原理，它由激光扫描器、发射棱镜、感光鼓、墨粉盒、热转印单元和送纸机构等几大部分组成。

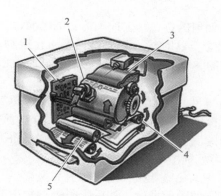

图6-6 黑白激光打印机内部基本构造

1—控制电路；2—发光二极管照射头；3—墨粉夹；
4—进纸卷轴；5—出纸卷轴

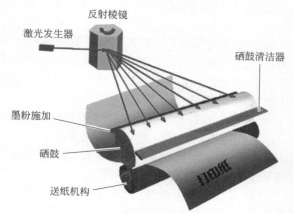

图6-7 黑白激光打印机的结构及工作原理

激光打印机要想打印出图案，需要经历转换—充电—曝光—显影—转印—定影—清洁等过程，下面就先介绍转换这一过程的原理，电脑里面存放的页面、文档等素材，显然是不能被打印机直接拿来用的，需要转化成打印机能用的数据，这个过程需要"翻译"，也就是打印语言。激光打印机领域最著名的打印语言，就是惠普的PCL（PDL）打印语言。

激光打印机成像系统是其最重要的工作系统，工作流程如图6-8所示，一般由充电、曝光、显影、转印、定影、清洁等部分组成。走纸过程见图6-9。

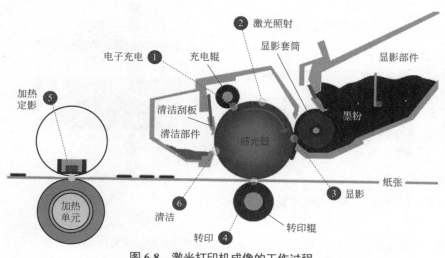

图6-8 激光打印机成像的工作过程

① 充电 充电过程是指完成对硒鼓（感光鼓）的充电工作，以使硒鼓能按图文信息吸附上墨粉。充电系统主要由充电电极组成。充电电极是一根与硒鼓轴平行的乌丝，它带有 5～7kV 的电压。通过充电，感光鼓表面就形成了以正电荷表示的与打印图像完全相同的图像信息。

② 曝光 曝光是激光光束照射到硒鼓表面光电导材料的过程。当用带有打印数据信息的激光束扫描硒鼓表面时，被照射的部分与硒鼓导电层直接导通，电荷迅速消失，而未被光照射的部分则仍然保持绝缘状态，在曝光结束的瞬间，产生不可见的文字或图像的静电潜像。

在充满了电荷的硒鼓表面，通过激光照射或是 LED 照射的方式，去掉不需要的电荷，只保留需要的电荷，这就在硒鼓表面形成了一个带电的潜影。这时候，硒鼓再与墨粉仓接触，有静电的部分就会吸附上墨粉，被放电的部分则是空白的，不会吸附墨粉，在硒鼓表面就形成了要打印的图像。

③ 显影 显影又叫显像，其作用是将静电潜像变成可见的图像。显影器中装有铁粉和墨粉，通过搅拌器的作用，使铁粉与墨粉摩擦带电。经摩擦后的铁粉带正电，墨粉带负电，吸附了墨粉的铁粉被永久磁铁吸附，形成一层铁粉与墨粉的混合物，形如磁刷。当硒鼓表面从磁刷下经过时，墨粉被吸附到硒鼓表面上，在鼓上形成可见的墨粉图像。

④ 转印 打印机纸盒的胶轮滚粘上来一张纸，这张纸与硒鼓相接，通过曝光和显影步骤感光鼓表面就形成了以正电荷表示的与打印图像完全相同的图像信息，然后吸附墨粉盒中的墨粉颗粒，感光鼓接触前被充电单元充满负电荷，当打印纸走过感光鼓时，由于正负电荷相互吸引，感光鼓的墨粉图像就转印到打印纸上。此过程即为转印。

⑤ 定影 如图 6-10 所示，定影是将吸附在纸上的墨粉永久地留在打印纸的过程，由定影热辊、定影辊驱动机构组成。当墨粉吸附到纸张上之后，剩下的事情就简单了很多，一方面会给硒鼓消电，清洁硒鼓表面，另一方面，带着墨粉的纸张，会被打印机传动机构输送到纸张出口附近的定影单元，定影单元的作用就是把纸张加热到一定的温度，这时候墨粉成分当中的蜡（或是无色塑料）就会升华，带着颜料一起沁入纸张纤维，形成牢固的图案。所以激光打印机打印出来的文档，刚打印好就拿起来，会发现纸张是热的。

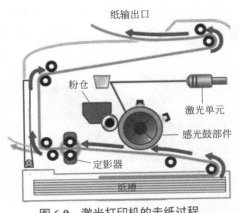

图 6-9 激光打印机的走纸过程

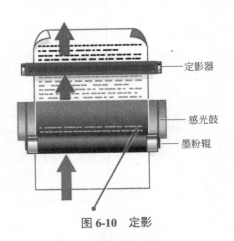

图 6-10 定影

⑥ 清洁 光电导体表面在转印后仍滞留着残余墨粉和残余电荷，可能会产生重叠影像或原稿内容脏乱的现象，清洁方法主要有三种，即放电曝光清洁、刮板清洁和毛刷清洁。

（2）彩色激光打印机

彩色激光打印机如图 6-11 所示，彩色激光打印机成像原理和黑白激光打印机是一样的，都是利用激光扫描，在硒鼓上形成电荷潜影，然后吸附墨粉，再将墨粉转印到打印纸上，只不过黑白激光打印机只是一种黑墨粉，而彩色激光打印机要使用黄、品红、青、黑四种颜色的墨粉。

彩色激光打印机同黑白激光打印机一样都基于上述的电子成像原理。所不同的是，黑白激光打印机只需要打印黑色，而彩色激光打印机需要将青、品红、黑和黄四色打印在纸上形成各种不同的颜色。

如图 6-12 所示，因为有四种颜色，所以彩色打印要进行四个打印循环，基于 CMYK 色系，每次处理一种颜色。这四个打印循环有两种处理方法：一种是利用转印胶带，每处理一种颜色，将墨粉从硒鼓转到转印带上，然后清洁硒鼓再处理下一种颜色，最后在转印带上形成彩色图像，再一次性地转印到纸张上，经加热固着；还有一种方法就是某些彩色激光打印机所使用的方法，处理完一种色彩，墨粉就吸附在硒鼓上，接着处理下一种色彩，最后一次性地转印到打印纸上。

图 6-11　彩色激光打印机

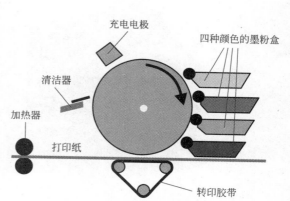

图 6-12　彩色激光打印机的工作原理

彩色激光打印机成像技术的演变过程如图 6-13 所示。

四次成像技术：如图 6-14 所示，彩色激光打印机采用单束激光，由于只有一束激光，并且显影鼓本身不能区分颜色，所以每次只能为一种颜色曝光。为了打印一幅彩色图片，彩色激光打印机就必须将上述的 7 个步骤重复四次，每重复一次，完成一种颜色的打印。如果只是打印黑白文件，显影鼓只需要吸附黑色的墨粉，那么一次就足够了。这就是为什么彩色激光打印机所宣称的彩色打印速度一般只有黑白激光打印速度的四分之一了。

一次成像技术：彩色激光打印机采用一次成像技术，四个墨粉盒不再共用一束激光和一个显影鼓，四束激光（或者是 LED）和四个显影鼓分别对应四个墨粉盒，墨粉盒的排列形状也从以往的圆周形改为直线形。四束激光，或 LED，可以对四个显影鼓同时进行曝光，显影鼓也可以同时从墨粉盒中吸附墨粉，纸张会一次性经过 C、M、Y、K 四色墨粉盒完成彩色打印。这种改进不仅极大地提高了打印速度，而且由于纸张是水平经过的，不再需要弯曲，因此这种一次成像的机器也可以打印厚度和硬度更大一些的介质。

第一代:四次成像

墨粉经过4次转印,
以形成彩色图像。

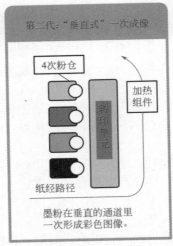

第二代:"垂直式"一次成像

4次粉仓

加热组件

转印单元

纸经路径

墨粉在垂直的通道里
一次形成彩色图像。

第三代:"水平式"一次成像

加热组件　4次粉仓

Y M C K

转印单元

墨粉在水平的通道里
一次形成彩色图像。

图 6-13　彩色激光打印机成像技术的演变过程

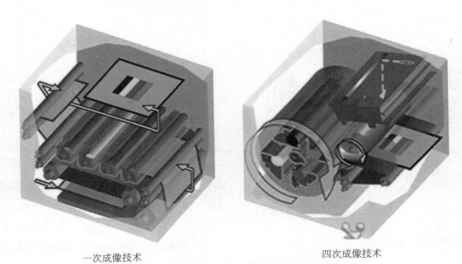

一次成像技术　　　　　　　　四次成像技术

图 6-14　彩色打印机的成像技术

## 6.2.2　喷墨打印机

（1）喷墨打印机的基本构造

喷墨打印机可以把数量众多的微小墨滴精确地喷射在要打印的介质上,对于彩色打印机包括照片打印机来说,喷墨方式是绝对主流。由于喷墨打印机可以不局限于三种颜色的墨水,现在已有六色甚至七色墨盒的喷墨打印机,其颜色范围早已超出了传统 CMYK 的局限,也超过了四色印刷的效果,印出来的照片已经可以媲美传统冲洗的相片,甚至有防水特性的墨水上市。如图 6-15 所示为喷墨打印机。

如图 6-16 所示为喷墨打印机的基本构造。

图 6-15 喷墨打印机

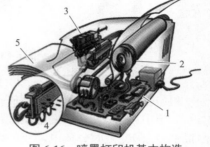

图 6-16 喷墨打印机基本构造

1—控制电路；2—纸轴；3—墨水组；4—喷嘴；5—纸架

（2）喷墨打印机的工作原理

喷墨打印机的工作原理是将墨水直接喷射到打印介质上，形成图形或文字。润滑精细的墨滴在经喷头高温加热后，可以很好地附着在打印介质表面。从理论上来说，墨滴越小，打印出来的图像效果越好，目前最精细的墨滴已经达到 $1 \times 10^{-12}$ 升，超出了人眼的分辨程度。而激光打印机的工作原理是通过对墨粉进行充电、曝光、显像、转印、定影等一系列操作后，最终形成图像。可以说，两者在原理上完全不同。

喷墨技术是一种新的无接触、无压力、无印版的打印技术，将电子计算机中存储的信息输入喷墨打印机即可实现打印。

① 热发泡喷墨技术。热发泡技术喷墨打印机的工作原理如图 6-17 所示，热发泡打印原理其实并不复杂：墨盒的墨水在安装好之后，会自然地流动到打印头当中，但是打印头的喷嘴很小，热发泡技术的喷嘴可以做到微米级，由于液体的表面张力，所以不会像自来水一样流淌出来，这就需要外界施加能量才行。在打印头喷嘴附近，会有一个加热器，像在烧开水的时候会发现水底有气泡，打印机的墨水也是一样，加热之后就会产生气泡，气泡会带着墨水一起飞溅出去，溅落在纸张表面，当这些很小的墨点足够多的时候，就会形成图像。

由加热装置产生热量让墨水沸腾产生气泡的力量吐出墨水

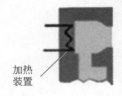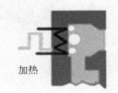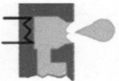

加热装置　　加热　　加热　　气泡

图 6-17 热发泡技术喷墨打印机工作原理

② 微压电喷墨技术。其基本原理是通过晶体的形变将墨滴压出喷头，如图 6-18 所示。

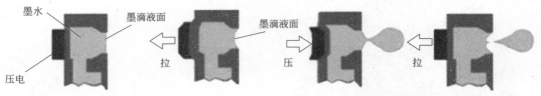

依靠机械的压力吐出墨滴，可控制喷嘴内的墨滴的形成(墨滴液面控制)

墨水
墨滴液面
墨滴液面
压电
拉
压
拉

墨滴液面：喷嘴内的墨水面

图 6-18　微压电喷墨打印技术工作原理

微压电喷墨技术属于常温常压打印技术，它是将许多微小的压电陶瓷放置到打印头喷嘴附近，利用压电陶瓷在两端电压变化作用下具有弯曲形变的特性的一种技术。当图像信息电压加到压电陶瓷上时，压电陶瓷的伸缩振动变形将随着图像信息电压的变化而变化，并使墨头在常温常压的稳定状态下，均匀准确地喷出墨水。

## 6.2.3　3D 打印机

什么是 3D 打印机？

3D 打印机，即应用快速成形技术的一种机器，它是一种以数字模型文件为基础，运用粉末状金属或塑料等可黏合材料，通过逐层打印的方式来构造物体的技术。过去其常在模具制造、工业设计等领域被用于制造模型，现正逐渐用于一些产品的直接制造，这意味着该项技术正在普及。

（1）3D 打印机外观及结构

如图 6-19 所示为 3D 打印机外观图，如图 6-20 所示为 3D 打印机结构示意图。

图 6-19　3D 打印机外观

（2）3D 打印机的工作原理

3D 打印看似复杂，其实很简单，看了很多 3D 打印的模型（如图 6-21 所示），你会被它神奇的"克隆"能力惊呆了，这太神奇了，完全是神奇的"克隆"机器嘛。这样的高科技到底是怎么工作的呢？

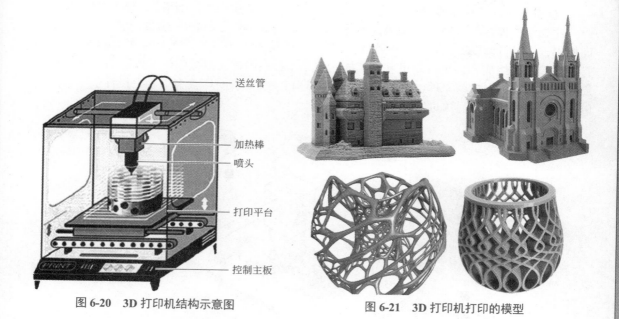

图 6-20 3D 打印机结构示意图

图 6-21 3D 打印机打印的模型

　　说起 3D 打印机的原理，如图 6-22 所示。它一点都不复杂，其运作原理和传统打印机工作原理基本相同，也是用喷头一点点"磨"出来的。只不过 3D 打印机喷的不是墨水，而是液体或粉末等"打印材料"。3D 打印机是利用光固化和纸层叠等技术的快速成型装置，通过电脑控制把"打印材料"一层层叠加起来，最终把计算机上的虚拟图变成实物。

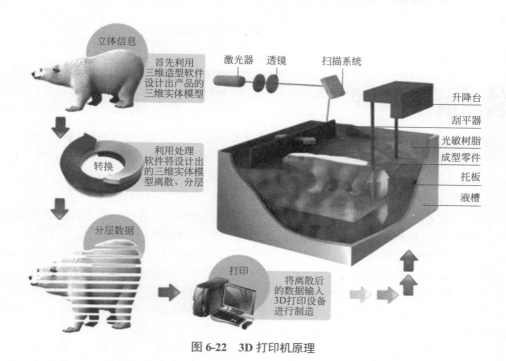

图 6-22 3D 打印机原理

3D 打印机的工作步骤是这样的：使用 CAD 软件来创建物品，如果你有现成的模型也可以，比如动物模型、人物或者微缩建筑等。然后通过 SD 卡或者 USB 优盘把它拷贝到 3D 打印机中，进行打印设置后，打印机就可以把它们打印出来，其工作分解图如图 6-23 所示。3D 打印机的结构组成和传统打印机基本一样，都是由控制组件、机械组件、打印头、耗材和介质等架构组成的，打印原理也是一样的。3D 打印机主要是在打印前在电脑上设计了一个完整的三维立体模型，然后再进行打印输出。

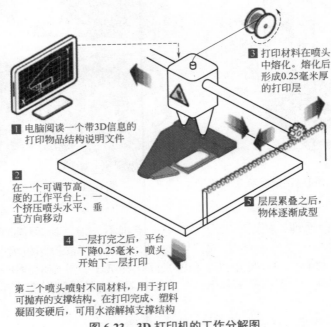

① 电脑阅读一个带3D信息的打印物品结构说明文件

② 在一个可调节高度的工作平台上，一个挤压喷头水平、垂直方向移动

③ 打印材料在喷头中熔化。熔化后形成0.25毫米厚的打印层

④ 一层打完之后，平台下降0.25毫米，喷头开始下一层打印

⑤ 层层累叠之后，物体逐渐成型

第二个喷头喷射不同材料，用于打印可抛弃的支撑结构。在打印完成、塑料凝固变硬后，可用水溶解掉支撑结构

图 6-23  3D 打印机的工作分解图

## 6.3  计算机控制的绘图仪

计算机控制的绘图仪是能按照人们要求自动绘制图形的设备，它可将计算机的输出信息以图形的形式输出。主要可绘制各种管理图表和统计图、大地测量图、建筑设计图、电路布线图、各种机械图与计算机辅助设计图等。如图 6-24 所示为绘图仪外观图。

（1）绘图仪的组成

绘图仪一般是由驱动电机、插补器、控制电路、绘图台、笔架、机械传动等部分组成。如图 6-25 所示为绘图仪的机械结构图。绘图仪除了必要的硬件设备之外，还必须配备丰富的绘图软件。只有软件与硬件结合，才能实现自动绘图。软件包括基本软件和应用软件两种。绘图仪的种类很多，按结构和工作原理可以分为滚筒式和平台式两大类。

① 滚筒式绘图仪。当 $X$ 向步进电机通过传动机构驱动滚筒转动时，链轮就带动图纸移动，从而实现 $X$ 方向运动；$Y$ 方向的运动，是由 $Y$ 向步进电机驱动笔架来实现的。这种绘图仪结构紧凑，绘图幅面大。但它需要使用两侧有链孔的专用绘图纸。

② 平台式绘图仪。绘图平台上装有横梁，笔架装在横梁上，绘图纸固定在平台上。$X$ 向步进电机驱动横梁连同笔架，做 $X$ 方向运动；$Y$ 向步进电机驱动笔架沿着横梁导轨，做 $Y$ 方

向运动。图纸在平台上的固定方法有 3 种，即真空吸附、静电吸附和磁条压紧。平台式绘图仪绘图精度高，对绘图纸无特殊要求，应用比较广泛。

图 6-24 绘图仪外观

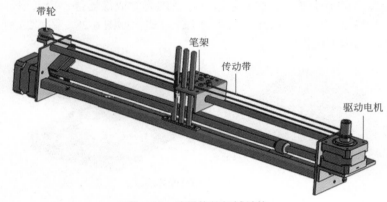

图 6-25 绘图仪的机械结构

（2）喷墨绘图仪

喷墨绘图仪原理与普通喷墨打印机是一样的。只是幅面大一些。再大的就是工业领域应用的了，多是做广告喷绘的。

绘图仪主要应用于需要大幅面出图的行业，比如机械制造，设计图需要打印到图纸上审核、修改、备案、施工等，规划局、设计院需要输出大幅面的设计规划图纸，气象领域需要打印遥感图像，还有影像行业需要打印 60 寸（长约 152.4 厘米，宽约 114.3 厘米）以上的照片，色彩还原很好。如图 6-26 所示为喷墨绘图仪。

图 6-26 喷墨绘图仪

# 6.4 扫描仪

什么是扫描仪?

扫描仪是利用光电技术和数字处理技术,以扫描方式将图形或图像信息转换为数字信号的装置。扫描仪通常被用于计算机外部仪器设备,通过捕获图像并将之转换成计算机可以显示、编辑、存储和输出的数字化输入设备。

## 6.4.1 扫描仪的结构

从外形上看(如图 6-27 所示),扫描仪的整体感觉十分简洁、紧凑,但其内部结构却相当复杂,不仅有复杂的电子线路,而且还包含精密的光学成像器件,以及设计精巧的机械传动装置。它们的巧妙结合构成了扫描仪独特的工作方式。如图 6-28、图 6-29 所示为典型的平板式扫描仪的外部与内部结构。

图 6-27　扫描仪外观

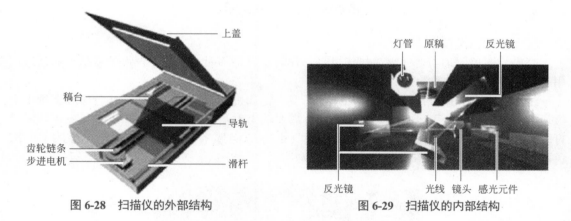

图 6-28　扫描仪的外部结构　　　图 6-29　扫描仪的内部结构

从图中可以看出,扫描仪主要由上盖、稿台、光学成像部分、光电转换部分、机械传动部分组成。

上盖:上盖主要是将要扫描的原稿压紧,以防止扫描灯光线泄漏。

稿台:稿台主要是用来放置原稿的地方,其四周设有标尺线以方便原稿放置,并能及时确定原稿扫描尺寸。中间为透明玻璃,称为稿台玻璃。在扫描时需注意确保稿台玻璃清洁,否则会直接影响扫描图像的质量。

光学成像部分:光学成像部分俗称扫描头,即图像信息读取部分,它是扫描仪的核心部件，其精度直接影响扫描图像的还原逼真程度。它包括以下主要部件：灯管、反光镜、镜头以及电荷耦合器件（CCD）。

扫描头的光源一般采用冷阴极辉光放电灯管，灯管两端没有灯丝，只有一根电极，具有发光均匀稳定、结构强度高、使用寿命长、耗电量小、体积小等优点。

扫描头还包括几个反光镜，其作用是将原稿的信息反射到镜头上，由镜头将扫描信息传送到 CCD 感光器件，最后由 CCD 将照射到的光信号转换为电信号。

镜头是把扫描信息传送到 CCD 处理的最后一关，它的好坏决定着扫描仪的精度。

光学部分是扫描仪的"眼睛"，用来获取原稿反射的光信息。为保证图像反射的光线足够强，由一根冷阴极灯管提供所需的光源。

光电转换部分是指扫描仪内部的主板，别看扫描仪的光电转换部分主板就一小块，但它却是扫描仪的心脏。它是一块安置有各种电子元件的印刷电路板。它是扫描仪的控制系统，在扫描仪扫描过程中，主要完成 CCD 信号的输入处理，以及对步进电机的控制，将读取的图像以任意的解析度进行处理或变换所需的解析度。

机械传动装置：机械传动部分主要包括步进电机、驱动带、滑动导轨和齿轮组。

步进电机：是机械传动部分的核心，是驱动扫描装置的动力源。

在扫描仪扫描图像的过程中，扫描头要依靠步进电机来拖动。传统的步进电机是依靠齿轮传动来实现运动的，当齿轮传动时，即使是两个紧密啮合的齿轮，在它们的各齿之间都会留有一些空隙，这是不可避免的，在往复运动的时候，就会给精度带来影响，轻则会使扫描的精度下降，严重时会使图像出现一些条纹。所以，微步进电机技术就在这种情况下应运而生。它采用缩小电机拖动的运动步幅，可以达到传统步进电机步幅的三分之一或者四分之一，甚至更低，能精确控制扫描头的平稳运动，避免了往复运动中齿轮间的空隙所带来的缺陷，减少了不稳定移动所带来的锯齿波纹和色彩失真，使扫描速度加快，噪声减小，图像质量明显提高。

驱动带：在扫描过程中，步进电机通过直接驱动带实现驱动扫描头，对图像进行扫描。

滑动导轨：扫描装置经驱动带的驱动，通过在滑动导轨上的滑动实现线性扫描的过程。

齿轮组：是保证机械设备正常工作的中间衔接设备。

## 6.4.2　扫描仪的工作过程

如图 6-30 所示为扫描仪的工作过程。

① 开始扫描时，机内光源发出均匀光线照亮玻璃面板上的原稿，产生表示图像特征的反射光（反射稿或透射光透射稿）。反射光经过玻璃板和一组镜头，分成红绿蓝 3 种颜色汇聚在 CCD 感光元件上，被 CCD 接受。其中空白的地方比有色彩的地方能反射更多的光。

② 步进电机驱动扫描头在原稿下面移动，读取原稿信息。扫描仪的光源为长条形，照射到原稿上的光线经反射后穿过一个很窄的缝隙，形成沿 $x$ 方向的光带，经过一组反光镜，由光学透镜聚焦并进入分光镜。经过棱镜和红绿蓝三色滤色镜得到的 RGB 三条彩色光带分别照到各自的 CCD 上，CCD 将 RGB 光带转变为模拟电子信号，此信号又被 A/D 转换器转变为数字电子信号。

③ 反映原稿图像的光信号转变为计算机能够接收的二进制数字信号，最后通过 USB 等接口送至计算机。扫描仪每扫描一行就得到原稿 $x$ 方向一行的图像信息，随着沿 $y$ 方向的移动，直至原稿全部被扫描。经由扫描仪得到的图像数据被暂存在缓冲器中，然后按照先后顺

序把图像数据传输到计算机并存储起来。当扫描头完成对原稿的相对运动，将原稿全部扫描一遍，一幅完整的图像就输入到计算机中去了。

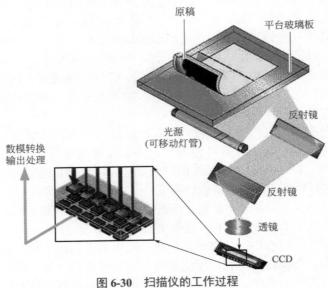

图 6-30 扫描仪的工作过程

④ 数字信息被送入计算机的相关处理程序，在此数据以图像应用程序能使用的格式存在。最后通过软件处理再现到计算机屏幕上。

所以说，扫描仪的简单工作原理就是利用光电元件将检测到的光信号转换成电信号，再将电信号通过 A/D 转换器转化为数字信号传输到计算机中。无论何种类型的扫描仪，它们的工作过程都是将光信号转变为电信号。所以，光电转换是扫描仪的核心工作原理，扫描仪的性能取决于它把任意变化的模拟电平转换成数值的能力。

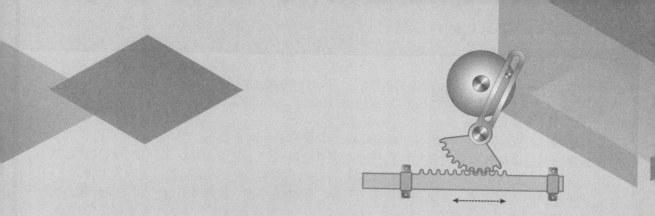

# 第7章
# 常用小机器原理与构造

机器可以完成人用双手和双目、双足、双耳直接完成和不能直接完成的工作，而且完成得更快、更好。现代机械工程创造出越来越精巧的机器，使过去的许多幻想成为现实。机械的发展对人类的生活、生产和工作起到了不可替代的作用，人类社会随着机械的发展而更加繁荣昌盛。我们的生活已经离不开机器了，本章讲述了常用的小机器是怎样工作的，从而更加了解机器，了解机械原理。

## 7.1　千斤顶

我们常常看见汽车抛锚后，人们修理汽车时的情景（如图 7-1 所示），这时需要修车者用工具将汽车抬起来，这个工具是什么呢？一辆汽车里会标配很多常用的随车工具，其中千斤顶是一项比较重要的工具，一般来说，在车辆更换轮胎、初步检查车辆底盘情况的时候会使用到它。我们常用的汽车机械千斤顶都有哪几种？它们是怎样工作的？用到哪些机械传动原理呢？

图 7-1　修车时用到的千斤顶

# 7.1.1 千斤顶的类型

　　如图 7-2 所示，千斤顶是一种起重高度小的最简单的起重设备，是用钢性顶举件作为工作装置，通过顶部托座或底部托爪在行程内顶升重物的轻小起重设备。千斤顶分机械式和液压式两种，主要用于厂矿、交通运输等领域完成辅助车辆修理及其他起重、支承等工作。

　　千斤顶的类型很多，常见的有齿条千斤顶、螺旋千斤顶、液压千斤顶。齿条千斤顶由人力通过杠杆和齿轮带动齿条顶举重物。这类千斤顶有两种类型：一种是"人字形"千斤顶，如图 7-3 所示，通过摇动摇杆，齿条收紧，将车辆举升离地；另一种是"菱形"千斤顶，如图 7-4 所示。如图 7-5、图 7-6 所示为液压千斤顶及其实际应用。

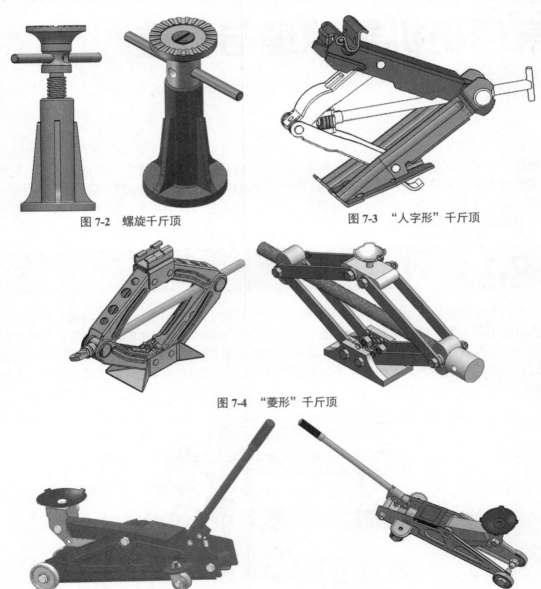

图 7-2　螺旋千斤顶　　　　　　图 7-3　"人字形"千斤顶

图 7-4　"菱形"千斤顶

图 7-5　液压千斤顶

图 7-6　使用液压千斤顶

## 7.1.2　齿条千斤顶

齿条千斤顶，也叫齿条顶升器，采用齿条作为刚性顶举件。

齿条千斤顶由齿条、齿轮、手柄等组成，在承载齿条的上方有一转动头，用来放置被举升的载荷。使用时，只要摇动手柄，齿轮便带动齿条上升或下降，从而实现重物的上升或下降。有时被举升的载荷也可以放在侧面的凸耳上，但在此情况下，由于齿条受着偏心载荷，所以其允许的举重量只能是额定举重量的一半。为了支承其所举起的载荷，防止由于自重降落，应装有安全摇柄装置。

齿条千斤顶有以下机构。

（1）齿轮齿条传动机构

齿轮齿条是能相互啮合有齿的机械零件。齿轮齿条传动是将齿轮的回转运动转变为齿条的往复直线运动，或将齿条的往复直线运动转变为齿轮的回转运动。齿轮齿条传动（图 7-7、图 7-8）机构可视为一小齿轮与一直径无穷大的齿轮传动。

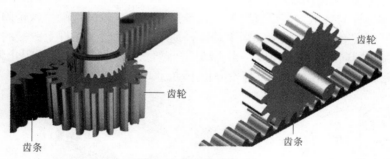

图 7-7　齿轮齿条传动

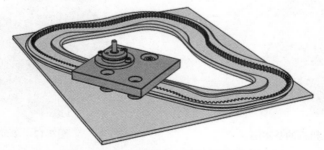

图 7-8　可拐弯的导轨（齿轮齿条传动）

如图 7-9 所示，齿轮齿条式转向机构正像其名字一样，转动转向盘时，可带动小齿轮转动，这个小齿轮与一条齿条相啮合，带动齿条做左右直线运动，并推动转向轮左右摆动，从而实现转向功能。

如图 7-10 所示为圆齿条千斤顶工作原理，当推动杆向下运动时，爪 1 推动升降杆向上运动。爪 2 在爪 1 返回时阻止杆回落。

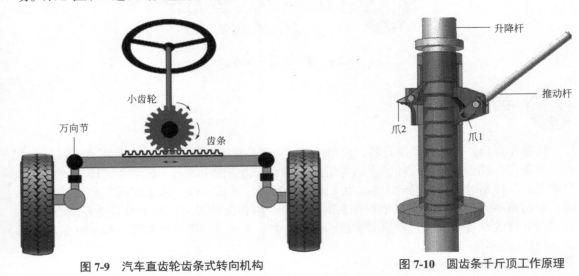

图 7-9　汽车直齿轮齿条式转向机构　　　　图 7-10　圆齿条千斤顶工作原理

（2）单动式棘轮机构

棘轮机构主要由摇杆、棘爪、棘轮、止动爪和机架组成，如图 7-11 所示。弹簧用来使止动爪和棘轮保持接触，如图 7-12 所示。

同样也可在摇杆与棘爪之间设置弹簧，以维持棘爪与棘轮的接触。棘轮固装在机构的传动轴上，而摇杆则空套在传动轴上。当主动摇杆逆时针摆动时，摇杆上铰接的棘爪插入棘轮的齿间，推动棘轮同向转动一定角度。当主动摇杆顺时针摆动时，止动爪阻止棘轮反向转动，此时棘爪在棘轮的齿背上滑回原位，棘轮静止不动。

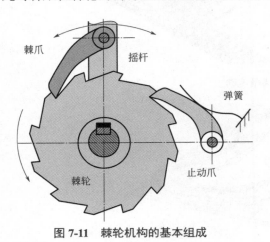

图 7-11　棘轮机构的基本组成　　　　图 7-12　单动式棘轮机构

（3）棘轮杠杆机构

齿条千斤顶由棘轮和两个棘爪加一套杠杆机构构成，其中一个棘爪是负责止动的，也就是将升上去的齿条固定住，让齿条不能往下运动，另外一个棘爪与一套杠杆机构连接，负责往上顶升齿条。其工作原理：当用手压下杠杆，杠杆前端的棘爪将顶住齿条上的一个齿往上顶升齿条，直至"止动"棘爪嵌入齿条中的下一个齿，抬起杠杆，让前端的棘爪卡于下一个齿。再次压下杠杆，再次顶起齿条。

## 7.1.3　螺旋千斤顶

螺旋千斤顶又称机械式千斤顶，是由人力通过螺旋副传动，以螺杆或螺母套筒作为顶举件的千斤顶。

螺旋千斤顶能长期支承重物，最大起重量已达 100 吨，应用较广泛。其结构紧凑，合理利用摇杆的摆动，使小齿轮转动，经一对圆锥齿轮运转，带动螺杆旋转，推动升降套筒，从而使重物上升或下降。

普通螺旋千斤顶（见图 7-13）靠螺纹自锁作用支承重物，构造简单，但传动效率低，返程慢。自降螺旋千斤顶（见图 7-14）的螺纹无自锁作用，装有制动器。放松制动器，重物即可自行快速下降，缩短返程时间，但这种千斤顶构造较复杂。

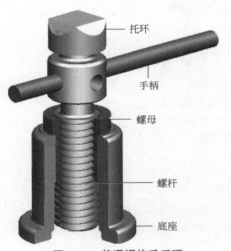

图 7-13　普通螺旋千斤顶

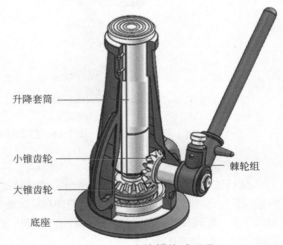

图 7-14　自降螺旋千斤顶

螺旋传动是利用螺杆和螺母组成的螺旋副来实现传动要求的，主要用于将回转运动变为直线运动，同时传递运动和动力。

螺旋传动很好理解，也很常见，例如日常拧螺杆的时候，旋转螺杆时，螺杆会在螺纹中前进或者后退，这也是一种将回转运动转化为直线运动的装置，即旋转螺杆驱动螺母做直线运动，如图 7-15 所示。前面提到的齿轮齿条传动也能够将齿轮的旋转运动转化为齿条的直线运动。相对于齿轮齿条传动，螺旋传动更加精确，即可以很精确地控制直线运动的速度和位移。螺旋传动还有自锁的性质，常见的螺旋千斤顶就是个螺旋传动的好例子，靠人的力量就可以将汽车顶起来，而人松手后重物又不会滑下来。

图 7-15　螺杆螺母

## 传力螺旋和螺旋传动

● 传力螺旋：以传递动力为主，要求以较小的转矩产生较大的轴向推力，用于克服工作阻力。如各种起重或加压装置的螺旋。这种传力螺旋主要是承受很大的轴向力，一般速度较低，大多间歇工作，通常要求自锁。如图 7-16 所示为压力螺旋和起重螺旋，用较小的驱动力矩可以产生很大的轴向载荷。

(a) 压力螺旋　　　　　　　　　　(b) 起重螺旋

图 7-16　压力螺旋和起重螺旋

● 螺母和螺杆相对运动方式。

螺母位移：如图 7-17（a）所示，螺杆转动，螺母移动，这种机构占据空间尺寸，用于长行程螺杆，结构较复杂，车床丝杠、刀架移动装置等多采用这种运动方式。如图 7-17（b）所示，螺杆不动，螺母旋转并移动，由于螺杆固定不转，因而两端支承结构简单，但精度不高，如应用于某些钻床工作台的升降。

螺杆位移：此种结构应用在台式虎钳上如图 7-18（a）所示，当转动手柄时，螺杆相对螺母做螺旋运动，产生的位移带动活动钳口一起移动。这样，活动钳口相对固定钳口之间可做合拢或张开的运动，从而可以夹紧或松开工件。如图 7-18（b）所示，螺母转动，螺杆移动。这种结构复杂，且螺杆运动时占据空间尺寸大，故很少应用。

(a) 螺母平移螺杆旋转　　　　　　　(b) 螺杆不动螺母旋转并位移

图 7-17　螺母和螺杆相对运动方式（螺母位移）

图 7-18 螺母和螺杆相对运动方式（螺杆位移）

# 7.2 自行车

自行车是我们日常生活中极其常见的一种代步交通工具。它的出现距今已有百余年的历史，是人类发明的最成功的一种人力机械之一。

## 7.2.1 最早的自行车

1790 年法国人西夫拉克制作了世界上第一部自行车，该车是木制的，结构简单，既没有驱动装置又没有转向装置，靠两脚蹬地向前滑行，改变方向只能下车搬动车。

1818 年，德国人杜莱斯制作了木轮车，在前轮上加了一个控制方向的车把子，可以改变前进的方向，但是依然要用两只脚踏着前进。

1839 年，英格兰的铁匠麦克米伦对自行车进行了改进，它在前轮的车轴上装了曲柄，再用连杆把曲柄和前面的脚蹬连接起来，并且前后轮都采用铁质。

1861 年，法国的米肖父子在前轮上安装了能转动的脚蹬板，车子的鞍座架在前轮上。

1869 年，英国的雷诺首先用辐条拉紧轮辋，用钢管制成车架，并能在轮辋上装了实心橡胶带。

1874 年英国的罗松在自行车上别出心裁地装上了链条和链轮，用后轮的转动推动车子前进。1885 年英国人把自行车改良成前后轮子一样大小，并使用链条驱动。这种车型就是现代自行车的雏形。

1886 年英国的斯塔利从机械学、运动学的角度设计了新的自行车，为自行车装上了前叉和车闸，前后轮的大小相同，以保持平衡，并用钢管制成了菱形车架，还首次使用了橡胶车轮。斯塔利所设计的自行车车型与今天自行车的样子基本一致了。

如图 7-19 所示为自行车的发展历程。

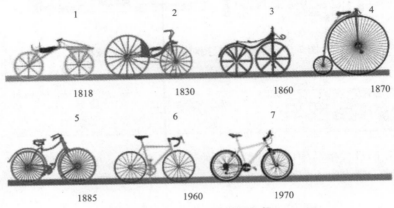

图 7-19 自行车的发展历程

<table>
<tr><td>7.2.2</td><td></td></tr>
</table>

## 7.2.2 形式各异的自行车

从 1790 年到 1886 年，自行车的发明和改进经历了近 100 年，同样发明者也经过了不懈努力。今日，自行车已成为全世界人们使用最多、最简单、最实用的交通工具。近 15 年来全球自行车制造产业向以中国为主的有工业制造优势的国家和地区转移。目前，中国已成为世界最大的自行车生产基地，整车生产厂、零配件生产厂分别达到 500 多家、700 多家，世界前五大厂商主要基地均在中国。

不仅中国的自行车行业，世界自行车行业的重心也正从传统代步型交通工具向运动型、山地型、休闲型转变，在城市休闲生活中，骑行成为许多人选择的旅游方式。下面，让我们一起了解这些自行车的特点和功能。

（1）山地自行车

如图 7-20 所示，山地车是近年来风行的车款，舒适的避振，轻松的操控，夸张的链轮尺寸比，再加上其粗犷的外形与炫酷个性的颜色，等等，使它成为我们现今很喜欢的自行车车种。

图 7-20 山地自行车

（2）折叠自行车

如图 7-21 所示为折叠自行车，只要约 10s 即可完成折叠，是所有折叠车中最简便的车型。采用了隐藏式刹车线、碟刹设计，以及带式传动，克服传统链条的缺陷，不用担心链条的污垢弄脏环境，也不需要花时间保养传动带。整车采用铝合金车架，重量仅 10kg，椅垫高度可调整适合不同身高消费者使用。车架结构设计简单利落，强化耐用。

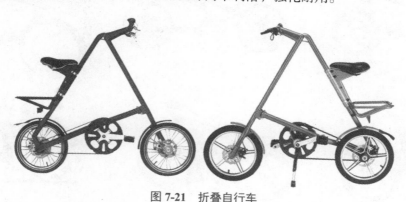

图 7-21 折叠自行车

（3）沙滩自行车

你见过这一款自行车吗？如图 7-22（a）所示，样子格外惹人注目。这种车和普通自行车没什么区别，不过车轮粗大，比普通自行车要粗上三圈。这种自行车叫沙滩自行车，它不仅可以在沙滩上骑，还可以在雪地、沙漠、山地等多种特殊路段骑行。它的功能如此强大，主要就靠它独特的车轮，直径约 26cm，宽有 6～7cm。

如图 7-22（b）所示，有人称这辆车才是真正意义上的沙滩自行车。这种自行车配有两个前轮，车架前端分出两个头管，分别连接两个前叉的前轮，宽胎设计可以提供更好的稳定性，这在沙滩路面上是很重要的因素，秒杀一切自行车款的跨障能力，绝对是在沙滩上的骑行利器。 车头部分有个巧妙的连杆设计，在转动车把时，两个轮组可以完全平行地转动。宽胎绝对不仅仅是这辆车的特点，如果想体验双前轮的独特骑行，完全可以换上两个避振前叉，外加普通山地车轮组，在山地路段是一种全新的体验。

(a) 粗车轮沙滩自行车　　　　　　(b) 双车轮沙滩自行车

图 7-22 沙滩自行车

（4）概念自行车

随着科技的发展和人们对自行车认识与需求的变化，自行车家族中出现了许多新奇的面孔。科学家、设计师以及广大自行车爱好者设计或制造了许多令人耳目一新的奇特自行车，人们称它为概念自行车。其实概念自行车非常吸引人，尤其是在环保的交通工具日益受到重视的今天，自行车更是受到更多人的关注。我们搜集了几款造型独特的概念自行车（见图 7-23），大家一起来欣赏一下吧。

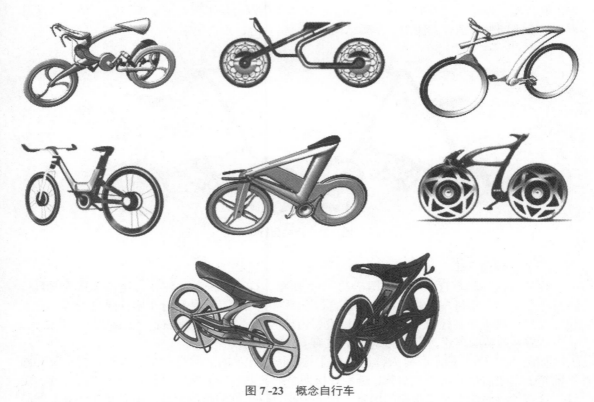

图 7-23　概念自行车

多功能环保自行车，由铝和可回收材料制造而成，比普通的自行车更加绿色环保。设计者考虑到不同人的出行需求，在自行车上设置了丰富的功能模块。可以在后轮上方放置儿童座椅，也可以放置小型储物箱，还可以为平衡性差的人设置两个后轮以增加平衡。有这么一款功能丰富并且环保的自行车，相信会吸引更多的人加入环保行列。

由于没有传统意义上的手把，所以座椅高度提升，让骑车者如同骑着电影中的光电摩托一般。车身由碳纤维打造，设计优雅、讲究，其无链条传动系统更是独树一帜。头管和座椅之间有拉索相连，能让车子在运动中免受损坏。

为了方便不同用户的需要，在自行车车座下方、后轮和踏板处都设置了警示灯，把手下方则留有照明灯，细心的设计提升了自行车的安全系数。最实用的莫过于自行车的可拆卸设置，根据不同需要，各个使用者可以调整车筐大小，选择适合自己的组合结构。

超越现代理念的自行车，车身由质量超轻的碳纤维制成。电力装置隐藏在车身内部，使用高导电性碳纤维取代电线为传导，为车灯和在每个车轮两个轮毂之间的电动机提供能量。这款车由一个顺时针转动轴提供后轮转矩驱动整车前进，替代了传统的链轮和链条装置，使它显得既简洁又时尚。

设计师从环保理念出发，设计了全部由塑料制成的自行车。该车的车体部分可以自由拆卸，当不小心撞坏了车身而其他部分还完好时，只需要拆掉坏的部分再更换新的即可。这种车特别设计了车锁与后座结合在一起，锁的方向可以随意调整。不仅如此，车锁的锁头还可以拔掉,抽出的线锁可以用来捆绑后座上的物品。此外,三维照明灯和一体的后悬挂设计也给这款车增色不少。相信在不久的将来,人们就可以骑着它穿梭于城市街道之间,享受绿色生活。

概念炫酷自行车,深受青年人的喜爱。这款自行车尚处于概念状态,但是它的神奇功能让人不禁垂涎。除了车身线条设计极具未来感之外,它还能随用户需要变形。当你要与时间赛跑的时候,它能调节成赛车样式;当你想浏览沿途风景的时候,它又能变形为旅游自行车,让你舒适地徜徉在景色之中。

## 7.2.3 自行车的结构

(1)自行车的系统结构

自行车的结构如图7-24所示,在自行车的车架、轮胎、脚踏、刹车、链条等所有部件中,其基本部件缺一不可,按照各部件的工作特点,大致可将其分为导向系统、驱动系统、制动系统。

图 7-24  自行车的结构

① 导向系统:由车把、前叉、前轴、前轮等部件组成。乘骑者可以通过操纵车把来改变行驶方向并保持车身平衡。

② 驱动系统(传动或行走系统):由脚蹬、中轴、链轮、曲柄、链条、飞轮(后方的链轮)、后轴、后轮等部件组成。人脚的蹬力是靠脚蹬通过曲柄、链轮、链条、飞轮、后轴等部件传动的,从而使自行车不断前进。

③ 制动系统:它由刹车部件组成,乘骑者可以随时操纵刹把,使行驶的自行车减速、停止,确保行车安全。

此外,为了安全和美观,以及从实用出发,还装配了车灯、支架、车铃等部件。

(2)自行车中的零部件

① 车架部件:是构成自行车的基本结构体,也是自行车的骨架和主体。其他部件也都是

直接或间接安装在车架上的。车架部件的结构形式有很多，但总体可以分为两大类，即男式车架和女式车架。

② 外胎：分软边胎和硬边胎两种。软边胎断面较宽，能全部裹住内胎，着地面积比较大，能适宜多种道路行驶；硬边胎自重轻，着地面积小，适宜在平坦的道路上行驶，具有阻力小、行驶轻快等优点。

③ 脚蹬部件：脚蹬部件装配在中轴部件的左右曲柄上，是一个将平动力转化为转动力的装置。自行车骑行时，脚踏力首先传递给脚蹬部件，然后由脚蹬轴转动曲柄、中轴、链条链轮，使后轮转动，从而使自行车前进。

④ 前叉部件：前叉部件在自行车结构中处于前方部位，它的上端与车把部件相连，车架部件与前管配合，下端与前轴部件配合，组成自行车的导向系统。转动车把和前叉，可以使前轮改变方向，起到了自行车的导向作用。此外，还可以起到控制自行车行驶的作用。前叉部件的受力情况属悬臂梁性质，故前叉部件必须具有足够的强度等。

⑤ 链条（如图 7-25 所示）：链条又称车链、滚子链，安装在链轮和飞轮上。其作用是将脚踏力由曲柄、链轮传递到飞轮和后轮上，带动自行车前进。如图 7-26 所示为链轮与曲柄。

⑥ 飞轮：飞轮以内螺纹旋拧固定在后轴的右端，与链轮保持同一平面，并通过链条与链轮相连接，构成自行车的驱动系统。从结构上可分为单级飞轮（如图 7-27 所示）和多级飞轮（如图 7-28 所示）两大类。多级飞轮是在单级飞轮的基础上，增加几片飞轮片，与中轴上的链轮结合，组成各种不同的传动比，从而改变了自行车的速度。

图 7-25　链条

图 7-26　链轮与曲柄

图 7-27　单级飞轮

图 7-28　多级飞轮

# 链传动

**传递运动和动力的——链传动**

链传动是应用较广泛的一种机械传动。自行车是链传动式机械。

（1）自行车的链传动

自行车是利用链传动来传递运动和动力的，它的传动装置（如图7-29所示）包括：主动链轮（通称轮盘，安装在脚踏板的中轴上）、从动链轮（安装在自行车的后轴上的飞轮）和中间的挠性件链条及变速器等。

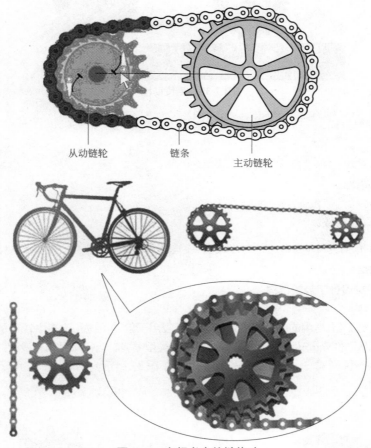

从动链轮　　　　链条　　　　主动链轮

图 7-29　自行车中的链传动

（2）平均传动比的计算

主动链轮对从动轮的齿数之比称为平均传动比。如果两个链轮的齿数相同，如图7-30上图，那么踏蹬一周两个链轮就各旋转一周。假如主动链轮的齿数大于从动链轮的齿数（图7-30下图），那么每踏蹬一周，从动链轮转的圈数就大一周多，速度就加大。因此，平均传动比与主动链轮的齿数成正比，与从动链轮的齿数成反比。

图 7-30 链传动比

齐轮比的计算公式:

$$g=\frac{c}{f}$$

式中　$g$——齿轮比;

　　　$c$——主动轮齿数;

　　　$f$——从动轮齿数。

例如:赛车轮盘为 49 齿,飞轮为 14 齿,平均传动比为 $g=\dfrac{c}{f}=\dfrac{49}{14}=3.5$,那么蹬踏轮盘一周,飞轮转三周半。

**自行车后轮轴设计了棘轮机构**

(1) 棘轮机构

棘轮机构是工程上常用的间歇机构之一,广泛应用于自动机械和仪表中,它是利用原动件做往复摆动,实现从动件间歇转动的机构。棘轮机构的类型很多,自行车后轮轴设计的棘轮机构是单动式棘轮机构的一种形式——内啮合棘轮机构(如图 7-31 所示)。如图 7-32 所示为自行车飞轮内部的棘轮机构。

图 7-31　内啮合棘轮机构

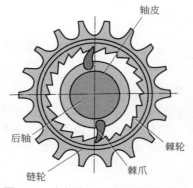

图 7-32　自行车飞轮内部的棘轮机构

（2）自行车后轮轴的棘轮机构

通过图 7-33 了解自行车的棘轮机构。自行车后轮轴的棘轮机构是内啮合棘轮机构，当脚蹬踏板时，经链轮和链条带动内圈具有棘齿的链轮顺时针转动，再通过棘爪的作用，使后轮轴顺时针转动，从而驱使自行车前进。当链轮顺时针方向转动时，棘爪在链轮内齿背上滑过，则轴不转动；当自行车前进时，如果踏板不动，后轮轴便会超越链轮而转动，让棘爪在棘轮齿背上滑过，从而实现不蹬踏板的自由滑行，因此自行车滑行时会发出"嗒嗒"的响声，自行车的后飞轮（链轮）采用的就是棘轮式的超越机构。

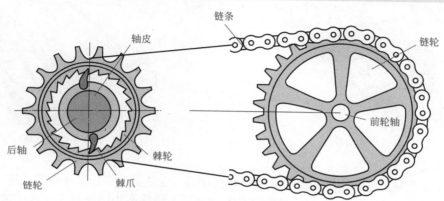

图 7-33　自行车后轮轴的棘轮机构

**自行车中哪些机构运用了杠杆原理？**

自行车的脚踏用到了杠杆原理。以链轮的轮轴为支点，用较长的铁杆来转动链条上的链轮，可以省力。脚踏上用到了链轮，以防止链条打滑。自行车上的链条与车子的后轮之间也采用了链传动。并且应用了比脚踏链轮更小的链轮，可以节省脚踏踏板所用的力，同时，还提高了自行车后轮运转时的速度。

自行车的刹车系统也用到了杠杆原理。以车把上的刹车柄的转折关节为支点，起到了省力的作用。想停住自行车，一个人拉都有点困难，但这么一捏闸把，马上能停住。

前触闸：前触闸是靠杠杆原理制动的。当手握紧闸把时，闸把的另一头将接头、拉杆、拉管向下压，使闸皮向下压至与轮胎接触，产生摩擦制动力。其缺点是刹车效果与轮胎充气程度有关。充气不足时，会使摩擦力减小，影响刹车效果。

脚蹬是轮轴，轮轴也用了杠杆的原理。自行车是一种机械，它由许多的简单机械构成，执行部分的车把、控制部分中的车闸把、后闸部件中的前曲拐、后曲拐及支架、货架上的弹簧夹、车铃的按钮等部件都应用了杠杆原理。

## 7.2.4　自行车的变速系统

自行车变速系统的作用就是通过改变链条和不同的前、后大小的链轮盘的配合来改变车速快慢。

自行车的变速器，以山地自行车变速系统为例说明。旋动脚蹬时，前轮盘（见图 7-34）旋转，通过链条把力量传递到后轮盘（见图 7-35），车轮就前进。前轮盘的大小（齿数）和后轮盘的大小（齿数）决定旋动脚蹬时的力度。

前轮盘越大，后轮盘越小，脚蹬时感到费力（自行车前进的距离变长）。

前轮盘越小，后轮盘越大，脚蹬时感到轻松（自行车前进的距离变短）。

自行车的骑行是在平地、上坡、下坡、迎风、顺风等情况下前进。在任何条件下都能保持一定的速度（自行车快速前进，或者是慢速前进，都能保持一定的踩蹬步速和力矩，就要变速器来实现）。

图 7-34　自行车的前轮盘

图 7-35　自行车的后轮盘

自行车变速器的工作原理是依靠线绳拉动变速器，变速器改变位置而改变了链条的位置，因此链条可以跳到不同的链轮上，而改变速度。就是大链轮带小链轮是加速，小链轮带大链轮是减速。通过改变传动比来变速。传动比小于 1 是加速，大于 1 是减速。主动轮转速与从动轮转速之比就是传动比。在行驶过程中，只要是上坡路或负载即阻力达到一定时，即自动工作——减速增加后轮（通常后轮作为动力轮）力矩，使上坡更容易。

自行车是一种简单而精巧的机械，其最酷的地方就在于，跟走路和跑步相比，它可以让你更快到达自己想去的地方，而且更加省力。对于对机械感兴趣的人来说，自行车的另一个妙处就是所有组件都展现在你眼前，没有盖板或金属壳把任何部件隐藏起来——在自行车上，所有结构几乎都能看见。

很多喜欢机械的孩子会通过自行车的原理来了解杠杆的原理、链传动、棘轮机构及变速系统的原理，了解一些机械原理。当有人问怎样才能使自行车前进呢？孩子们可以回答，当我们骑上自行车把双脚放在中轴部件的左右曲柄的橡胶脚踏上骑行时，脚踏力首先传递给了脚蹬部件，然后由脚蹬轴带动曲柄、中轴、安装在链轮和飞轮上的滚子链条运动，将脚踏力由曲柄、链轮传递到飞轮和后轮上，带动自行车前进。

## 丰富多彩的自行车运动

**丰富多彩的自行车运动**

自行车不仅是绿色环保的交通工具，还能举行以自行车为工具比赛骑行速度的体育活动。

（1）场地自行车

如图 7-36 所示，场地自行车是在场地内进行的自行车运动。场地自行车比赛场地称为"圆形场地"，场地赛中采用的自行车只配有一个链轮，无闸。

（2）公路自行车

如图 7-37 所示，公路自行车的骑行速度要比普通自行车快很多。普通的爱好者稍加训练以后，骑行速度一般都可以达到 35km/h 平地路段的水平。而一个优秀的公路自行车运动员在路况良好的平地路段上长距离骑行时的平均时速可以保持在 40～50km/h。

（3）山地车

如图 7-38 所示，山地车起源于美国，是美国青年为了寻求刺激，在摩托车比赛的越野场地上驾驶自行车进行花样比赛而派生发展起来的车型。山地车的主要特征是：宽胎，直把，有前后减振，骑行较舒适。宽而多齿的轮胎具有更强的抓地力，有减振器吸收冲击。近些年来前减振的应用成为标准，前后减振的车辆越来越普及。一些山地车开始使用副把，角度上扬的横把也成为了时尚。山地车，车速一般有 18 速、20 速、21 速、24 速、27 速以及 30 速。正确运用变速器，能应付平路、上下坡、土路、顶风等复杂路况和气候，比普通自行车快速省力得多。

图 7-36　场地自行车

图 7-37　公路自行车

图 7-38　山地车自行车竞赛

（4）双人自行车

双人自行车（见图 7-39），是两个人骑的自行车，多出现在旅游场所，可以双人共同踩踏，享受共同合作骑乘的乐趣。也有三人和四人自行车（见图 7-40），但双人自行车较为普遍，其舒适便利的代步成为很多旅游人士的选择。

图 7-39　双人自行车

图 7-40　多人骑自行车

（5）冰上自行车

如图 7-41、图 7-42 所示，冰上自行车依靠人力驱动，节能环保，与以往的传统冰车不一样，不需要学习，只要会骑自行车，就能骑冰上自行车。冰上自行车安全、科学、优雅、老少皆宜。可比速度，也可以做趣味性比赛，如原地掉头、漂移等。冰上自行车在我国北方冬季逐渐流行开来，其集趣味性、娱乐性、健身性于一体。

图 7-41　冰上自行车（一）

图 7-42 冰上自行车（二）

**科学家提出的"自行车等待解决的问题"**

（1）自行车平衡——原因太复杂

对于自行车的自我平衡能力，目前有不同的解释。有人提出自行车的平衡运用陀螺原理，因为陀螺的稳定性是转动惯性的一种表现，自行车便是向陀螺学习的一种机械，两个轮子就像两个陀螺，只有转起来才不会倒。轮子转得越快，稳定性就越高，车就越不容易倒；轮子转得慢，稳定性就差。自行车能够自我平衡是类似陀螺的一种表现，陀螺会产生自转，随着能量消减而停下来，自行车也有同样的作用。陀螺仪在导航定位系统中起了很大的作用。物理学家阿诺德等人也认为，在自行车的平衡力上，陀螺发挥了关键作用。

研究自行车的科学家以 8 千米每小时的速度把一辆小车向外推了出去，自行车自己行驶了相当长的距离，如同任何一辆传统自行车一样，它能够平衡自己。研究者甚至还在自行车自我行驶过程中略微推了它一下，很快这辆小车又自己调整到直线轨道。一位研究者说，"没人知道这是为什么"。

　　自行车也不像人们想象的那么简单。自行车从一百多年前发展到今天，已经成为最普遍的交通工具，但如何设计一辆完美自行车，依然是谜团。要找到自行车的物理本质，首先要从平衡性出发。除了否定陀螺和轮脚作用的关键性之外，研究自行车的科学家的试验还显示，自行车重量分布可能对平衡起到很大的作用，特别是自行车前部重心的位置，可能极大影响了自行车稳定性。

　　（2）研究出更完美的自行车

　　研究自行车的荷兰达尔福特大学科学家阿诺德·舒瓦特提出，传统的自行车最终会被重新设计。我们现在就想要更完美的自行车，所以我们才说要给自行车里放点科学，这样自行车绝对不只是代步工具了，它甚至发展出美学意义，成为一种文化符号。

　　如果骑车时不扶把手，可以一直坚持下去吗？自行车为何不能自己竖着不倒？看似简单的自行车中存在哪些数学和物理原理？完美自行车应该是什么样的呢？就是这些问题，让15世纪的达·芬奇伤了脑筋，而今天的自行车厂家同样回答不了。科学家们说自行车演化到今天，都是现行常规的设计，但在设计空间上，还有很多地方有着开发潜能。这些科学家，希望自己的理论研究，能让人们打开思路。虽然在一个多世纪中，人们尝试着给自行车写出一道完美的力学公式，却没能如愿。相信未来科学家们一定能研究和创造出更完美的自行车！

## 7.3　电风扇

　　电风扇简称电扇，也称为风扇、扇风机，是一种利用电动机驱动扇叶旋转，来达到使空气加速流通的家用电器，主要用于清凉解暑和流通空气。为了使室内的风力均匀柔和，人们都喜欢带有自动摇头功能的电风扇（见图7-43），那么我们看看会摇头的电风扇是怎样工作的？

图 7-43　会摇头的台式电风扇

## 7.3.1　台式电风扇的结构

如图 7-44 所示为台式电风扇的结构。

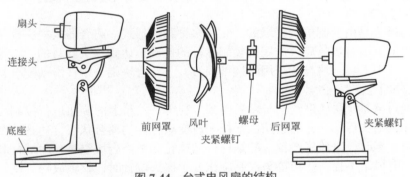

图 7-44　台式电风扇的结构

## 7.3.2　电风扇为什么会"摇头"

普通电风扇扇头的摇头动作是由电动机驱动的。摇头机构由减速器、四连杆机构和控制机构三部分组成，这是一种离合器式摇头机构如图 7-45 所示。

（1）减速器

电风扇摇头机构的减速器采用两级减速，将电动机的高速旋转降低到摇头速度一般为 4 ～ 7r/min，再经过四连杆机构，使电风扇获得每分钟 4 ～ 7 次的往复摇头。第 1 级采用蜗杆与蜗轮啮合传动减速，蜗轮在离合器咬合时，即带动与蜗轮同轴的牙杆运动，牙杆末端齿轮又与摇头齿轮啮合传动，完成第 2 级减速，从而带动摇头齿轮轴杆上的曲柄连杆做往复运动。

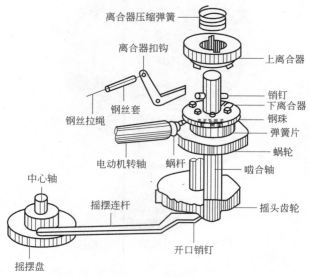

图 7-45 电风扇摇头机构

（2）四连杆机构

电风扇的摇头运动是依靠连杆机构来实现的。摇头连杆安装在电动机下方，与摇头齿轮、曲柄连杆、角度盘和扇头构成四连杆机构，驱使扇头沿弧线轨迹往复摆动。

（3）控制机构

电风扇的摇头是由控制机构操纵的，它有多种结构形式。离合器式摇头控制机构是通过操纵齿轮箱内上下离合块的离合作用来控制牙杆的传动，达到摇头的目的。在牙杆轴上有一套离合装置，其中上离合块与牙杆用圆柱销固接，下离合块则与蜗杆滑动配合，并固定在与蜗杆啮合的位置上。

离合器通过软轴（联动钢丝）与翘板连接，利用开关箱上的旋钮进行控制。也可将蜗杆轴放长，并伸出扇头后罩壳，通过拉压蜗杆来改变离合器的离合状态，达到控制目的。当离合器处于分离状态时，电风扇转轴端的蜗杆带动蜗轮和下离合块空转，而蜗杆和摇头齿轮处于静止位置，电风扇不摇头。当摇头控制旋钮处于摇头位置时，软轴放松，蜗轮带动蜗杆转动，使整个摇头机构动作，电风扇摇头。

如图 7-46 所示为电风扇摇头机构，摇头机构 ABCD 是双摇杆机构，属于平面连杆机构。图中 AD 是固定不动的机架，风扇电动机既带动前面的叶片转动，又带动后面的蜗杆转动，蜗杆带动蜗轮缓慢转动，蜗轮与双摇杆机构中的连杆 BC 固定连接一体，BC 的位置变动，使得摇杆 AB、CD 分别绕 A、D 铰链摆动起来，而摇杆 AB 与风扇电动机（即风扇头）是一体的，于是只要风扇转动，风扇头就会慢慢地来回摆动。

如图 7-47 为电风扇摇头装置，此装置在电动机主轴尾部连接蜗轮蜗杆减速机构以实现减速，蜗轮与小齿轮连成一体，小齿轮带动大齿轮，大齿轮与铰链四杆机构的连杆做成一体，并以铰链四杆机构的连杆为原动件，则机架、两个连杆都做摆动，其中一个连架杆相对机架的摆动即是摇头动作。扇叶直接接到电动机上，即可实现电风扇的功能。

此装置改变了四杆机构的机架及各杆的位置，消除其自转，达到扇叶随摇杆左右摆动的效果。蜗轮与下面的转盘同轴还可以拉伸，在需要电扇转头时放下蜗轮使其与蜗杆啮合。使蜗杆带动蜗轮转动，带动转头；当不需要转头时，拔起蜗轮即可脱离啮合。

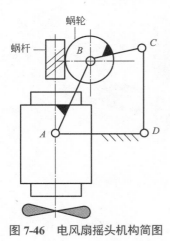

图 7-46　电风扇摇头机构简图

图 7-47　电风扇摇头装置

## 牙嵌式离合器和蜗轮蜗杆传动

（1）了解牙嵌式离合器

　　我们把由一组协同工作的零件所组成的独立制造或独立装配的组合体叫做部件。离合器在机器运转中可将传动系统随时分离和接合，常用的离合器有牙嵌式和摩擦式。如图 7-48 所示为牙嵌式离合器，它由两个端面上有牙的半离合器组成，其中一个半离合器固定在主动轴上，另一个半离合器用导键与从动轴连接，并可由操纵机构使其做轴向移动，以实现离合器的分离与接合。牙嵌式离合器是借牙的相互嵌合来传递运动和转矩的。牙嵌式离合器一般用于转矩不大、低速、精确度高、耐磨损的设备中。

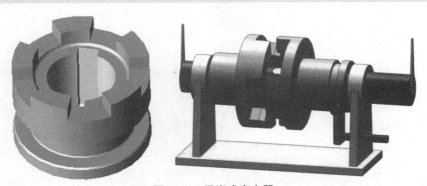

图 7-48　牙嵌式离合器

（2）认识蜗轮蜗杆传动

　　蜗轮、蜗杆都是机器中经常用到的零件，把它叫做通用零件。蜗轮蜗杆传动由零件组成，被称为蜗轮蜗杆机构，如图 7-49 所示。

　　蜗杆传动是在空间交错的两轴间传递运动和动力的一种传动方式，两轴线间的夹角可为任意值，常用的为 90°。蜗杆传动常用于传动比大、传动功率不大或间歇工作的场合。

图 7-49　蜗轮蜗杆传动

蜗杆传动应用在升降机中，起到减速的作用，如图 7-50 所示。

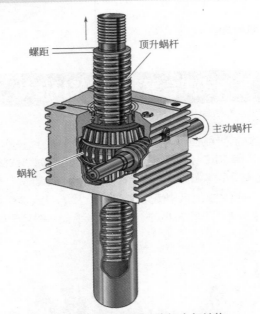

图 7-50　蜗轮蜗杆升降机内部结构

　　蜗轮丝杠升降机是由蜗轮减速器和升降丝杠组成，其减速部件是蜗杆传动，利用蜗杆带动蜗轮实现减速。蜗轮丝杠升降机的用途：升降舞台、升降手术台等。

# 7.4　家用和面机

　　现代化的家用电器使人们从繁重、琐碎、费时的家务劳动中解放出来了，为人类创造了更为舒适优美的生活环境。和面机就是将面粉和水进行均匀混合的机械。
　　做饭的好帮手——和面机。和面机有真空式和面机和非真空式和面机。也可分为卧式、立式、单轴、双轴、半轴等。

手工和面

### 7.4.1 立式和面机

家用立式和面机由搅拌缸、搅拌器、传动装置、电气盒、基座部分组成，如图 7-51、图 7-52 所示。

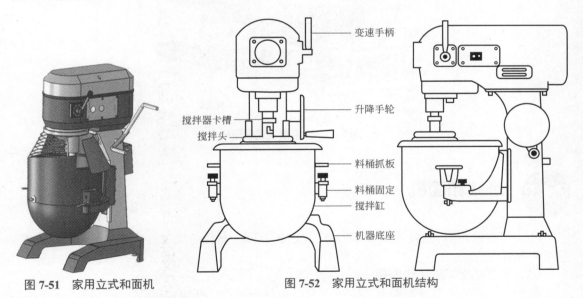

图 7-51　家用立式和面机　　　　图 7-52　家用立式和面机结构

（1）立式和面机的工作原理

搅拌器由传动装置带动在搅拌缸内回转，同时搅拌缸在传动装置带动下以恒定速度转动。缸内面粉不断地被推、拉、揉、压、充分搅合，迅速混合，使干性面粉得到均匀的水化作用，扩展面筋，成为具有一定弹性、伸缩性和流动均匀的面团。

（2）立式和面机是怎样工作的？

立式和面机的结构形式与立式打蛋机类似，只是传动机构比较简单，其调和容器，一般需要做回转运动，容器形状多为缸型。小容量的立式和面机搅拌器多为扭环式，这种结构的搅拌器能够促进面筋的形成，主要适用于调制韧性面团及水面团。大容量立式和面机常采用象鼻式搅拌器（如图 7-53 所示），由于这种搅拌器外形类似象鼻，故称象鼻式。它的特点在于通过一套四连杆机构，模拟人手工和面时的动作来调制面团。虽然机器结构比较复杂，搅拌器运动频率不高，但在操作时，搅拌器的动作方式有利于面筋网络的形成，特别适用于发酵面团的调制。其传动装置，主要由电机、减速器、联轴器、带轮组成。和面机工作转速低，减速比较大，故一般采用蜗杆减速器或者行星齿轮减速器。

象鼻式和面机传动装置：电机输出端和减速器连接，减速器输出端和联轴器相接，联轴器再和带轮连接后，通过四连杆机构带动搅拌器在搅拌缸内回转，同时搅拌缸在传动装置带动下以恒定速度转动。

图 7-53　大容量立式和面机

## 7.4.2　卧式和面机

卧式和面机如图 7-54、图 7-55 所示，是由搅拌器、桶体、支架、主副电机、传动装置、基座部分组成。

（1）卧式和面机的工作原理

和面机是利用机器将面粉和水有机混合以便制作面食，显然"和面"应当是这台设备的"基本功能"。如图 7-55 所示，此款和面机采用主电动机 8 通过链条带动链轮 7，链轮 7 带动主轴 4 上的桨叶 6 搅动面粉。副电动机 1 通过带传动和蜗杆传动控制桶体 5 倾倒，将面粉与水盛于桶体 5 内。开启主电动机 8，经一对链轮 7 和传动链带动主轴 4 和桨叶 6 旋转，将面粉与水拌均匀。为了方便将和好的面粉取出来，该设备还设计了将桶体 5 倾倒 90° 的"辅助功能"。工作时，开动副电动机 1，经带传动和蜗杆传动减速，带动桶体 5 缓缓转动，至倾倒位置停止。

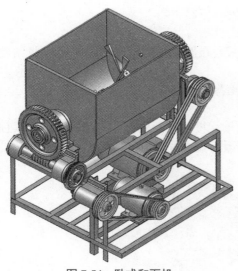

图 7-54　卧式和面机

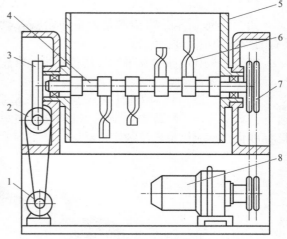

图 7-55　卧式和面机结构图

1—副电动机；2—蜗杆；3—蜗轮；4—主轴；5—桶体；
6—桨叶；7—链轮；8—主电动机

## 我想要的和面机

在面包的制作过程中，面粉的搅拌与发酵这两步非常重要，它们是影响面包制作的成败因素之一。

所谓的搅拌，就是俗话说的揉面，使面粉与液体混合成团，从而达到面筋形成的目的。

面筋形成过程以及它在面包制作中所起到的作用如下所述。

面筋是由小麦蛋白质构成的细腻、网状、充满弹性的结构。在加入水或其他液体后，通过不断搅拌，面粉中的蛋白质就会慢慢聚在一起，形成面筋。而面筋越多，便可以包裹住酵母发酵所产生的空气，然后形成无数的气孔，经过高温烘烤后，蛋白质凝固，就会变成坚固的组织，以撑起面包的结构。所以，面筋的多少决定了面包的组织是否够细腻。面筋少，组织就会粗糙，气孔大；面筋多，组织就会细腻。这个就是制作面包时为什么要高筋面粉的原因了。

只有蛋白质含量高的面粉，才能做出更细腻的面包。而这么多面粉中，只有小麦蛋白才可以形成面筋，这是它的特性，其他面粉中蛋白质都没有这种特性，所以只有小麦粉才可以做出松软的面包。

而揉面是一件非常辛苦的事情，手揉，为了得到更多的面筋，就要花大量的力气及时间在上面。制作不同的面包，面团需要揉的程度不同。如果是用机器搅拌，会较容易搅拌过度，这样会使面筋断裂，面团变软变塌，失去弹性，等等，最后会导致成品粗糙，所以要尽量避免搅拌揉面过度。

有些面团含水量很大，很粘手，手揉很困难的，这时可以借助一下擀面杖来辅助完成搅拌，但是这样很费力气。所以采用和面机来辅助完成可省很多力气。

### 7.4.3　和面机传动原理

和面机的传动机构是带传动，减速机构一般采用蜗杆减速器或者行星齿轮减速器。下面介绍什么是带传动，什么是行星齿轮，什么是行星齿轮减速器。

（1）带传动

如图 7-56 所示，带传动是由主动轮、从动轮和张紧在两轮上的传动带，辅之以张紧轮（有的带传动不需要张紧轮）组成。

带传动是利用张紧在带轮上的传动带与带轮间的摩擦力或啮合来传递运动和动力的。

（2）V 带传动

V 带横截面形状为等腰梯形，其工作面是带与轮槽相接触的两侧面。在相同的带张紧程度下，V 带传动（如图 7-57 所示）的摩擦力比较大，因而其承载能力也比较高。大多数 V 带已标准化，是应用最广泛的带传动。

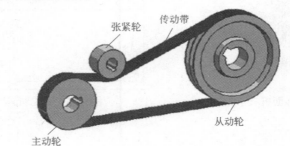

图 7-56　带传动组成

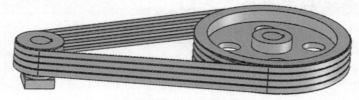

图 7-57　V 带传动

（3）行星齿轮和行星减速器

①行星齿轮　行星齿轮及其传动机构如图 7-58、图 7-59 所示。行星齿轮的结构如图 7-60 所示，其由行星轮、太阳轮、行星架、齿圈组成。行星轮除了能像定轴齿轮那样围绕着自己的转动轴转动之外，它们的转动轴还随着行星架绕其他轴线转动。绕自己轴线的转动称为"自转"，绕其他轴线的转动称为"公转"，就像太阳系中的行星那样，因此得名为行星齿轮。

图 7-58　行星齿轮

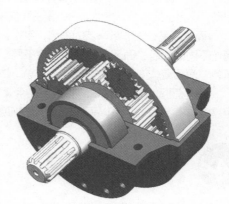

图 7-59　行星齿轮传动机构

② 行星减速器 行星减速器是一种动力传达机构，利用齿轮的速度转换器，将电动机的回转数减速到所要的回转数，并得到较大转矩的机构。行星减速器传动轴上齿数少的齿轮啮合输出轴上的大齿轮以达到减速的目的。普通的减速器也会有几对相同原理的齿轮啮合来达到理想的减速效果，大小齿轮的齿数之比，就是传动比。

行星顾名思义就是围绕恒星转动，因此行星减速器也是如此，其是行星轮围绕一个太阳轮旋转的减速器。一种形式的行星减速器如图 7-61 所示。

图 7-60 行星齿轮结构示意图

图 7-61 行星减速器

# 7.5 打蛋机

## 7.5.1 手动打蛋器

最早人们用一双筷子就能打蛋，后来人们用手动打蛋器打起蛋来感觉省力，再后来人们发明了简单的机械手摇打蛋器，打起蛋来就更省力了，现在人们用电动打蛋机打蛋，省力，省时，还解放了我们的双手。如图 7-62 所示为手动打蛋器，如图 7-63 所示为手摇打蛋器。

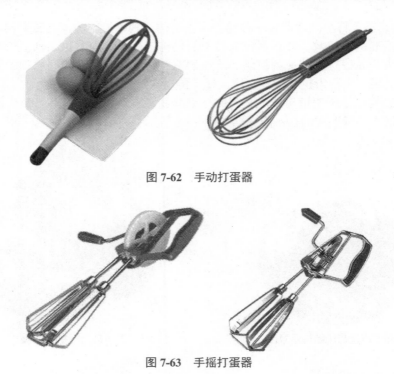

图 7-62 手动打蛋器

图 7-63 手摇打蛋器

## 7.5.2 立式打蛋机

什么是打蛋机?

打蛋机是食品加工中常用的搅拌调和装置,用来搅打黏稠浆体,如糖浆、面浆、蛋液、乳酪等。如图 7-64 所示为电动立式打蛋机。

图 7-64 电动立式打蛋机

（1）打蛋机的结构（见图7-65）

电动打蛋机的结构组成主要有：搅拌器、调和容器、传动装置、容器升降机构及机座。

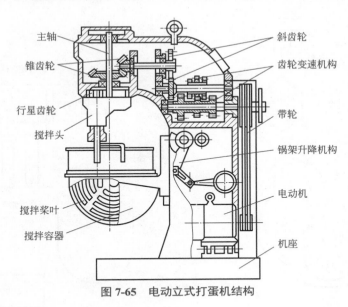

图7-65 电动立式打蛋机结构

① 搅拌器由搅拌桨叶和搅拌头组成。搅拌桨叶在运动中搅拌物料，搅拌头则使搅拌桨叶相对于容器形成公转和自转的运动规律。

对于固定容器的搅拌头，常见的是由行星运动机构组成。其传动系统如图7-66（a）所示。内齿轮固定在机架上，当转臂转动时行星轮受到内齿轮与转臂的共同作用，即随转臂外端轴线旋转，形成公转，同时又与内齿轮啮合，并绕自身轴线旋转，形成自转，从而实现行星运动。

② 调和容器：立式打蛋机的调和容器结构特征与搅拌器相似，为圆柱形桶身下接球形底，两体焊接成形或以整体模压成形。容器根据食品工艺的要求为闭式和开式两种，以开式为普遍。为满足调制工艺的需要，调和容器通常设有升降和定位机构。

③ 防尘盖：为了防止搅拌头内转动机构中的润滑油脂漏入容器内，通常采用轴封措施。

④ 机座：打蛋机机座承受整机及物料的全部负荷，因此一般采用铸铁箱体结构。

⑤ 传动装置：如图7-67所示，立式打蛋机的传动是通过电动机经带轮减速传到调速机构，再经过齿轮变速、减速及转变方向，使搅拌头正常运转。变速机构由一对三联齿轮滑块组合而成，通过手动拨叉换挡，实现三种不同速度的传递。低、中、高三速能够满足打蛋机调和的工艺操作要求，低速通常为70r/min左右，中速约为125r/min，高速在200r/min以上。

⑥ 形成特殊运动轨迹的行星齿轮系：在周转轮系中，行星齿轮既公转又自转，能形成特定的轨迹，可应用于工艺装备中以实现工艺动作或特殊运动轨迹。打蛋机的输入构件驱动搅拌桨叶上的行星齿轮运动，使搅拌桨叶产生如图7-66（b）所示的运动轨迹，满足了调和高黏性食品原料的工艺要求。

（2）打蛋机工作原理

打蛋机操作时搅拌器高速旋转，强制搅打，被调和物料相互间充分接触并剧烈摩擦，实现混合、乳化、充气及排出部分水分的作用。

由于调和物料的黏度低于和面机搅拌的物料，因此打蛋机的转速高于和面机转速，一般在 70 ～ 270r/min 范围内，称作高速调和机。

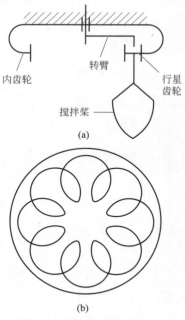

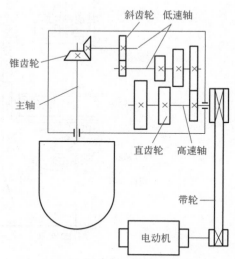

图 7-66  搅拌桨的运动轨迹

图 7-67  打蛋机传动系统

## 齿轮传动原理

齿轮传动在各种机器和机械设备中应用广泛，对于减速、增速、变速等特殊用途，往往不能只靠一对齿轮来完成，经常需要采用一系列相互啮合的齿轮组成的传动系统——轮系完成。如图 7-67 所示为齿轮传动结构图，打蛋机的驱动机构就是通过齿轮变速机构完成变速功能的。传动系统中减速机构主要由两个锥齿轮、两个斜齿轮和三对直齿轮组成。

（1）圆柱直齿轮传动（见图 7-68）

(a)

(b)

图 7-68  圆柱直齿轮传动

（2）锥齿轮传动

如图 7-69（a）所示为直齿锥齿轮副，用于传递两相交轴之间的运动和动力。适用于低速、轻载传动。最重要的是，它可以实现两个垂直轴的传动，而一般圆柱齿轮只能用于平行轴间的传动。

(a) 直齿锥齿轮传动        (b) 圆锥圆柱齿轮减速器

图 7-69 锥齿轮传动

（3）圆锥圆柱齿轮减速器

如图 7-69（b）为圆锥圆柱齿轮减速器。锥齿轮在变速机构的应用，经过变速、减速并改变方向。即圆锥齿轮可以改变力矩的方向即可以把横向运动转为竖直运动。图 7-70 为圆锥齿轮减速器，图 7-71 为圆锥齿轮差速器。

（4）斜齿轮传动

图 7-72 为斜齿圆柱齿轮副，是由两个斜齿圆柱齿轮组成的齿轮副。优点是重合度大，传动平稳，适用于高速；缺点是传动中产生轴向力，一般不宜做滑移式变速齿轮。图 7-73 为斜齿圆柱齿轮减速器。

（5）直齿轮传动——定轴轮系

在轮系传动中，各齿轮的几何轴线位置都是固定的，这种轮系称为定轴轮系，如图 7-74 所示为直齿轮传动，通过调整齿轮的不同组合来改变齿轮变速机构，获得不同的传动比，并使机器获得不同速度的传递。

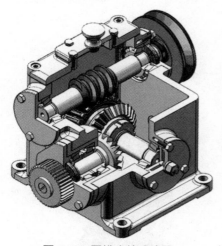 

图 7-70 圆锥齿轮减速器            图 7-71 圆锥齿轮差速器

图 7-72 斜齿轮传动

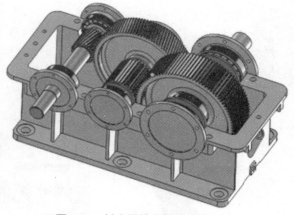

图 7-73 斜齿圆柱齿轮减速器

图 7-74 定轴轮系

打蛋机和搅拌机有区别吗?

　　有些人一定好奇,打蛋机和搅拌机都具备搅拌蛋液的作用,难道不是同一款产品吗?存在这样的疑问,这说明你很少做厨房的工作啊。
　　很多人经常用搅拌机来进行搅拌鸡蛋,感觉效果还可以,有很多人都误以为搅拌机就是打蛋机了。其实不然,厨房用的搅拌机和打蛋机是不一样的产品,其使用功能都是不一样的,搅拌机是用来搅拌东西的,而打蛋机是专门用来搅拌蛋液使其均匀的。但是你有没有注意到搅拌机搅拌鸡蛋时很费力啊?你用打蛋机来打蛋,几秒就能搞定哦。

## 7.6　面条机

只要把面和好，放到面条机里，几分钟的时间面条就会从面条机出来，太神奇了。

妈妈手工擀面条

### 7.6.1　手动面条机

随着人们生活水平的不断提高，生活节奏日益加快，食品机械发展也很快，用食品机械来代替传统的手工制作已经是大势所趋了。

（1）简单手摇面条机

手摇面条机（见图7-75），为开式直齿圆柱齿轮传动机构。揉好面团后，将面团揉成条状，并将其切成适当大小的小面团。将小面团轻轻擀开成一张面饼，放入两滚轴1之间。摇动手柄，面饼被压成了薄厚均匀的面皮。当面皮进入下一对滚轴2时，就被压制成了粗细一致的面条，从滚轴间冒出。

（2）手动面条机

① 面条机的组成：如图7-76所示，手动面条机主

图7-75　手摇面条机

要由主动面棍，从动面棍，互相啮合的主动齿轮、从动齿轮，偏心轴，宽、窄面条辊，支撑板，侧封盖，面辊盖，进面板，驱动手柄等零件组成。

② 面条机的传动装置：面条机有三对传动装置，即压面皮机构、压宽面条机构、压窄面条机构。面条机三对面辊并排平行分布。布局合理易操作，每对辊刀靠齿啮合，三对滚刀的驱动槽同放一侧，用同一驱动手柄来换着操作，传动机构齿轮分布在另一侧。由于面条机的压面皮厚度不同，即中心距可变，所以选择了角变位的正传动齿轮，即面条辊传动轴端开键槽，齿轮与面条辊以键形式配合。

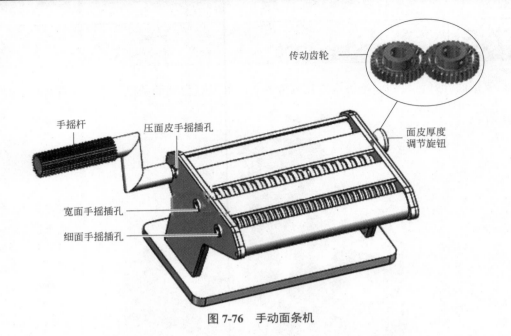

传动齿轮

手摇杆    压面皮手摇插孔

面皮厚度
调节旋钮

宽面手摇插孔

细面手摇插孔

图 7-76    手动面条机

③ 面条机的工作原理：面条机是由手柄圆周转动驱使主动面辊转动，从而带动主动齿轮和从动齿轮互相啮合，使从动辊和主动辊同速度对滚，从而进行面条的加工。

面皮厚度和面条宽度的调节：从动面棍套有偏心轴，偏心轴上设置有面辊间隙调节机构，从而改变了面皮的厚度。面条的宽度是由面辊齿槽宽来控制的。

## 什么是角度变位齿轮正传动？

角度变位齿轮传动：两齿轮的变位系数和即 $x_1+x_2 \neq 0$ 的传动，称为角度变位齿轮传动。正传动（$x_1+x_2 > 0$）：一对正传动变位齿轮的实际中心距大于标准中心距，实际压力角大于标准压力角。因此只要恰当地选择变位系数，就可得到所需的中心距，这就是配凑中心距的方法。正传动在任何齿数和的情况下都可采用，它比高度变位齿轮传动结构更为紧凑。再者，正传动中两齿轮都可采用正变位，使两齿根均变厚，可进一步提高承载能力

### 7.6.2 电动面条机

（1）家用电动面条机组成

家用电动面条机主要由机架、传动部分、输送压面部分、切面部分、电动机等部分组成，如图 7-77 所示。

电动面条机具体需要哪些零部件呢？首先需要一台电动机（见图 7-78）、两个带轮、两个齿轮、传递盘、压辊（见图 7-79）、轴承等，组成两个传动机构，即带传动和齿轮传动机构（如图 7-80 所示）。如图 7-81 所示，V 带传动是靠 V 带的两侧面与轮槽侧面压紧产生摩擦力进行传递运动和动力的，齿轮传动是利用两个齿轮的轮齿啮合传递动力和运动的机械传动。

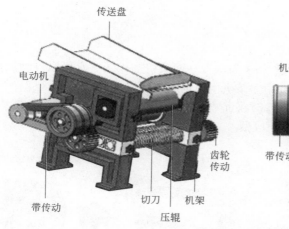

图 7-77 电动面条机结构

图 7-78 电动机

图 7-79 压辊

图 7-80 齿轮传动机构

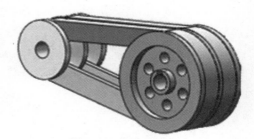

图 7-81 带传动机构

面条机的传动：以电动机为动力源，电动机和压面辊之间通过带传动，两压面辊之间的传动是齿轮传动。如图 7-77 所示，小带轮与电动机相接，大带轮则和齿轮、压辊相接，电动机的动力通过 V 带传动后，进入齿轮传动中，再将动力传递给压辊。

（2）电动面条机是怎么工作的？

将定量面团放在下输送带上，开动机器，自动输送到压辊间，在面团的输送带和压辊作用下自动完成喂入和压面过程。压完后经上输送到自动传送到下输送带，由于采用不同线速度，使面皮自动完成折叠和输送、喂入、转下道工序，经过反复揉压达到理想压面效果。装上切面刀，根据需要调整切面刀上调节器，顺时针将调节器转到应切细面，逆时针转到位切粗面，最后将压好的面坯放面斗引入两面辊之间直至切面刀，即可切成粗或细面条。

### 7.6.3　全自动家用面条机

如图 7-82 所示为全自动家用面条机, 图 7-83 为全自动面条机结构图。它可以自动加水、自动和面、自动压面、自动出面。全自动家用面条机由电动机、齿轮液压泵、液压缸、手动阀、溢流阀、面筒、料斗等零部件组成。工作时将面粉通过料斗填入面筒内, 电动机带动液压缸向下压, 推进面料通过模具, 由模具挤压成型。

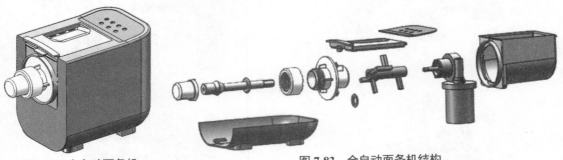

图 7-82　全自动面条机　　　　　　　　图 7-83　全自动面条机结构

# 7.7　家用榨汁机

春夏秋冬, 任何一个季节都有它的独特性, 对于热爱生活、关注健康的人来说, 无论是初夏季节, 还是严寒的冬日, 补充水分及补充维生素都变得格外重要, 因为水是生命之源, 水果和蔬菜能为我们身体补充大量的维生素, 可我们不能一个劲地喝水, 而水果、蔬菜天天吃也会腻。何不尝试用榨汁机来榨取一杯新鲜的果蔬汁, 既能及时补充水分又自然健康。那么选择什么样的榨汁机呢? 让我们了解一下高速离心榨汁机和低速挤压式榨汁机是怎样工作的吧。

## 7.7.1 榨汁机构造原理

（1）榨汁机的结构

如图 7-84 所示是榨汁机内部结构图，这种榨汁机是传统的高速榨汁机。它的组成部分中压榨装置是核心执行部件，负责完成果皮和内部组织的分离；去芯机构是另一个执行部件，完成果汁和籽核分离；传动部分负责动力的传递和分配；送果机构为下榨碗间歇喂果；清洗系统完成停机时设备的清洗；出汁装置收集榨出的果汁并及时从管道排出。

（2）榨汁机的工作原理

榨汁机的工作原理：如图 7-85 所示，通电后电机（构件 5）高速运转，带动连接件（构件 4）运动，构件 4 与构件 5 用螺纹连接，构件 4 与构件 3 通过插接形式连接，构件 2 与构件 1 通过螺钉直接连接，构件 2 坡度与下刀片（构件 1）相同，从而保证切削效果。电机的运动和动力通过构件 2、3、4 传递给刀片，构件 4 的旋转方向与电机的旋转方向相反。

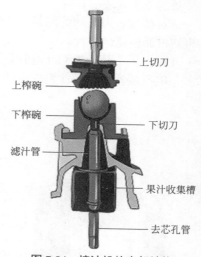

图 7-84 榨汁机的内部结构

（3）榨汁机的工作过程

如图 7-84 所示，果子被送果机构抛入下榨碗后，上碗开始迅速下降，当上下碗接触后，下降速度变慢，使果子进入以下变化：果子受压变形，果皮含油层破裂出油，同时上碗帽内喷淋环喷出的水将油及时冲走，防止皮油进入果汁；当果子受压达到一定程度后，下切刀在底部打出一圆孔，上碗继续下压，将果子内部成分从刚才底部切开的圆孔，通过下刀口压进漏汁管；在压榨接近终结过程中，上切刀立即在果子顶部打孔，果皮进入上碗间隙处，在这一过程中去芯孔管迅速上移，对漏汁管内的成分进行挤压。压榨结束时，果皮被上切刀切断进入上碗帽，果汁通过漏汁管细孔被压入果汁收集槽，籽核从去芯孔管下方开口处排出，皮油混合物从下碗座流出。榨汁完成后，上碗机构迅速上移，去芯孔管清空漏汁管，做好下一个压榨准备。

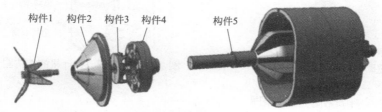

图 7-85 榨汁机的工作原理

## 7.7.2 高速离心榨汁机

（1）高速离心榨汁机的结构

高速离心榨汁机（图 7-86、图 7-87）主要由电机装置、驱动轴、果渣储藏罐、汁液收集器、过滤器、加料管、推杆、果汁杯等零部件组成。

主要零部件的作用如下。

推杆：推杆顶部都配备了推压棒。榨汁时，先放入水果，然后用推压棒捅进去，等水果接触到刀头才可以榨汁。

过滤器：刀头和滤网是一体的，上面的很多小刺就是刀头，榨汁时高速旋转将水果打碎，再通过滤网滤出果汁。

驱动轴：是电机和汁液收集器、过滤器的连接件。

电机装置：为榨汁机提供动力。

图 7-86　高速离心榨汁机

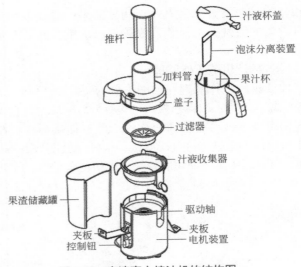

图 7-87　高速离心榨汁机的结构图

（2）高速离心榨汁机的工作原理

不同的高速离心榨汁机外观不同，但是它们的工作原理基本是相同的。高速离心榨汁机主要工作原理是，先利用刀片将水果粉碎，然后利用高速旋转产生强大离心力来分离果汁和果渣，果汁透过金属网经过盛汁座而流入果汁杯，果渣则进入果渣储藏罐。

如图 7-88 所示，旋转启动开关，按压组件由启动开关控制向下动作，按压电源开关接

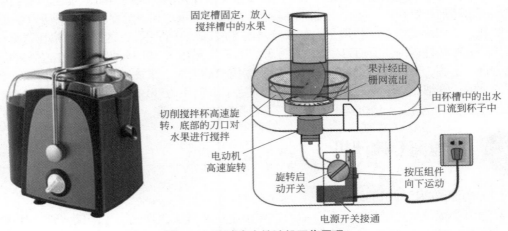

图 7-88　高速离心榨汁机工作原理

通。电源开关接通后，交流 220V 通过电源开关为电动机提供工作电压。电动机高速旋转，进而带动搅拌杯高速旋转。搅拌杯底部的刀口匀速切削盛物管中的果品，果汁通过下面滤网渗出来。由杯槽中的出水口流出果汁、蔬菜汁，果渣留在下面的果渣储藏罐里。

高速离心榨汁机的关键部件是榨汁机刀头、滤网等部件。

## 7.7.3 低速挤压式榨汁机

低速挤压式榨汁机也称螺旋榨汁机，无刀片设计，用螺杆取代了刀头。螺杆自上而下，越来越密，上面是先把水果切块、破碎，下面才是挤压出果汁，果汁通过外面的滤网渗透出来，果渣则通过下面挤压出来。果渣会不断被螺杆研磨，直到汁渣分离，排出果渣，在这个过程中是反复不断地挤压。

如图 7-89 所示，低速挤压式榨汁机由主机、进料筒、出渣口、螺杆、果渣桶、果汁杯、推料棒、刀套、托盘等零部件组成。

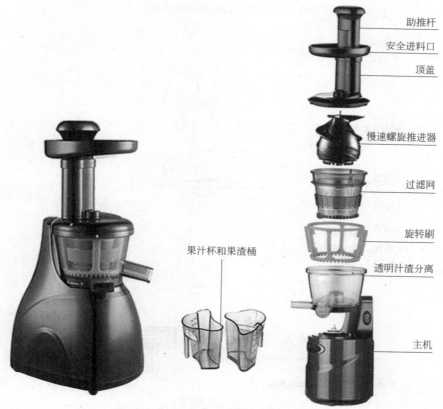

图 7-89 低速挤压式榨汁机的结构图（一）

如图 7-90、图 7-91 所示的低速挤压榨汁机，其工作原理是低速电动机带动内部的一根螺杆以 80r/min 的低速旋转，用推料棒把水果推到进料筒中后进入螺旋挤压器中，然后对水果进行挤压、研磨。果汁透过滤网流出，果渣从出渣口排出。

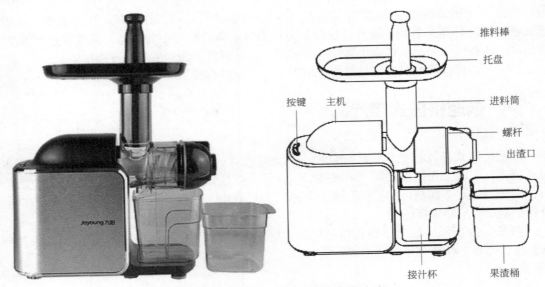

图7-90 低速挤压式榨汁机的结构图（二）

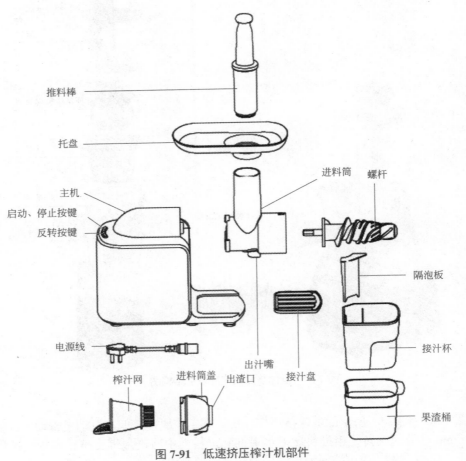

图7-91 低速挤压榨汁机部件

> 什么是离心力？
> 离心力是一种惯性力，它使旋转的物体远离它的旋转中心。
> 什么是离心机？
> 离心机是利用离心力，分离液体与固体颗粒或液体与液体的混合物中各组分的机械。由于离心机等设备可产生相当高的角速度，使离心力远大于重力，于是溶液中的悬浮物便易于沉淀析出。又由于密度不同的物质所受到的离心力不同，从而沉降速度不同，能使密度不同的物质达到分离。
> 什么是螺旋挤压原理？
> 螺杆转动，但不移位，螺旋槽里的物质不断地往前推送，达到挤压效果。

**想一想两种榨汁机各用到了什么原理？**

# 7.8　家用食品搅拌机

人们都知道，食品搅拌机的功能强大，它能制作奶昔、奶油发泡、打鸡蛋、和面、绞肉，甚至制作婴儿辅食都得心应手，食品搅拌机一直充当着生活的好伴侣、好帮手。让我们走进食品搅拌机的世界，去了解它是怎么工作的！

## 7.8.1　家用食品搅拌机工作原理

如图 7-92 所示，家用食品搅拌机主要由电动机、研磨杯、研磨刀、搅拌杯、搅拌刀、底座和外壳等零部件组成，电动机是食物搅拌机的核心部件，该种搅拌机采用单相 220V 串励式电动机。接通电源，搅拌机通电后高速旋转，其转轴直接驱动刀具高速切削食物，在水流的作用下把食物反复打碎。其实这种食品搅拌机通常称料理机。

## 7.8.2　多功能食品搅拌机

多功能食品搅拌机采用全齿轮传动机构，由电动机、传动装置、搅拌桶、搅拌器等组成。它主要利用搅拌器的机械运动搅打蛋液、奶油、馅料和制作面团等。此种机器有三种搅拌转速，并配有花蕾形、拍形及蛇形搅拌器。如图 7-93 所示为多功能食品搅拌机外观及透视图。

图 7-92　家用食品搅拌机

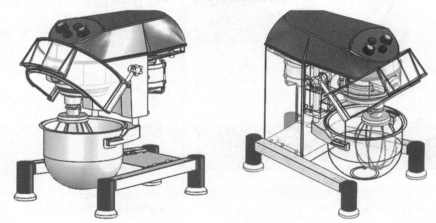

图 7-93　多功能食品搅拌机

多功能食品搅拌机结构如图 7-94 所示。

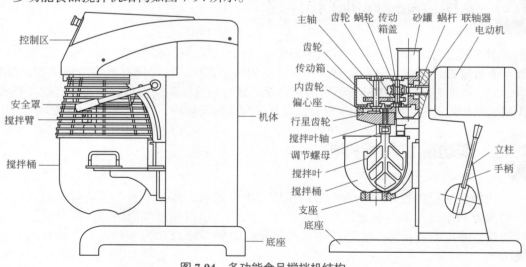

图 7-94　多功能食品搅拌机结构

应根据被搅拌物选择正确的搅拌器（图7-95）和搅拌速度，例如，搅拌面粉用蛇形搅拌杆，Ⅰ挡低速。

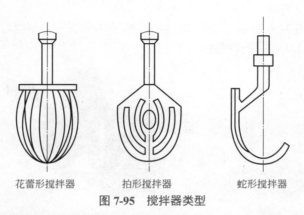

花蕾形搅拌器　　拍形搅拌器　　蛇形搅拌器

图7-95　搅拌器类型

## 榨汁机和搅拌机有什么区别

　　无论是高速离心榨汁机，还是低速挤压式榨汁机，都可以进行果渣分离。

　　搅拌机虽然也有榨汁功能，但用搅拌机榨汁后，打出来是果汁+果泥的混合物。兑水后才能出汁，并不是纯正的100%鲜榨果汁，而且渣汁不分离，果汁中含果渣，口感比较粗糙。

## 7.9　家用脚踏缝纫机

远古时期，人类就已经懂得使用针和线缝制衣服了，人们一直用手工缝制衣服，直到 18 世纪末缝纫机才出现。

你见过早期的缝纫机吗?

早期的缝纫机如图 7-96 所示。1790 年，英国的圣托马斯发明制靴鞋用的单线链式的手摇缝纫机，它是世界上出现的第一台缝纫机。

图 7-96　单线链式手摇缝纫机

1841 年，法国的蒂莫逆尼埃设计和制造了双线链式线迹缝纫机。

1843 年，美国人伊莱亚斯·豪设计制造一台实用且生产效率高的手摇缝纫机，速度为 300 针每分。采用了弯形带孔的机针，底线藏在锁子里。

1846 年，伊莱亚斯·豪取得了曲线锁式线迹缝纫机专利（见图 7-97）。

1851 年，美国机械工人胜家兄弟独立设计并制造出胜家缝纫机。这一时期的缝纫机都是手摇的（见图 7-98），胜家缝纫机为金属制的，配置了木制的机架，缝纫速度达到 600 针每分钟。

图 7-97　伊莱亚斯·豪取得专利的缝纫机

图 7-98　1851 年胜家缝纫机

1859 年，胜家公司发明了脚踏缝纫机。

中国最早的缝纫机出现于 1895 年，是从美国引进的胜家牌缝纫机。1905 年，上海首先开始制造缝纫机零配件，并建立了一些零配件生产小作坊，中国的缝纫机产业从此开始了。到 1928 年，上海协昌缝纫机厂生产出了第一台工业用缝纫机，同年，上海胜美缝纫机厂也生产出了第一台家用缝纫机。

没有缝纫机，世界可能是另外一个样子。机械化缝纫机的发明，使得世界上绝大多数人现在都能买得起结实、针脚细致的衣服，而仅仅在 200 年前，这种衣服还是奢侈品。

那么我们先认识一下什么是缝纫机。

缝纫机是用一根或多根缝纫线，在缝料上形成一种或多种线迹，使一层或多层缝料交织或缝合起来的机器。缝纫机能缝制棉、麻、丝、毛、人造纤维等织物和皮革、塑料、纸张等制品，缝出的线迹整齐美观、平整牢固，缝纫速度快，使用简便。

脚踏缝纫机的结构如图 7-99 所示。

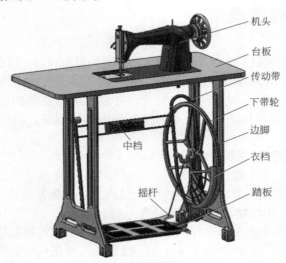

机头
台板
传动带
下带轮
边脚
衣档
中档
摇杆
踏板

图 7-99　脚踏缝纫机的结构

一般缝纫机都由机头、机座、传动装置和附件四部分组成。机头是缝纫机的主要组成部分，由刺料、钩线、挑线、送料四个机构和绕线、压料、落牙等辅助机构组成，各机构的运动合理配合，循环工作，把缝料缝合起来。如图 7-100 所示为缝纫机零件的安装位置。

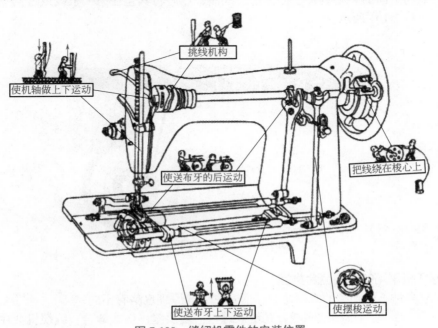

挑线机构
使机轴做上下运动
使送布牙的后运动
把线绕在梭心上
使送布牙上下运动
使摆梭运动

图 7-100　缝纫机零件的安装位置

　　机座分为台板和机箱两种形式。台板式机座的台板起着支承机头的作用，缝纫机操作时当作工作台用。机箱式机座的机箱起着支承和贮藏机头的作用。

　　缝纫机的传动部分由机架、手摇器等部件组成。机架是机器的支柱，支承着台板和脚踏板。使用时操作者踩动脚踏板，通过曲柄带动带轮旋转，又通过传动带带动机头旋转。手摇器多数直接装在机头上。

## 7.9.1 缝纫机工作原理

　　当你去深入了解缝纫机时，将会发现它是人类发明的最为巧妙、最富创造性的机器之一。

　　缝纫机核心部位的自动缝合装置简单得令人难以置信，不过缝纫机驱动装置的设计相当精细，它需要靠各机构的运动和原动力的配合，才能正确行使其功能。就像汽车一样，大多数缝纫机的基本原理都是相同的，汽车的核心是内燃机引擎，缝纫机的核心是线圈缝合系统。

　　(1) 缝纫机是怎样完成线圈缝合的?

　　线圈缝合方法与普通手工缝纫差异很大。在最简单的手工缝合中，缝纫者在针尾端的针眼中系上一根线，然后将针连带线完全穿过两片织物，从一面穿到另一面，然后再穿回原先一面。这样，针带动线进出织物，把它们缝合在一起。

　　虽然这对手工缝纫来说非常简单，但是要用机器进行牵拉却极其困难。机器需要在织物的一边释放针，然后在另一边即刻再次抓住它。机器还需要把松散的线全部拉出织物，调转针的方向，然后反方向重复所有步骤。这一过程对一个简单的机器来说太复杂了，并且不实用，而且即使对手工缝纫来说，也只有用较短的线才好用。相反，缝纫机只需将机针部分穿过织物，机针针眼就在尖头的后面，而不是在针的尾端。针固定在针杆上，针杆由原动力通过一系列的齿轮和凸轮牵引做上下运动。当针的尖端穿过织物时，它在一面向另一面拉出一个小线圈。织物下面的一个装置会抓住这个线圈，然后将其包住另一根线或者同一根线的另一个线圈，如图 7-101 所示。

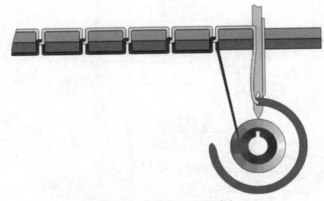

图 7-101　缝纫机线圈缝合

　　(2) 缝纫机采用的线圈缝合类型

　　缝纫机有多种不同类型的线圈缝合，而且它们的原理也略有不同。

　　① 链式缝合：最简单的线圈缝合是链式缝合。若要缝出链式缝合，缝纫机会在线的后面

用相同长度的线打环。链式缝合的主要优点是可以缝得非常快。但是，它不是特别结实，如果线的一端松开，可能整个缝纫会全部松脱。

② 锁缝：锁缝是大多数缝纫机使用的一种更结实的缝线类型。锁缝装置最重要的元件是摆梭钩和线轴组件。线轴就是放在织物下面的一卷线。它位于摆梭的中央，在原动力的带动下旋转，与针的运动同步。针穿过织物拉出一个线圈，在送布牙向前移动织物的同时它再次升起，然后将另外一个线圈套入。不过，这种缝合机制不是将不同的线圈连接在一起，而是将它们与从线轴上松开的另一段线连接起来。当针将线套入线圈时，旋转的摆梭用钩针抓住线圈，随着摆梭的旋转，来自线轴的线拉出线圈，使得缝合非常结实。

（3）缝纫机线迹形成原理

为了理解家用缝纫机基本工作原理，首先应该知道线迹是如何形成的，家用缝纫机的线迹是由面线、底线两根缝纫线在缝料上、下面相互有规律地交合在一起而形成的。缝纫线的交合点处于缝料中间，从线迹的横断面上看，好像有两把锁相互连接在一起锁住一样，因此称为双线锁式线迹。

① 线迹的形成。以摆梭形成的双线锁式线迹最为常见，如图7-102所示，这种线迹由钩线、分线、脱线、出线几个步骤形成。

a. 钩线和分线：机针穿带上缝线（针线）向下穿过缝料至下极限，然后向上回升［图7-102（a）］，由于上缝线、缝料、机针的阻力和机针槽的作用逐渐形成线环，当机针回升到2～2.5毫米时形成的线环最佳。此时摆梭尖恰好转至针杆中心线钩住线环。摆梭继续顺时针转动，线环滑过摆梭的三角端和摆梭托之间的间隙，沿摆梭正、背两侧分开，挑线杆迅速下降放松上缝线。

b. 脱线：线环随同摆梭继续转动至摆梭三角端转到针杆的中心线时［图7-102（b）］，线环从摆梭翼脱出。

c. 出线：线环从摆梭翼脱出的瞬间，挑线杆迅速上升收缩上缝线，摆梭遂开始反向转动，使线环在摆梭尾与摆梭托产生的间隙中脱出［图7-102（c）］，缝线绕过装有梭线的梭心套一圈，使上缝线与下缝线交织。上缝线与下缝线交织后，随着缝料的进行和挑线机构与摆梭的作用，交织的线结控制在缝料层中间［图7-102（d）］。

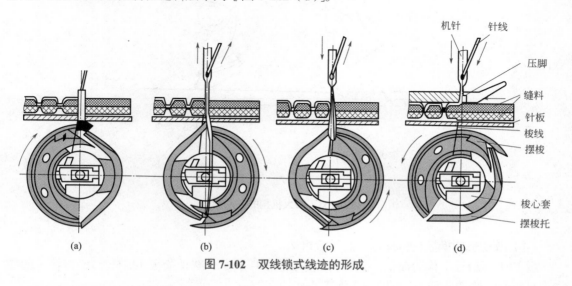

图7-102 双线锁式线迹的形成

② 线迹的形成的过程如下所述。

a. 送布阶段：机针从最高位置开始下降，送布牙同步开始送布，机针向下接近缝料时，送布结束。

b. 机针引线阶段：机针引着面线继续下降，穿过缝料降低到最低位时，面线受针孔向下的拉力和针杆与缝料的挤压力而在针孔上方紧贴针杆绷紧。

c. 线环形成阶段：机针在最低位置时，缝线由于受到缝料、机针、针槽以及梭床盖的共同作用相环。

d. 摆梭钩线阶段：摆梭尖继续旋转，钩住线环，牵着线环顺时针绕向藏有底线的梭心套下面。

e. 面线引底线阶段：当摆梭钩着线环转到梭心下面时，挑线杆停止输送面线并迅速上升收回面线，使线环急速缩小上移套住底线。

f. 收紧线迹阶段：在夹线器、挑线杆和梭心套的共同作用下，面线把底线拉到缝料中间并收紧。这样完整的线迹形成了。

 **7.9.2 缝纫机中的各种工作机构**

缝纫机的种类较多，常见的家用缝纫机的动力传动方式是带传动，家用缝纫机四大机构如图 7-103 所示，即机针（刺布）机构、钩线机构、挑线机构、送布机构。这些机构的工作原理又是怎样的呢?

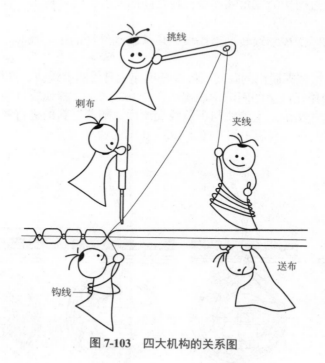

图 7-103 四大机构的关系图

（1）缝纫机曲柄摇杆机构——脚踏板机构

缝纫机脚踏板机构为曲柄摇杆机构，如图 7-104 所示。踩动踏板（摇杆）1，摇杆 1 的摆动通过连杆 2 驱动曲柄 3，使曲柄 3 连续转动。

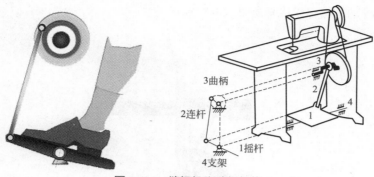

图 7-104 缝纫机脚踏板机构

（2）缝纫机挑线机构

缝纫机挑线机构，采用的是凸轮挑线机构，挑线凸轮按规定的位置紧固在主轴上，挑线杆由专用螺钉连接在机壳上，提供了挑线杆的转动支点，挑线杆上的滚柱嵌在挑线凸轮槽内，当主轴旋转时，凸轮槽通过滚柱驱动挑线杆绕转动支点在一定角度内上下摆动，达到供线和收线的目的。

（3）缝纫机的正弦机构——下针机构

如图 7-105 所示，该机构是具有两个移动副的四杆机构，这两个移动副相邻，且其中一个移动副与机架 2 相关联。这种机构因从动件 3 的位移与原动件曲柄 1 的转角的正弦成正比，故称为正弦机构，常用于缝纫机的下针机构如图 7-106 所示。

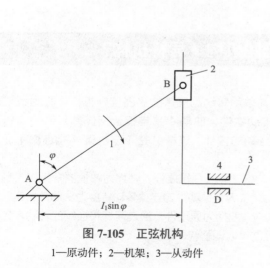

图 7-105 正弦机构

1—原动件；2—机架；3—从动件

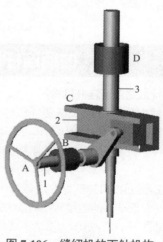

图 7-106 缝纫机的下针机构

1—原动件；2—机架；3—从动件

（4）缝纫机摆梭钩线机构

锁式线迹缝纫机中的摆梭由半旋转机构带动，机针线环用摆梭勾住并套过摆梭及其梭心套与梭线交织形成锁式线迹。如图 7-107 所示为摆梭钩线机构。

在摆梭钩线机构中，当主轴转动时，其右端的曲轴通过大连杆使摇杆往复摆动，构成曲柄摇杆机构；带导槽的叉形摇杆通过在导槽中滑动的滑块及与之铰接的摇杆构成摆梭导杆机构，主轴的转动通过这两个串联机构的运动传递，实现了摆梭轴大约 210° 的往复摆动，摆梭轴左端的摆梭托推动摆梭完成成缝所要求的特定运动。

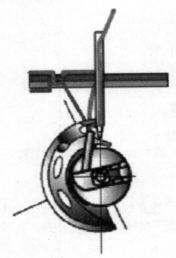

图 7-107　摆梭钩线机构

（5）缝纫机送布机构

采用单牙下送料形式，送布牙在送布机构的驱动下实现了近似椭圆形的运动轨迹。送布牙的运动都是由上下运动和前后运动复合而成，送布牙升至最高点后向前运动和压脚配合推送缝料，随后下降，退回复位。

## 曲柄连杆机构 ● 凸轮机构 ● 导杆机构？

**什么是曲柄连杆机构？**

我们先来认识铰链四杆机构：四个构件均采用转动副连接的平面连杆机构，称为铰链四杆机构。如图 7-108 所示，机架 4 是支承传动零件，曲柄 1 是与机架相连并且做整周转动的构件，摇杆 3 是与机架 4 相连并且做往复摆动的构件，连杆 2 是不与机架 4 相连做平面运动的构件。

铰链四杆机构的两个连架杆中，若一个是曲柄，另一个是摇杆，则称为曲柄摇杆机构。其功能是：将原动件的连续转动转换为从动件的摆动，或者将原动件的连续转动转换为从动件的连续转动。如图 7-109 所示为雷达天线俯仰角调整机构，曲柄为原动件，通过连杆将连续的转动，转换为与摇杆固接的抛物面雷达天线的一定角度的摆动，以调整俯仰角度。

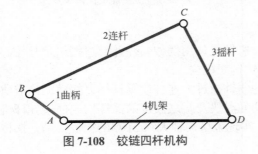

图 7-108　铰链四杆机构

图 7-109　雷达天线俯仰角调整机构

### 什么是凸轮机构?

凸轮机构是机械中的一种常用机构,常用于将原动件的连续转动转变为从动件的往复移动或摆动,能使从动件获得预先给定的运动规律。

(1)凸轮机构的组成

凸轮机构是由凸轮、从动件和机架三部分组成的一种高副机构。如图7-110所示为内燃机的配气机构所采用的凸轮机构。凸轮是具有曲线轮廓或凸轮槽的构件,推杆是从动件,运动规律由凸轮廓线和运动尺寸决定,机架作为相对参照系,锁合装置为保证高副始终可靠接触的装置。

(2)凸轮机构的类型

① 按凸轮的形状分类如下所述。

● 盘形凸轮:是凸轮的最基本形式,这种凸轮是一个绕固定轴转动并且具有变化半径的盘形零件,如图7-111所示。

● 当盘形凸轮的回转中心趋于无穷远时,凸轮相对机架做直线运动,这种凸轮称为移动凸轮,如图7-112所示。

● 将移动凸轮卷成圆柱体即成为圆柱凸轮。如图7-113所示。

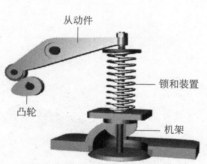

图7-110 凸轮机构的组成

图7-111 盘形凸轮

图7-112 移动凸轮

图7-113 圆柱凸轮

② 按从动件端部形式可分为尖端从动件、滚子从动件和平底从动件。

● 尖端从动件(见图7-114),特点是易磨损,承载能力低,用于轻载低速的场合。

● 滚子从动件(见图7-115),特点是磨损小,承载能力较大,用于中载中速的场合。

● 平底从动件(见图7-116),特点是受力好,润滑好,常用于高速的场合。

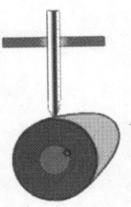

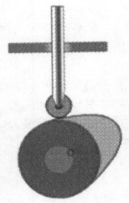

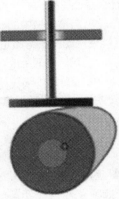

图 7-114　尖端从动件　　　　图 7-115　滚子从动件　　　　图 7-116　平底从动件

③ 按从动件运动方式分：直动从动件（图 7-117），摆动从动件（图 7-118）。

④ 按凸轮与从动件保持接触的锁合装置分：槽凸轮机构（图 7-119），共轭凸轮机构（图 7-120），等宽凸轮机构（图 7-121）。

图 7-117　直动从动件　　　　　　　　图 7-118　摆动从动件

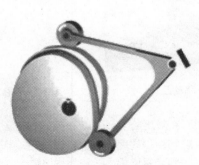

图 7-119　槽凸轮机构　　　　图 7-120　共轭凸轮机构　　　　图 7-121　等宽凸轮机构

（3）凸轮机构的应用

如图 7-122（a）所示为齿轮加工机床的插齿机构，以凸轮机构来实现竖直方向的往复运动。在插齿时用一个水平移动的机架固定刀具，并用凸轮机构带动它，完成退刀运动。

如图 7-122（b）所示为内燃机配气机构，工作时盘形凸轮连续工作，推动从动件气阀有规律地实现进、排气阀的开启与闭合。

如图 7-122（c）所示为自动机床上的进退刀机构，工作中圆柱凸轮转动，通过凸轮的凹槽控制从动件按预设的规律摆动，再通过齿轮齿条的传动实现进刀退刀。

如图 7-122（d）所示为缝纫机拉线机构，当圆柱凸轮转动时，嵌在槽内的滚子迫使从动件（挑线爪）绕轴转动，从而拉动缝线工作。

(a) 齿轮加工机床的插齿机构    (b) 内燃机配气机构

(c) 机床进退刀机构    (d) 缝纫机拉线机构

图 7-122 凸轮机构的应用

**什么是导杆机构？**

在如图 7-123 所示的机构中，杆长 $l_2 < l_1$，此时连架杆 2 是曲柄，导杆 4 只能绕机架摆动，故此机构称为摆动导杆机构。该机构的功能是将曲柄 2 的转动转换为导杆 4 的摆动。

在如图 7-124 所示的机构中，杆长 $l_1 < l_2$，机架为最短构件，与机架相邻的两个连架杆 2、4 均能绕机架转动整周，导杆 4 是转动导杆，故此机构称为转动导杆机构。这种机构的功能是将曲柄 2 的等速转动转换为导杆的变速转动。

导杆机构的应用：如图 7-125 所示为牛头刨床驱动机构，为摆动导杆机构应用实例；如图 7-126 所示为转动导杆切纸机构，为转动导杆机构应用实例。

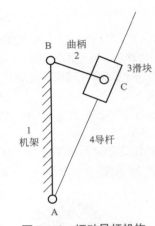

图 7-123 摆动导杆机构

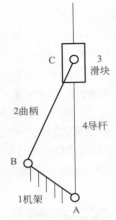

图 7-124 转动导杆机构

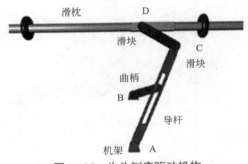

图 7-125 牛头刨床驱动机构

图 7-126 转动导杆切纸机构

# 7.10 揭秘古代指南车

指南车（图 7-127）是古代一种指示方向的车。关于指南车最早的确切记载是在三国时期，历史典籍显示三国时期马钧是第一个成功制造指南车的人。从那时开始，历代史书几乎都有指南车的记载，但是都比较简略。直至宋代才有完整的资料，《宋史·舆服志》详细地记载了燕肃和吴德仁所造指南车的结构和技术规范。

指南车其外形如图 7-127 所示，一辆车上立一木人，木人的一只手臂平伸向前，只要开始行车的时候，木人的手臂指南，此后无论车子怎样改变方向，木人的手臂始终指向南方。人们很容易将指南车与指南针相混淆，其实二者虽然都有"指南"二字，但科学原理却完全不同。指南针是利用了磁铁或磁石在地球磁场中的南北指极

图 7-127 指南车

性而制成的指向仪器，而指南车的原理是车上装有一套差动齿轮装置，当车辆左、右转弯

时，车上可以自动离合的齿轮传动装置就带动木人向车辆转弯相反的方向转动，使木人的手臂始终保持指南。指南车上这种利用差动齿轮装置来指示方向的机械，在今日仍有现实意义。

## 7.10.1 指南车齿轮传动系统

如图 7-128 所示的古代指南车，在使用时先对木人进行调整，使木人的手指向正南。若马拖着辕直走，则左右两个小平轮都悬空，车轮小齿轮和车中大平轮不发生啮合传动，因此木人不转，当然也不会改变指向。若车子向右拐弯，则车辕的前端也必向左，而其后端则必偏右。车辕的这种变化，会使系在车辕上的吊悬两小平轮的绳子发生相应的松紧，把左边的小平轮向上拉，但仍使它悬空，而右边的小平轮则借铁坠子及其本身的重力往下落，造成了车轮小齿轮和大平轮的啮合传动。若车子向左转 90°，则在转弯时，左轮不动，右轮要转半周。与右轮相连的小齿轮也就转半周（即转过 12 个齿），经过小平轮传动到大平轮，则大平轮将以相反的方向转动 90°，这样木人在和车一起左转 90° 的同时，又由于齿轮的啮合传动右转了 90°，其结果等于没有转动，所以它的指向仍然不变。车子其他运动情况的结果可以类推。总之无论车子怎么转动，木人总能保持它的指向不变。

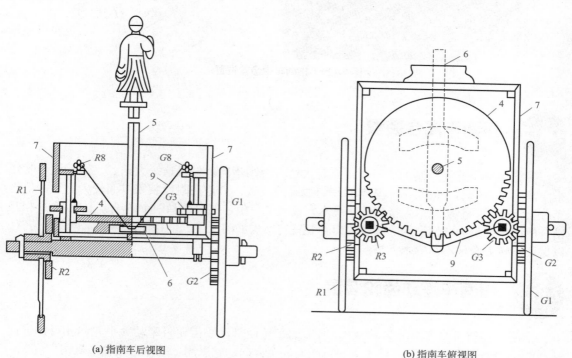

(a) 指南车后视图                    (b) 指南车俯视图

图 7-128　古代指南车的结构图

1—足轮；2—立轮；3—小平轮；4—中心大平轮；5—贯心立轴；6—车辕；7—车厢；8—滑轮；9—拉索

燕肃研制的指南车是一辆双轮独辕车，车上立一木人，伸臂指南。车中除两个沿地面滚动的足轮（即车轮）外，尚有大小不同的 7 个齿轮，如图 7-129 所示。《宋史·舆服志》分别记载了这些齿轮的直径或圆周以及其中一些齿轮的齿距与齿数。由齿数、转动数,并保证木人指南的目的可见,古人掌握了关于齿轮匹配的力学知识和控制齿轮离合的方法。车轮转动,带动附于其上的垂直齿轮(称附轮、立轮或附立足子轮),该附轮又使与其啮合的小平轮转动,小平轮带动中心大平轮,指南木人的立轴就装在大平轮中心。当车转弯时,只要操作车上离合装置,即竹绳、滑轮(分别居于车左、车右的小轮)和铁坠子,就可以控制大平轮的转动,从而使木人指向不变。例如,当车向右转弯,则其前辕向右,后辕必向左。此时只要将绕过滑轮的后辕端绳索提起,使左小平轮下落,从而与大平轮离开,同时使右小平轮上升,从而与大平轮啮合,大平轮就随右小平轮而逆转。由于各个齿轮匹配合理,车轮转向的弧度与大平轮逆转弧度相同,故木人指向不变。

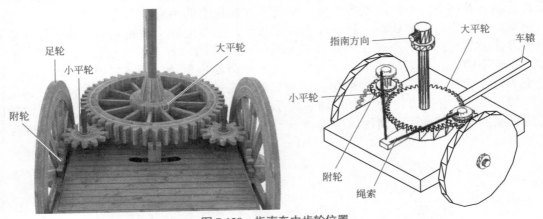

图 7-129　指南车中齿轮位置

## 7.10.2　指南车离合装置

　　吴德仁鉴于燕肃所制的指南车不能转大弯,否则指向就失灵这一大缺点,重新设计制作指南车。吴德仁制作的指南车基本原理与燕肃的一致,只是在附设装置方面较为复杂。他的车分上下两层。上层除木人指南外,绕木人还有二只龟、四只鹤和四个童子,上层 13 个相互啮合的齿轮就是为它们设的。下层的齿轮装置与结构如前所述,但是他发明了绳轮离合装置,以保证车转大弯也不影响木人指向。

## 7.10.3　指南车差动齿轮装置

　　指南车在行驶时车身如果转 90°,右边的车轮便带动小齿轮再牵动大平轮向相反的方向转 90°,在各轮相互配合下,使木人一直指向一个方向,它采用了差动齿轮轮系机构。

　　近代,对指南车的研究受到了国内外学术界的广泛重视,他们提出了指南车内部结构的各种猜想,其中有英国学者郎基斯特提出的差动轮系机构。

　　科学史学家李约瑟在对指南车的差动齿轮做详细研究后指出:无论如何,指南车是人类历史上第一架有共协稳定的机械,当将驾车人与车辆看成一整体时,它就是第一部摹控机械。如图 7-130 所示为差速齿轮式指南车。

图 7-130 差速齿轮式指南车

## 汽车差速器的组成及工作原理

汽车差速器的组成如图 7-131 所示。

汽车差速器工作原理：当汽车直走时，两个行星轮只公转，不自转，如图 7-131（b）所示。图 7-131（c）表示汽车转弯时，根据力学原理，转弯时内侧车轮势必转得慢些，此时驱动轴转速不变，行星轮此时一边绕半轴公转，一边自转。

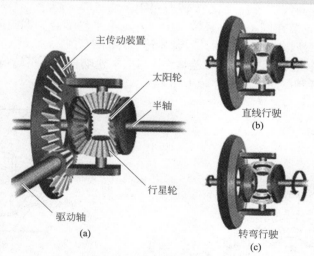

主传动装置

太阳轮

半轴

行星轮

驱动轴

(a)

直线行驶
(b)

转弯行驶
(c)

图 7-131 汽车差速器的组成

## 7.11 揭秘古代记里鼓车

记里鼓车（图 7-132）是中国古代用于计算道路里程的车，由"记道车"发展而来。从三国时开始，历代史书几乎都有记里鼓车的记载，但是都比较简略。直到几百年后的《宋史》

中才较详细地记载了它的内部齿轮结构。记里鼓车发明于西汉初期，外形为一辆车子，车上设两个木人及一鼓一钟，木人一个击鼓，一个敲钟。车上装有一组减速齿轮，与轮轴相连。车行 1 里时，控制击鼓木人的下平轮正好转动一周，木人便击鼓一次；车行 10 里时，控制敲钟木人的上平轮正好转动一周，木人便敲钟一次。坐在车上的人只要聆听这钟鼓声，就可知道车已行了多少里程。这种机械装置的科学原理与现代汽车上的里程表基本相同。

图 7-132　记里鼓车

## 7.11.1　记里鼓车的结构

　　如图 7-133、图 7-134 所示，车轮的圆周长 1 丈 8 尺（丈和尺为古代长度单位）。车轮转一圈，则车行 1 丈 8 尺。古时以 6 尺为 1 步，则车轮转一圈车行 3 步。

　　如图 7-135 所示，母齿轮（立轮）附于左车轮，并与传动轮啮合。立轮齿数为 18，而传动轮齿数为 54，所以前者转一圈，后者才转 1/3 圈。

　　铜旋风轮与传动轮装在同一贯心竖轴之上，并与下平轮啮合。铜旋风轮的齿数为 3，而下平轮的齿数为 100，所以前者转一圈，后者才转 3/100 圈。

　　小平轮与下平轮装在同一贯心竖轴之上，并与上平轮啮合。小平轮齿数为 10，而上平轮齿数为 100，所以前者转一圈，后者才转 1/10 圈。

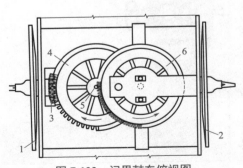

图 7-133　记里鼓车俯视图

1—左足轮；2—右足轮；3—立轮；4—下平轮；
5—旋风轮；6—中平轮

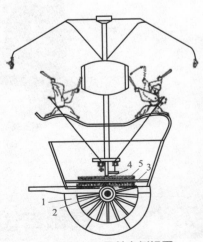

图 7-134　记里鼓车侧视图

1—右足轮；2—立轮；3—下平轮；
4—旋风轮；5—上平轮

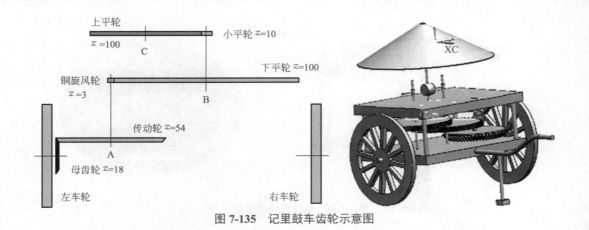

图 7-135 记里鼓车齿轮示意图

## 7.11.2 记里鼓车工作原理

如图 7-133、图 7-134 所示，马匹拉记里鼓车向前行走，带动足轮（车轮）转动。足轮的转动靠一套互相啮合的齿轮传给敲鼓木人。在左边一个足车轮的内侧，安装一个木质母齿轮（立轮），母齿轮直径 1.38 尺，圆周 4.14 尺，母齿轮带 18 齿，齿距 2.3 寸。车下安装一个与地面平行的传动齿轮，和母齿轮啮合，传动齿轮的直径 4.14 尺，圆周 12.42 尺，出 54 齿，齿距 2.3 寸，和母齿轮的齿距相同。传动轮中心的传动轴，穿入记里鼓车的第一层。传动轴的上端，安装一个铜质旋风轮，出 3 齿，齿距 1.2 寸。和旋风轮啮合的，是一个直径 4 尺，圆周 12 尺的水平轮，出 100 齿，齿距和旋风轮的齿距相同。水平轮转轴上端安装一个小平轮，直径 3.33 寸，圆周 1 尺，出 10 齿，齿距 1 寸。一个直径 3.33 尺的大平轮，圆周 10 尺，出 100 齿，齿距 1 寸，和小平轮啮合。整个记里鼓车包括足轮（车轮）在内共 8 轮，其中由 6 个齿轮构成一套百分之一和千分之一的减速齿轮系。

## 机械式车速里程表

（1）机械式车速里程表组成和结构

机械式车速里程表组成如图 7-136 所示。

271

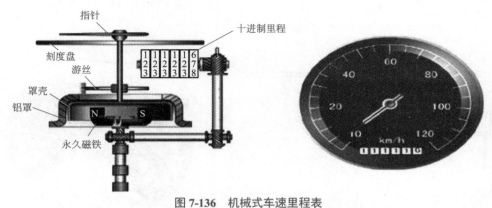

图 7-136 机械式车速里程表

（2）机械式车速里程表的工作原理

如图 7-137 所示为机械式车速里程表结构图，发动机的轴把动力传给变速箱，从变速箱的输出轴到车轮的传动比是不变的。在变速箱的输出轴上装有一根软轴，一直通到驾驶员面前的里程表里去。所谓"软轴"就是像自行车线闸用的拉线那样有钢丝芯的螺旋管，管壁和内芯之间有润滑油，外管固定而内芯可以转动，这个内芯的转速与车轮的转速有着恒定的比例关系。软轴通到车速表，使得指针能把车的行驶速度指示出来。同时，软轴旋转还经过蜗轮蜗杆传到车速表中间的滚轮计数器上，把车轮的转数所代表的里程数累计了下来，因为车速和里程都是由同一根软轴传来的旋转动作驱动的，所以这两个表组合在一起，前者用指针指示，后者由滚轮计数器累计。

（3）滚轮计数器（图 7-138）

里程表是一种数字式仪表，它通过计数器鼓轮的传动齿轮与车速表传动轴上的蜗杆啮合，使计数器鼓轮转动，其特点是上一级鼓轮转一整圈，下一级鼓轮转 1/10 圈。同车速表一样，目前里程表也有电子式里程表，它从速度传感器获取里程信号，其累积的里程数字存储在非易失性存储器内，在无电状态下数据也能保存。

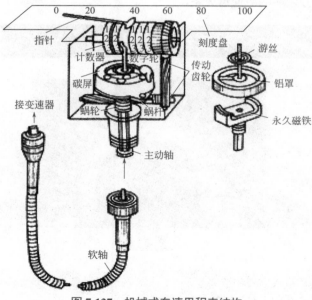

图 7-137 机械式车速里程表结构

图 7-138　滚轮计数器

　　机械式车速里程表的工作原理很简单，因为汽车车轮的直径已知，车轮的圆周长是恒定不变的。由此可以计算出每走 1 里路车轮要转多少圈，这个数也是恒定不变的。因此只要能够自动把车轮的转数记录下来，然后除以每 1 里路对应的转数就可以得到行驶的里程了。

　　和记里鼓车相比，虽然原理一样，但现在汽车上的里程表克服了记里鼓车的不足之处，既能显示此次走了多少公里。也能记忆自从出厂以来一共走了多少公里。于是，车辆是否需要大修，发动机是否应该报废，全都是有记录可依。

# 7.12　机械手表

　　机械手表的历史虽然非常悠久，但是石英手表却是一项伟大的发明，因为它大大提高了手表的走时准确性，这是机械手表无可比拟的。那么，为什么石英手表始终无法取代机械手表？也许人们喜欢机械手表，是因为它的机械性，是因为它的滴滴答答的声音，是因为它凝结了人类智慧。让我们一起走进机械手表，看看机械手表是如何工作的。

## 7.12.1 机械手表的组成

机械手表由机芯和外部部件组成。机芯包括传动系统、原动系统、上条拨针系统、擒纵调速系统、指针系统。机芯是由夹板用螺钉把它们组合在一起的;外部部件由表壳、表盘、表针、表带等零件组成。机械手表结构如图7-139所示。

① 传动系统。传动系统由中心轮(二轮)、过轮、秒轮、擒纵轮等组成,是将发动力的运动和动力传动至擒纵轮的一组传动齿轮,并带动指针机构。

机械手表走时的传动路线为,发条旋紧发送力量至中心轮(二轮)、第三轮、第四轮、擒纵轮、擒纵叉,再到摆轮,然后摆轮的反作用力至擒纵叉使其恢复之前所在位置,这个运转过程即可周而复始。

分针与时针、秒针与分针的传动比均为60,都是通过二级齿轮传动实现的,从秒针到时针,传动比达到3600,也只用了四级齿轮传动就实现了,结构很紧凑。

机械手表的传动系统,将机械手表的原动系统与调速机构连接起来,从而成为一条完整的主传动链。这一链条运转是否通畅、稳定,直接决定了机械手表机芯走时的精度。

② 原动系统。原动系统是储存和传递工作能量的机构,通常由条盒轮、条盒盖、条轴、发条和发条外钩组成。发条在自由状态时是一个螺旋形或S形的弹簧,内端有一个小孔,套在条轴的钩上,外端通过发条外钩,钩在条盒轮的内壁上。上条时,通过上条拨针系统使条轴旋转,将发条卷紧在条轴上。发条的弹性作用使条盒轮转动,从而驱动传动系统。

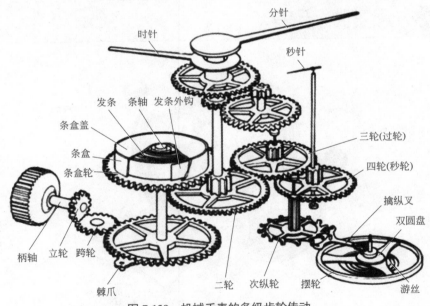

图 7-139 机械手表的多级齿轮传动

③ 上条拨针系统。上发条是由使用手表的人通过装在表壳外侧的柄头部件来实现手工卷紧发条的,拨针的原理也是这样。上条拨针系统有两个作用:一是上发条储备能量,二是拨针对时。它是手表类计时不可缺少的机构。

上条拨针系统由柄头、柄轴、立轮、跨轮、棘爪、棘爪簧等组成。上发条和拨针都是通过柄头部件来实现的。上发条时,立轮和离合轮处于啮合状态,当转动柄头时,离合轮带动立轮，立轮又经小钢轮和大钢轮，使条轴卷紧发条，棘爪则阻止大钢轮逆转。拨针时，拉出柄头，拉挡在拉挡轴上旋转并推动离合杆，使离合轮与立轮脱开，与拨针轮啮合。此时转动柄头拨针轮便通过跨轮带动时轮和分轮，达到校正时针和分针的目的。

④擒纵调速系统。擒纵调速系统由擒纵机构和调速机构两部分组成。调速机构是靠摆轮游丝的周期性振荡，使擒纵机构保持精确规律的持续运动，从而取得调速作用。它包括摆轮、游丝、快慢针和活动外桩等部件。擒纵机构由擒纵轮、擒纵叉、双圆盘等部件组成，向调速机构传递能量、计量振荡次数。

⑤指针系统。指针机构包括时轮、分轮、跨轮、表盘、时针、分针、秒针等零部件。分针装在分轮上，时针装子时轮上，秒针装在传动机械的秒轮轴上。分轮为主动轮，通过跨轮片、跨齿轴带动时轮旋转。时轮滑套在分轮管上，时轮与表盘之间，或在时轮与日历压板之间装一个元宝形的时轮簧。

## 7.12.2 机械手表的工作原理

如图 7-140 所示，发条是为手表提供能量的零件，圈绕在条盒内。利用条轴上的方槽上紧发条，条轴的方槽由上条机构驱动。手表在无复上条情况下，即能走时 36 ～ 50 小时左右。发条储存一定的能量，以均匀小量地分配给振荡器。为此，提供的能量通过轮列组，由轮列组在以相同比例缩减传输力的同时增加圈数，该轮列组包括 4 只轮和 4 只齿轮，后 3 只轮是铆压在前 3 只齿轮上的。

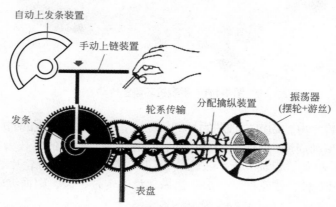

图 7-140 机械手表的工作原理示意图

擒纵轮属于分配机构及计数器。条盒轮转一圈约 6 小时，在此段时间内，擒纵齿轮和擒纵轮转约 3600 圈。这数字代表第一只轮和最后一只轮之间的旋转频率比。该比例始终在此数值范围内。一般都设法使齿轮和分轮在手表的中心，并每小时转一圈。

机械手表的工作原理：机械手表用发条作为动力，经过由一组齿轮组成的传动系统来推动擒纵调速器工作，再由擒纵调速器反过来控制传动系统的转速。传动系统在推动擒纵调速器的同时还带动指针机构。传动系统的转速受控于擒纵调速器，所以指针能按一定的规律在表盘上指示时刻。上条拨针系统是上紧发条或拨动指针的机件。此外，还有一些附加机构可增加手表的功能，如自动上条机构、日历（双历）机构、闹时装置、月相指示和测量时段机构等。

（1）看一看，想一想：在图 7-141 中，你能看出哪个是齿轮轴？哪个是齿轮片吗？

———上链方向

**图 7-141 手表机芯齿轮传动**

（2）想一想，算一算：通过齿轴对齿片的传动比，分针轮转一圈的时间是多少？

以"海鸥表"振动周期为 1/3 秒的机芯而言，各齿轴、轮片的齿数为：擒纵轮片 20 齿、齿轴 10 齿，秒轮片 90 齿、齿轴 8 齿，三轮片 80 齿、齿轴 11 齿，分轮片 66 齿。已知摆轮完成一次全振动需要 1/3 秒，摆轮振动一次，擒纵轮片就转过一齿，则擒纵轮转一圈需要 $20 \times (1/3) = \frac{20}{3}$ 秒；则秒轮转一圈的时间 $(90/10) \times (20/3) = 60$ 秒；由于分轮片与三齿轴啮合，通过秒齿轴对三轮片，三齿轴对分轮片的传动比计算，分针轮转一圈的时间为 $(80/8) \times (66/11) \times 60 = 3600$ 秒 $= 60$ 分 $= 1$ 小时。

我们了解了机械手表的原理，机械手表是用齿轮组成的齿轮系统来达到计时的目的。这种由一系列相互啮合的齿轮组成的传动系统称为轮系。接下来学一点轮系的基本知识。从中了解什么是轮系，轮系的类型，轮系的应用。

## 认识轮系

什么是轮系？

用一系列互相啮合的齿轮将主动轴和从动轴连接起来，这种多齿轮的传动装置称为轮系（见

图 7-142）。齿轮传动在各种机器和机械设备中应用广泛，但对于减速、增速、变速等特殊用途，往往不能只靠一对齿轮（见图 7-143）来完成，经常需采用一系列相互啮合的齿轮组成的传动系统——轮系来完成。

(a) 圆柱齿轮传动

(b) 圆锥齿轮传动

(c) 斜齿轮传动

图 7-142　轮系

图 7-143　一对齿轮传动

（1）轮系的分类

按传动时各齿轮的轴线位置是否固定分类，轮系有定轴轮系和周转轮系。

① 定轴轮系：轮系运转时，每个齿轮的几何轴线位置相对机架均固定不变。平面定轴轮系如图 7-144 所示，空间定轴轮系如图 7-145 所示。

图 7-144　平面定轴轮系

图 7-145　空间定轴轮系

② 周转轮系。在轮系传动时，至少有一个齿轮的几何轴线可绕另一个齿轮的几何轴线转动的轮系称为周转轮系，如图 7-146 所示。

③ 复合轮系。工程中的轮系既有定轴轮系，又有周转轮系，或直接由几个周转轮系组合而成。机械传动中由定轴轮系和周转轮系构成的复杂轮系称为复合轮系，如图 7-147 所示。

（2）轮系的功用

① 实现换向。如车床走刀丝杠的三星轮换向机构（图 7-148），在主动轴转向不变的条件下，可改变从动轴的转向。

二级行星轮系变速器（图 7-149）结构较为复杂，可在运动中变速，又可利用摩擦制动器的打滑起到过载保护作用。

图 7-146 周转轮系

图 7-147 复合轮系

图 7-148 三星轮换向机构

图 7-149 二级行星轮系变速器

② 实现分路传动。如图 7-150 所示为某航空发动机附件传动系统,它可把发动机主动轴运动分解成六路传出,带动附件同时工作。利用轮系可以使一根主动轴带动若干根从动轴同时转动,获得所需的各种转速。

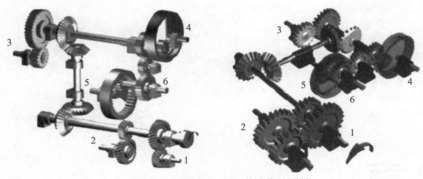

图 7-150 某航空发动机附件传动系统

③ 实现变速传动。当主动轴的转速不变时，利用轮系可以使从动轴获得多种工作转速，这种传动称为变速传动（图 7-151）。汽车、机床、起重机等许多机械都需要变速传动。

④ 获得较大的传动比。采用定轴轮系或行星轮系均可获得较大的传动比。若用定轴轮系获得大传动比，需要多级齿轮传动，致使传动机构复杂和庞大，采用行星轮系，只需很少几个齿轮，就可获得很大的传动比。

机械中常采用具有两个自由度的差动行星轮系（图 7-152）来实现运动的合成和分解，这是行星轮系独特的功用。

⑤ 用作运动的合成。差动轮系有两个自由度，只有给定三个基本构件中任意两个的运动，第三个基本构件的运动才能确定。这就是说，第三个基本构件的运动为另两个基本构件运动的合成。如图 7-153 所示的圆锥齿轮差动轮系，亦常用来进行运动的合成。

⑥ 用作运动的分解。利用差动轮系还可以将一个基本构件的转动按所需的比例分解为另外两个基本构件的转动。如图 7-154 所示为汽车后桥上的差速器。

图 7-151 变速传动

图 7-152 差动行星轮系

图 7-153 圆锥齿轮的差动轮系

图 7-154 汽车后桥上的差速器

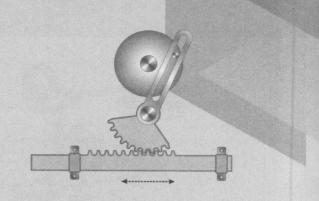

# 第8章
# 自动化机器（机器人）原理与构造

随着科学技术的发展，机器人不仅正在制造业上替代工人工作，还将在军事、服务业、娱乐等领域逐渐取代人类，机器人正走入我们的实际生活中。

## 8.1　机器人构造原理

机器人是自动执行工作的机器装置。它既可以接受人类指挥，又可以运行预先编排的程序，也可以根据以人工智能技术制定的原则纲领行动。它的任务是协助或取代人类的部分工作，例如建筑业。

中国的机器人专家从应用环境出发，将机器人分为两大类，即工业机器人和特种机器人。所谓工业机器人就是面向工业领域的多关节机械手或多自由度机器人。而特种机器人则是除工业机器人之外的、用于非制造业并服务于人类的各种先进机器人，包括：服务机器人、水下机器人、娱乐机器人、军用机器人、农业机器人等。

机器人的基本结构如图8-1所示。机器人一般由执行机构、驱动装置、检测装置、控制系统和复杂机械等组成。

图8-1 机器人的基本结构

（1）执行机构

即机器人本体，其臂部一般采用空间开链连杆机构，其中的运动副（转动副或移动副）常称为关节，关节个数通常即为机器人的自由度数。根据关节配置形式和运动坐标形式的不同，机器人执行机构可分为直角坐标式、圆柱坐标式、极坐标式和关节坐标式等类型。出于拟人化的考虑，常将机器人本体的有关部位分别称为基座、腰部、臂部、腕部、手部（夹持器或末端执行器）和行走部（对于移动机器人）等。

（2）驱动装置

驱动装置是驱使执行机构运动的机构，按照控制系统发出的指令信号，借助于动力元件使机器人进行动作。它输入的是电信号，输出的是线、角位移量。机器人使用的驱动装置主要是电力驱动装置，如步进电机、伺服电机等，此外也采用液压、气动等驱动装置。

（3）检测装置

检测装置实时检测机器人的运动及工作情况，根据需要反馈给控制系统，在与设定信息进行比较后，对执行机构进行调整，以保证机器人的动作符合预定的要求。检测装置的传感器大致可以分为两类：一类是内部信息传感器，用于检测机器人各部分的内部状况，如检测各关节的位置、速度、加速度等，并将所测得的信息作为反馈信号送至控制器，形成闭环控制；一类是外部信息传感器，用于获取有关机器人的作业对象及外界环境等方面的信息，以使机器人的动作能适应外界情况的变化，使之达到更高层次的自动化，甚至使机器人具有某种"感觉"，向智能化发展，例如视觉、声觉等外部传感器给出工作对象、工作环境的有关信息，利用这些信息构成一个大的反馈回路，从而将大大提高机器人的工作精度。

（4）控制系统

控制系统有两种：一种是集中式控制，即机器人的全部控制由一台微型计算机完成；另一种是分散式控制，即采用多台微机来分担机器人的控制，如当采用上、下两级微机共同完成机器人的控制时，主机常用于负责系统的管理、通信、运动学和动力学计算，并向下级微机发送指令信息，作为下级从机，各关节分别对应一个CPU，进行插补运算和伺服控制处理，实现给定的运动，并向主机反馈信息。根据作业任务要求的不同，机器人的控制方式又可分为点位控制、连续轨迹控制和力控制。

## 8.2 工业机器人

（1）工业机器人系统的组成

工业机器人是一套完整的机器人系统，如图 8-2 所示，由如下八种元素组成。

① 机器人本体：机械手臂部分，包含减速器，电动机。

② 机器人控制柜：也称之为机器人控制器或机器人控制系统。

③ 系统软件：一般都包含在控制柜里面。不同的应用会有不同的系统软件，不同的系统软件会有不同的功能指令选项。

④ 示教器 / 示教盒：包含在机器人控制器里面，也称为手操器、编程器。

⑤ 外围配套机械设备：比如输送线、流水线、旋转工作台、变位机、数控机床等。

⑥ 外围机械设备控制柜：包含 PLC、变频器、步进电机、触摸屏、低压电器等。

⑦ 机器人手抓 / 夹具：由吸盘、气缸、气动手指等组成。

⑧ CCD 视觉：电荷耦合器件（CCD）是 20 世纪 70 年代初发展起来的一种新型半导体固体（摄像器件）。

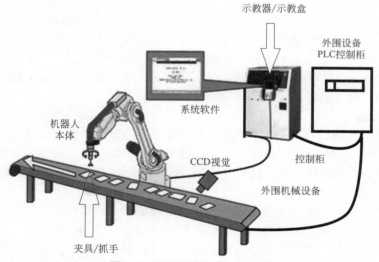

图 8-2　工业机器人系统的组成

（2）机器人控制系统的一般要求

机器人控制系统是机器人的重要组成部分，用于对操作机的控制，以完成特定的工作任务，其基本功能如下。

① 记忆功能：存储作业顺序、运动路径、运动方式、运动速度和与生产工艺有关的信息。

② 示教功能：离线编程，在线示教，间接示教。在线示教包括示教盒和导引示教两种。

③ 与外围设备联系功能：输入和输出接口、通信接口、网络接口、同步接口。

④ 坐标设置功能：有关节、绝对、工具、用户自定义四种坐标系。

⑤ 人机接口：示教盒、操作面板、显示屏。

⑥ 传感器接口：位置检测、视觉、触觉、力觉等。

⑦ 位置伺服功能：机器人多轴联动、运动控制、速度和加速度控制、动态补偿等。

⑧ 故障诊断安全保护功能：运行时系统状态监视、故障状态下的安全保护和故障自诊断。

（3）工业机器人机械结构

如图 8-3 所示，为常见的六轴关节机器人的机械结构，六个伺服电机直接通过谐波减速器、同步带轮等驱动六个关节轴的旋转，注意观察 1、2、3、4 轴的结构，关节 1 至关节 4 的驱动电机为空心结构，空心轴结构的电机一般较大，适合于机器人各种控制管线从电机中心直接通过。

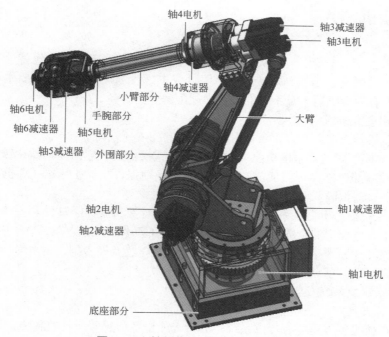

**图 8-3 六轴关节工业机器人机械结构**

（4）工业机器人操作机及其组成（图 8-4）

操作机是机器人握持工具或工件，完成各种运动和操作任务的机械部分。操作机的组成部分有机座、腰部、臂部、腕部和手部，如图 8-4 所示。

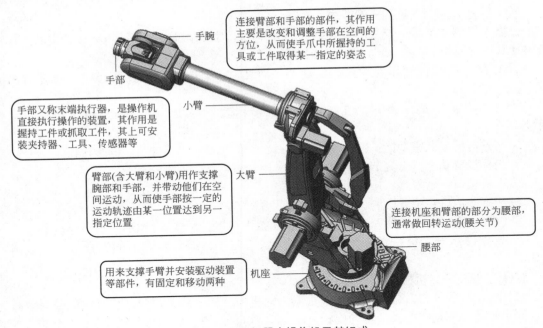

连接臂部和手部的部件,其作用主要是改变和调整手部在空间的方位,从而使手爪中所握持的工具或工件取得某一指定的姿态

手腕

手部

手部又称末端执行器,是操作机直接执行操作的装置,其作用是握持工件或抓取工件,其上可安装夹持器、工具、传感器等

小臂

臂部(含大臂和小臂)用作支撑腕部和手部,并带动他们在空间运动,从而使手部按一定的运动轨迹由某一位置达到另一指定位置

大臂

连接机座和臂部的部分为腰部,通常做回转运动(腰关节)

腰部

用来支撑手臂并安装驱动装置等部件,有固定和移动两种

机座

图 8-4 工业机器人操作机及其组成

## 8.2.1 焊接机器人

焊接机器人如图 8-5 所示,是从事焊接的工业机器人。采用机器人代替手工焊接作业是焊接制造业的发展趋势,是提高焊接质量、降低成本、改善工作环境的重要手段。采用机器人进行焊接,光有一台机器人是不够的,还必须配备外围设备。

（1）焊接机器人系统组成

常规的焊接机器人系统由以下 5 部分组成,如图 8-6 所示。

① 机器人本体一般是伺服电机驱动的 6 轴关节式操作机,它由驱动器、传动机构、机械手臂、关节以及内部传感器等组成。它的任务是精确地保证机械手末端（焊枪）所要求的位置、姿态和运动轨迹正确。

② 机器人控制柜是机器人系统的神经中枢,包括计算机硬件、软件和一些专用电路,负责处理机器人工作过程中的全部信息和控制机器人全部动作。

③ 焊接装备,包括焊接电源、专用焊枪等。以弧焊及点焊为例,则由焊接电源,焊接控制系统、送丝机（弧焊）、焊枪（钳）等部分组成。

④ 焊接传感器及系统安全保护设施。

⑤ 焊接工装夹具。

对于智能焊接机器人还应有传感系统,如激光或摄像传感器及其控制装置等。

（2）焊接机器人在汽车生产中应用

焊接机器人目前已广泛应用在汽车制造业,如汽车底盘、座椅骨架、导轨、消声器以及液力变矩器等,尤其在汽车底盘焊接生产中得到了广泛的应用。应用机器人焊接后,大大提高了焊接件的外观和内在质量,并保证了质量的稳定性和降低劳动强度,改善了劳动环境。如图 8-7 所示为焊接机器人在汽车生产中的应用。

（3）焊接机器人工作站

焊接机器人工作站的组成如图 8-8 所示。焊接机器人工作站正常运行的中枢是其控制柜中的计算机系统。焊接机器人工作站通过计算机系统对焊接环境、焊缝跟踪及焊接动态过程进行智能传感，根据传感信息对各种复杂的空间曲线焊缝进行实时跟踪控制，从而控制焊枪能够实现规划轨迹运行，并对焊接动态过程进行实时智能控制。

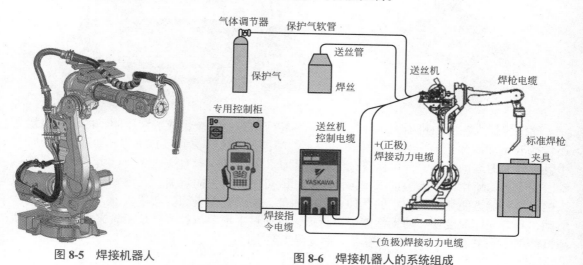

图 8-5　焊接机器人

图 8-6　焊接机器人的系统组成

图 8-7　汽车生产线上的焊接机器人

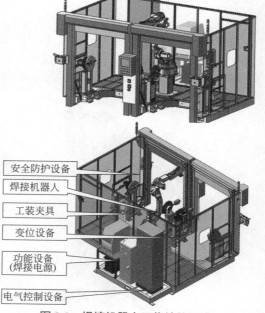

图 8-8　焊接机器人工作站的组成

## 8.2.2 喷漆机器人

喷漆机器人是可进行自动喷漆或喷涂其它涂料的工业机器人。

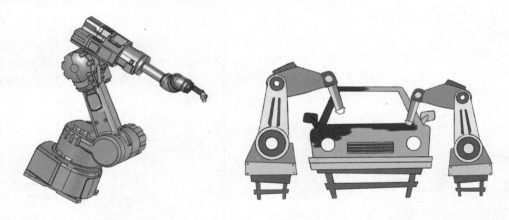

喷漆机器人主要由机器人本体、计算机和相应的控制系统组成，液压驱动的喷漆机器人还包括液压油源，如液压泵、油箱和电机等。喷漆机器人多采用5或6自由度关节式结构，手臂有较大的运动空间，并可做复杂的轨迹运动，其腕部一般有 2～3 个自由度，可灵活运动。较先进的喷漆机器人腕部采用柔性手腕，既可向各个方向弯曲，又可转动，其动作类似人的手腕，能方便地通过较小的孔伸入工件内部，喷涂其内表面。喷漆机器人一般采用液压驱动，具有动作速度快、防爆性能好等特点，可通过手把手示教或点位示教来实现示教。喷漆机器人广泛用于汽车、仪表、电器、搪瓷等工艺生产。

## 8.2.3　码垛机器人

码垛机器人，是机械与计算机程序有机结合的产物，为现代生产提供了更高的生产效率。码垛机器人在码垛行业有着相当广泛的应用。码垛机器人大大节省了劳动力和空间，其运作灵活精准，快速高速，稳定性高，作业效率高。码垛机器人如图 8-9 所示。

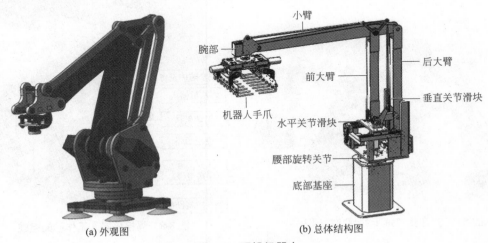

(a) 外观图　　　　(b) 总体结构图

图 8-9　码垛机器人

码垛机器人种类很多，常用的工业码垛机器人采用如图 8-10 所示的平衡吊机构形式。具有结构简单、使用方便、维护节省的优点。在该机构中，构件 5 和 6 是两个原动件，由于机构有两个自由度，所以该机构的运动是确定的。杆系核心部分是一个平行四连杆机构，由 $ABD$、$DEF$、$BC$、$CE$ 四杆组成，在 $B$、$C$、$D$、$E$、$F$ 处用铰链连接，其中 $BC \perp DE$ 和 $BD \perp CE$。该机器人主体机构的优点在于，无论机器人空载还是负载，在工作范围内的任何位置都可以随意停下并保持静止不动，即达到随遇平衡状态。

（1）码垛机器人的机械结构

码垛机器人的机械结构如图8-11所示。由于机器人具有相互独立的四个自由度，相应的机械结构也可分为四个部分：底座旋转部分及其驱动装置7；水平移动部分及其驱动装置5；垂直移动部分及其驱动装置6；手爪旋转部分及其驱动装置8。各自由度均采用交流伺服电机驱动。机器人水平方向的运动由电机经丝杠旋转带动构件5做水平直线运动来实现；机器人垂直方向的运动由电机经丝杠旋转带动构件6做垂直方向的直线运动来实现。底座及手爪部分有两个旋转自由度。通过这四个自由度，实现码垛机器人抓手在空间内的灵活移动，完成码垛作业。

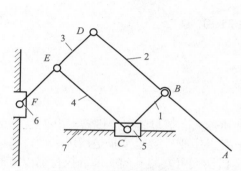

图8-10 平衡吊机构原理图

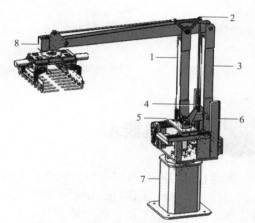

图8-11 码垛机器人的机械结构

1~4—平行四边形连杆机构；5—水平移动部分；6—垂直移动部分；7—底座旋转部分；8—手爪旋转部分

（2）码垛机器人的工作原理

码垛机器人主要采用平行四边形连杆机构，此结构具有稳定性好、承载能力大、结构紧凑等特点。如图8-9（b）所示，码垛机器人的机械系统主要由4个关节部分组成，能实现4种运动，腰部旋转，大臂上下运动，小臂前后运动和手腕回转运动。机器人有4个自由度，4个自由度分别由4个伺服电机控制完成三维空间的作业任务。这种结构的机器人完全可以满足生产线上的需求。

码垛的工作原理是机器人由初始位置转到工作点，手臂下降，抓取由传送带送入的物品，在托板上进行码垛。由于在实际情况下，码盘处的垛形会出现不同的情况，只靠末端执行器抓取或放下物品是满足不了实际需求的，因此就需要通过手腕部的电机驱动来调整末端执行器的位姿，使物品达到正确的位置，物品在空间中也是通过腕部的调整来实现正确的位姿的。机器人的前后臂则是通过各个电机与减速器产生旋转角度，带动末端执行器转到目标点，最后放下物品完成码垛。码垛机器人控制系统含有伺服电机驱动的机械式智能机器手，其通过电子传感器与可视系统功能，能够按照计算机的智能程序精准地完成其指定作业位置及其连续轨迹位置。如图8-12所示为机器人码垛示意图。

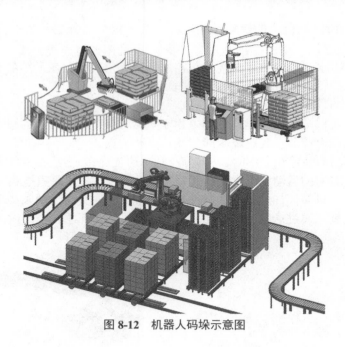

图 8-12　机器人码垛示意图

### 8.2.4　搬运机器人

搬运机器人是指可以进行自动化搬运作业的工业机器人。最早的搬运机器人出现在 1960 年的美国，Versatran 和 Unimate 两种机器人首次用于搬运作业。搬运作业是指用一种设备握持工件，从一个加工位置移到另一个加工位置。搬运机器人可安装不同的末端执行器以完成各种不同形状和状态的工件搬运工作，大大减轻了人类繁重的体力劳动。目前世界上使用的搬运机器人逾 10 万台，被广泛应用于机床上下料、冲压机自动化生产线、自动装配流水线、集装箱等的自动搬运，搬运机器人如图 8-13 所示。部分发达国家已制定出人工搬运的最大限度，超过限度的必须由搬运机器人来完成。

图 8-13　搬运机器人及工作中的搬运机器人

搬运机器人结构如图 8-14 所示。

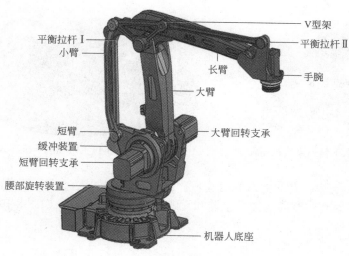

平衡拉杆Ⅰ
小臂
V型架
平衡拉杆Ⅱ
长臂
手腕
大臂
短臂
大臂回转支承
缓冲装置
短臂回转支承
腰部旋转装置
机器人底座

图 8-14　搬运机器人结构

# 8.3　特种机器人

特种机器人是除工业机器人之外的、用于非制造业并服务于人类的各种机器人总称。

## 8.3.1　水下机器人

水下机器人也称无人遥控潜水器，是一种工作于水下的极限作业机器人，如图 8-15 ～图 8-18 所示。

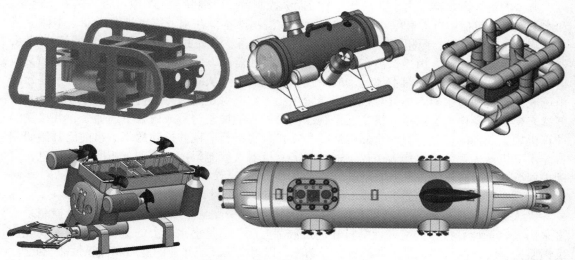

图 8-15　各式各样的水下机器人

图 8-16　多功能水下信息采集机器人

图 8-17　六轴水下机器人

　　水下环境恶劣危险，人的潜水深度有限，所以水下机器人已成为开发海洋的重要工具。无人遥控潜水器主要有：有缆遥控潜水器和无缆遥控潜水器两种。如图 8-19 所示为水下机器人的基本结构。

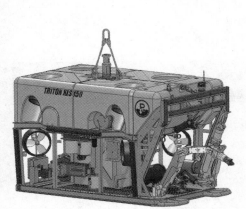

图 8-18　无人遥控水下机器人

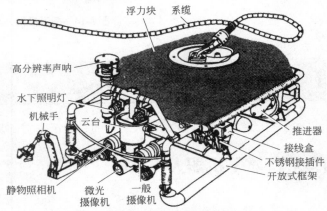

图 8-19　水下机器人的基本结构

　　典型的遥控潜水器是由水面设备（包括操纵控制台、电缆绞车、吊放设备、供电系统等）和水下设备（包括中继器和潜水器本体）组成。潜水器本体在水下靠推进器运动，本体上装有观测设备（摄像机、照相机、照明灯等）和作业设备（机械手、切割器、清洗器等）。潜水器的水下运动和作业，由操作员在水面母舰上控制和监视，依靠电缆向本体提供动力和交换信息，中继器可减少电缆对本体运动的干扰。新型潜水器从简单的遥控式向监控式发展，即由母舰计算机和潜水器本体计算机实行递阶控制，它能对观测信息进行加工，建立环境和内部状态模型。操作人员通过人机交互系统以面向过程的抽象符号或语言下达命令，并接受经计算机加工处理的信息，对潜水器的运行和动作过程进行监视并排除故障。目前已开始研制智能水下机器人系统：操作人员仅下达总任务，机器人就能根据识别和分析的环境信息，自动规划行动、回避障碍、自主地完成指定任务。

　　无缆遥控潜水器是不通过电缆、由外部提供控制信息且自备动力的无人潜水器。

　　无人遥控潜水器的发展趋势有以下优点：一是水深普遍在 6000 米；二是操纵控制系统多采用大容量计算机，实施处理资料和进行数字控制；三是潜水器上的机械手采用多功能能力反馈监控系统；四是增加推进器的数量与功率，以提高其顶流作业的能力和操纵性能。此外，还特别注意潜水器的小型化和提高其观察能力。

# 中国蛟龙号载人潜水器

人类一直怀着"上九天揽月，下五洋捉鳖"的梦想，深海载人潜水器正是人类探索深海奥秘的重要工具。它可以完成多种复杂任务，包括通过摄像、照相对海底资源进行勘察、执行水下设备定点布放、海底电缆和管道检测等。

载人潜水器是深海探测必不可少的装备，除载人潜水器之外没有其他装备可以把科学家直接带到超常深海海底开展现场探察和研究。中国科学家长久以来就梦想乘坐我国自行研制的载人潜水器在海洋地质、海洋地球物理、海洋生物和海洋化学等领域开展深海研究。近年来，中国载人潜水器技术的快速发展使这一梦想变为现实。

如图 8-20、图 8-21 所示，蛟龙号潜水器的主框架采用钛合金焊接的空间结构框架。通信系统包含水面和水下两个组成部分，其中潜水器下潜前和浮出水面后与支持母船间的通信采用高频通信，下潜和海底作业期间与支持母船间的语音、图像和文字交流采用水声通信。

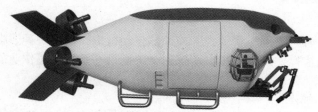

图 8-20 蛟龙号载人潜水器外观

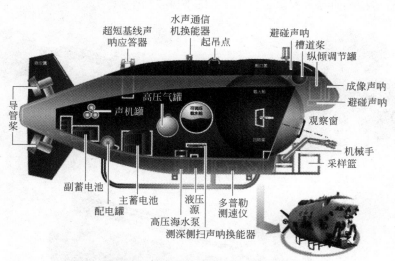

图 8-21 蛟龙号载人潜水器总布置图

导航方法——蛟龙号载人潜水器主要有两种导航方法。正常状态下，依靠装在船上的超短基线声呐阵和潜水器上的声信标进行导航，通过计算声呐阵与声信标之间的距离得到潜水器相对于船的位置，再通过叠加支持母船的 DGPS 信息可以计算出潜水器绝对地理指标，通过水声通信将这些信息传给潜水器。第二种导航方法称为组合导航系统，通过潜水器自身的计算功能来实现导航，根据潜水器运动传感器、多普勒声呐、光纤陀螺和深度传感器信息，通过时间积分可以估算出潜水器相对于起始点的位置，超短基线声呐或声学通信系统一旦失效，组合导航系统即可启用。

蛟龙号拥有手动和自动控制两种巡航模式。自动模式下，潜水器可以实现定向、定深（定高）和定点悬停等功能，该模式能够大幅提升潜水器的导航能力，减轻潜航员的工作强度。

探测设备——蛟龙号装有大量的探测设备，其中包括石英卤素灯、HID 和 HIM 等 8 个水下灯源，2 台摄像机和 1 台照相机，1 台成像声呐和 7 台避碰声呐，1 台多普勒海流测速仪，1 部能够探测不同海底地形小目标的测深侧扫声呐，2 只七功能机械手可以完成相关装置的布放与回收，沉积物取样器、热液保压取样器和岩芯取样器可根据任务需要安装在潜水器上。

无动力设计——蛟龙号形似鲨鱼，稳定翼呈 X 状布置，推进器提供不同方向的推力矢量。4个管道桨作为主推力器呈十字形分布在潜水器艉部。潜水器艏部有 1 个槽道桨，同时潜水器中部两侧各布置 1 个可旋转的管道桨。操作时通过控制系统，可使载人潜水器具备 6 自由度空间运动能力。为了节省能源，载人潜水器上浮下潜过程采用无动力设计。

## 8.3.2 管道机器人

管道机器人是一种可沿细小管道内部或外部自动行走，携带一种或多种传感器及操作机械，在工作人员的遥控操作或计算机自动控制下，进行一系列管道作业的机、电、仪一体化系统。

（1）管道检测机器人

管道检测机器人主要用于工业容器或管道内部情况的精细视频检测，在行业内也称为CCTV 检测。管道检测机器人及管道如图 8-22、图 8-23 所示。

图 8-22 管道检测机器人外观

图 8-23 检测管道

管道作为一种重要的物料运输手段，其应用范围极为广泛。管道在使用过程中，由于各种因素的影响，会产生各种各样的管道堵塞与管道故障和损伤。管道所处的环境往往是不易直接达到或不允许人们直接进入的，检测清洗难度大。所以采用管道检测机器人进行检测和清洗。

管道检测机器人的系统如图8-24所示，是由控制器、爬行器、高清摄像头、电缆等组成。在作业的时候主要是由控制器控制爬行器搭载检测设备进入管道进行检测。在检测过程中，管道检测机器人可以实时传输管道内部情况视频图片以供维修人员分析管道内部故障问题。

采用管道检测机器人检测管道，如图8-25所示，管道内的故障和损伤就能够轻而易举地找出来，这样不仅节省人力还能减少施工量，大大增加工作效率。管道检测机器人将会成为我国管道检测的主要趋势。

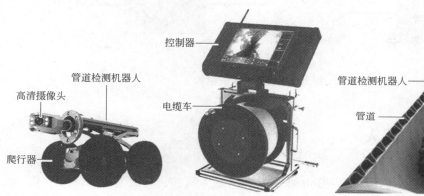
图 8-24　管道检测机器人的系统

图 8-25　正在工作的管道检测机器人

（2）管道除垢机器人

管道除垢机器人如图8-26所示。

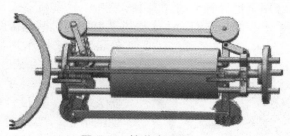
图 8-26　管道除垢机器人

① 管道除垢机器人的工作原理　管道除垢机器人系统结构如图8-27所示，由除垢机器人本体、系统外控制设备和电缆绞车等组成。机器人本体通过行走机构实现进给的运动控制，旋转刀具实现对附着在管壁内侧垢层的切削，通过具有一定压力的冲灰水流将垢质冲出管道；电缆绞车实现对机器人的缆线供电及供线，并通过缆线实现对机器人的通信；外控设备和上位机操作系统，通过上位机实现对系统的统一控制，由简单易控的操作界面来实现，外控设备通过电源转换器、控制器电路板及人机交互设备等，实现各部分控制功能。

② 管道除垢机器人的驱动装置　管道除垢机器人行走轮系由链条传动机构驱动，机器人

293

内部有两部直流电机，其中行进电机配合蜗轮蜗杆传动机构和链传动机构构成行进驱动系统，变径电机结合丝杠螺母和平面连杆机构共同组成变径调节系统。

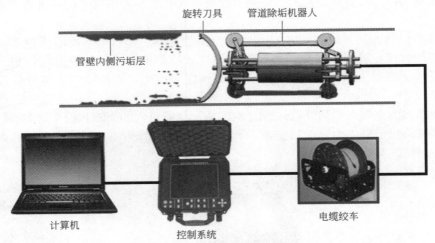

图 8-27　管道除垢机器人系统结构

### 8.3.3　外科手术机器人

　　19 世纪 80 年代，维也纳外科医生 Billroth 首次打开病人腹腔，完成了首例外科手术，这种传统的开刀手术被称为第一代外科手术并一直沿用至今。20 世纪 80 年代，以腹腔镜胆囊切除术为标志的微创手术取得突破性进展，在许多领域取代了传统开刀手术，称为第二代外科手术。进入了 21 世纪，手术机器人得到开发并迅速投入临床应用，被认为是外科手术发展史上的一次革命，也预示着第三代外科手术时代来临。

　　外科手术机器人已经用于世界各地的许多手术室中。这些机器人不是真正的自动化机器人，它们不能自己进行手术，但是它们为手术提供了有用的机械化帮助。这些机器仍然需要外科医生来操作并对其输入指令，控制方法是远程控制和语音启动。

　　达芬奇外科手术系统是一种高级机器人平台，其设计的理念是通过使用微创的方法，实施复杂的外科手术。达芬奇手术机器人如图 8-28 所示，主要包含外科医生控制台、床旁机械臂系统、成像系统。

　　（1）外科医生控制台

　　如图 8-29 所示，主刀医生坐在控制台中，位于手术室无菌区之外，使用双手（通过操作两个主控制器）及脚（通过脚踏板）来控制器械和一个三维高清内窥镜。正如在立体目镜中看到的那样，手术器械尖端与外科医生的双手同步运动。

图 8-28　达芬奇手术机器人

（2）床旁机械臂系统

床旁机械臂系统如图 8-29 所示，机器人机械臂系统有四个臂，一个控制摄影机、三个操控器械臂，是外科手术机器人的操作部件，其主要功能是为器械臂和摄像臂提供支撑。助手医生在无菌区内的床旁机械臂系统边工作，负责更换器械和内窥镜，协助主刀医生完成手术。为了确保患者安全，助手医生比主刀医生对于床旁机械臂系统的运动具有更高优先控制权。

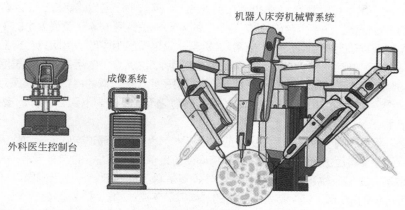

图 8-29　达芬奇手术机器人的构成

（3）成像系统

成像系统内装有外科手术机器人的核心处理器以及图像处理设备，在手术过程中位于无菌区外，可由巡回护士操作，并可放置各类辅助手术设备。外科手术机器人的内窥镜为高分辨率三维（3D）镜头，对手术视野有 10 倍以上的放大，能为主刀医生带来患者体腔内三维立体高清影像，使主刀医生较普通腹腔镜手术更能把握操作距离，更能辨认解剖结构，提升了手术精确度。

如图 8-30 所示，达芬奇手术机器人正在做手术。达芬奇手术机器人是目前世界上最成功的手术机器人，它是为外科医生手术操作中的直观的控制运动，精细组织操作和三维高清晰视觉能力而设计的，达芬奇外科系统模仿外科医生的手部动作，用于控制台上的仪器，给患者进行微创手术。美国 FDA 已经批准将达芬奇手术机器人用于成人和儿童的普通外科、胸外科、泌尿外科、妇产科、头颅外科以及心脏手术。

图 8-30　达芬奇手术机器人正在做手术

# 神奇的达芬奇手术机器人

你见过机器人扫地、踢球、和人对话,你是否见过由机器人主刀的手术呢? 谁能想到手术台的主刀医生,竟是一台拥有4只机械臂的机器人"达芬奇"。

(1)达芬奇手术机器人做胰腺肿瘤切除手术(图8-31)

当我们走进手术室可以看到, 病患躺在手术台上,麻醉师已经给病患进行了麻醉,外科医生坐在控制台前进行操作。在手术台前,"达芬奇"的4只机械臂通过4个黄豆大小的小洞钻入患者体内,它先是快速准确地找到肿瘤的"根蒂",接着一只手臂照明成像,另两只手臂配合,一点点把肿瘤"挖"出来,并完成了切除操作。 相比医生的手,"达芬奇"的手指显然更灵活,它的"手指"可以360°旋转,不仅可以使用手术刀、剪刀、镊子或缝线所需的持针器,快速完成切割、电烧、打结等动作,其精确度和灵巧度相比人的双手有过之而无不及。不到2小时,"达芬奇"就完成了这台大手术。

"达芬奇"手术不同于由主刀医生执刀的常规手术,也不同于通过电脑预设对病人进行机械化操作的手术,而是通过医生实时控制、机械手精确模仿人手动作而进行的实时手术——在手术室另一端的操控台前,主刀医生正一边全神贯注地注视着屏幕上的影像,一边手握操纵杆前后上下移动。"达芬奇"的所有动作,其实都是在医生的"指挥"下完成的。

"达芬奇"能将患者的三维影像放大整整20倍,对病变部位的观察相比肉眼直视更为清晰细致。 除了可以突破人眼和人手局限外,机器人的机械手还有稳定器,可以有效防止传统外科手术中人手可能出现的抖动现象。尤其是狭窄解剖区域,机器手比人手更灵活。"达芬奇"还有一项更大的优势,就是创口小。常规的胰腺肿瘤切除手术需要开腹,创口在15～30厘米之间,而"达芬奇"手术的创口却仅在1厘米左右。"创伤小,出血就少,患者恢复就快。""达芬奇"手术可以大大缩短患者术后住院时间,存活率和康复率都大大提高。

作为国际上最先进的外科设备,机器人"达芬奇"得名于意大利画家达·芬奇在图纸上画出的最早的机器人雏形。后人以此为原型设计出了用于医学手术的机器人,并以"达芬奇"的名字命名。

"达芬奇"机器人刚一问世,它就得到了医生们的广泛欢迎。采用达芬奇手术机器人,更容易实现主刀医生的意图,极大地节省了人力和医生的体力。同时,机械手的出现避免了主刀医生与病人的直接接触,极大地减少了手术医生感染乙肝、艾滋病等的风险。

达芬奇手术机器人的出现,也使得远程手术成为可能。只要实现机器人机械手和操控台的联网,医生无论在世界的任何一个角落,都可以为患者实施手术。 据了解,如今达芬奇手术机器人已在普外科、泌尿外科、心血管外科、胸外科等多个学科得到使用。

(2)达芬奇手术机器人做头颈部位肿瘤切除手术

如图8-32所示为达芬奇手术机器人为病患做头颈部位肿瘤手术。在机器人辅助下的头颈肿瘤外科手术主要包括以下三个方面:

① 经口进路的喉、口腔、口咽及颅底等部位肿瘤的切除,该进路主要适应于肿瘤体积不是很大,通过显示屏能够清楚显示与正常组织交界的肿瘤。

② 颈胸部附加切口进路的甲状腺及甲状旁腺切除、颈清扫等外科治疗,该进路主要适应于单侧腺体切除和择区性颈清扫术。

③ 头颈缺损修复重建中皮瓣的制备和缝合固定等,该进路主要适应于背阔肌、胸大肌等容易建腔操作的肌皮瓣的制备及皮瓣在口咽、腔等部位的缝合从而减少手术创伤。此外,机器人手术还被尝试应用于复发性肿瘤的挽救手术等。

如图 8-33 所示为舌根癌切除术，术中通过机器人系统使得术者更容易辨认保护舌咽、舌下及舌神经和舌动脉等相关结构。手术在微创和肿瘤切除方面均取得令人满意的疗效，术后没有手术相关并发症的发生。

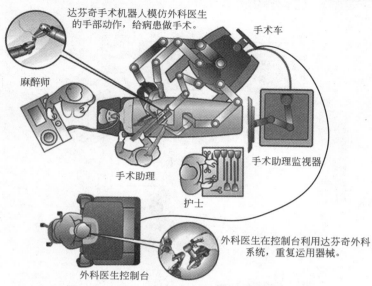

图 8-31　达芬奇手术机器人胰腺肿瘤切除手术

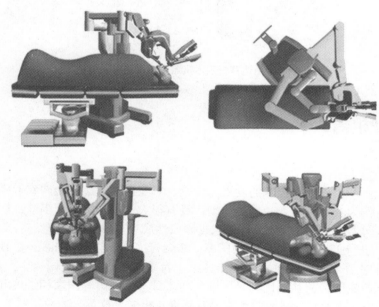

图 8-32　达芬奇手术机器人做头颈部位肿瘤手术

机器人辅助甲状旁腺的切除，通过在腋部皮下做一个 5～6cm 垂直切口，放置 3 个机器手臂，经过胸大肌和锁骨形成腋下至颈前的手术进路。此外，在胸前做一个 0.8cm 附加切口并放置一个用于牵引建腔的机器手臂形成操作空间。通过这两个切口，4 个手臂可以精确完成手术牵拉、分离及切割等外科操作。

此外，除可以完成原发灶切除和颈清扫以外，机器人辅助外科还被国外整形外科单独应用于头颈肿瘤切除后的修复重建。从早期用于皮瓣对手术缺损创面覆盖和缝合以避免面部切口和下颌骨的裂开，到目前应用于带蒂或游离皮瓣的切取和制备，机器人辅助皮瓣制备使得修复重建技术更趋向微创和精细化，更加符合整形外科技术要求。

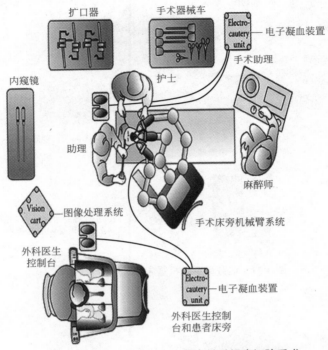

图 8-33  运用达芬奇手术机器人做舌根癌切除手术

## 8.3.4 农业机器人

（1）采摘机器人

随着新农业生产模式和新技术的发展与应用，农业机器人逐步迈向农业生产主力军的行列。采摘机器人作为农业机器人的重要类型，具有很大的发展潜力。当前，国外农业机器人发展迅速，国内同类产品迅速跟进，现已取得阶段性成果。

美国是最早进行采摘机器人研究的国家。1968 年，美国学者 Schertz 和 Brown 首次提出应用机器人进行果蔬采摘的思想，1983 年，第一台采摘机器人在美国诞生。此后的 30 多年里，美国、英国、法国、荷兰、比利时、以色列、日本、韩国等国家相继展开了各种采摘机器人的研究和开发，涉及到的研究对象主要有苹果、柑橘、草莓、葡萄、西瓜、黄瓜、番茄/樱桃番茄、茄子、甘蓝、生菜、莴苣、蘑菇等。

采摘机器人（图 8-34）一般包含移动机构、机械臂、识别和定位系统、末端执行器四大部分。

① 移动机构。移动式采摘机器人的行走机构有车轮式、履带式和人形结构。其中，车轮式应用最广泛。

② 机械臂。是指具有和人手臂相似的动作功能，并使工作对象能在空间内移动的机械装置，是机器人赖以完成工作任务的实体。机械臂的主要任务就是将末端执行器移动到可以采摘的目标果实所处的位置，其工作空间要求机器人能够达到任何一个目标果实。

③ 识别和定位系统。采摘机器人识别和定位系统的工作方式为，首先获取水果的数字化图像，然后再运用图像处理算法识别并确定图像中水果的位置。由于采摘环境的复杂性，有时需要利用多传感器信息融合技术来增强对环境的感知识别能力并利用瓜果的形状来识别和定位果实。

④ 末端执行器。末端执行器是采摘机器人的另一重要部件，通常由其直接对目标水果进行操作。末端执行器手指的数量和形状的设计与所采摘的果实密切相关。一般而言，手指的数量越多，采摘效果越好，但控制也越复杂。

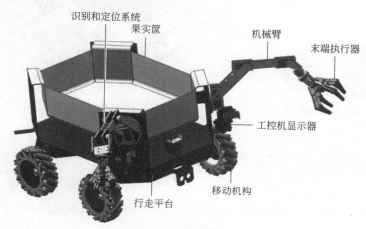

图 8-34  采摘机器人

（2）苹果采摘机器人

我国自行研制的苹果采摘机器人（图 8-35）主要由两部分组成：两自由度的移动载体和五自由度的机械手。移动载体为履带式平台，加装了主控 PC 机、电源箱、采摘辅助装置、多种传感器，五自由度机械手由各自的关节驱动装置进行驱动。此为开链连杆式关节型机器人，机械手固定在履带式行走机构上，采摘机器人机械臂为 PRRRP 结构，作业时直接与果实相接触的末端操作器固定于机械臂上。第一个自由度为升降自由度，中间三个自由度为旋转自由度，第五个自由度为棱柱型关节。

由于苹果采摘机器人工作于非结构性、未知和不确定的环境中，其作业对象也是随机分布的，所以加装了不同种类的传感器以适应复杂的环境。采用的传感器分为视觉传感器、位置传感器和避障传感器三类。其中视觉传感器采用 Eye-in-hand 安装方式，完成对机器人或末端操作器与作业对象之间相对距离、工作对象的品质、形状及尺寸等测量的任务。位置传感器包括安装在腰部、大臂、小臂旋转关节处和直动关节首尾两端的 8 个霍尔传感器，用来控制旋转关节的旋转角度和直动关节的直行进程，另外还包括末端操作器上的 2 个切刀限位开关和用于提供所采摘苹果相对于末端夹持机构位置信息的两组红外光电对管。避障传感器包括安装在小臂上、左、右三个方向上的五组微动开关和末端操作器前端的力敏电阻，以求采摘机器人在工作过程中能够有效躲避障碍物。

（3）多功能农业机器人

多功能农业机器人如图 8-36 所示，该机器人可以执行清除杂草、耕种、整平和浇灌土地等任务，造型细致精美。

图 8-35　苹果采摘机器人

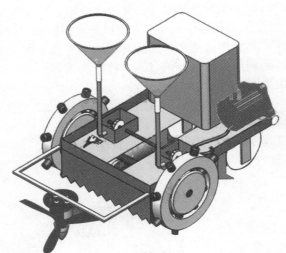

图 8-36　多功能农业机器人

## 8.3.5　军用机器人

军用机器人（图 8-37）是一种用于军事领域的具有某种仿人功能的自动机器人。

图 8-37　军用机器人

提到机器人，人们会想到工业生产流水线上的焊接机器人、喷漆机器人，或者看到过各种服务性的机器人。但大多数人很少看到过供军事作战使用的机器人，因为它是一种军事机密。尽管如此，一些工业化国家的新闻媒体仍然向人们描述了军用机器人的神秘风采。

（1）"大狗"机器人

如图 8-38 所示，"大狗"机器人的内部安装一台计算机，可根据环境的变化，调整行进姿态。而且大量的传感器则能够保障操作人员实时地跟踪"大狗"的位置并检测其系统情况。

《大众科学》曾报道，波士顿动力公司在美国军方的支持下研制出一种机器狗，无论是地形复杂的野外场地，还是战火纷飞、碎石遍地的城市中的小巷，这种机器狗都可以忠心耿耿地跟随战士们去执行任务。

这种名叫"大狗"的机器狗可不只会把飞盘叼回来，它可以替士兵们背负着几百磅（英制质量单位）重的工具，即使在火海中跑来跑去也毫不畏惧。据称，"大狗"是目前世界上最雄心勃勃的四脚机器人，其稳定性以及方向方位感令人惊叹，可以处理战场上许多未知的挑战。

"大狗"的身体是一种钢架结构，里面装有一个圆筒形汽油发动机，为"大狗"的水压系统、电脑和惯性测量单元（IMU）提供动力。惯性测量单元是机器狗的重要组成部分，它使用光纤激光陀螺仪和一组加速器跟踪机器狗的运动和位置。这些装置与四条腿一起发挥作用，就可以使"大狗"迈出准确的步伐。

"大狗"的腿由铝制成，每条腿上有三个关节，利用水压刺激器，电脑每秒可以重新将关节配置500次。关节上装有传感器，负责测量力量和位置，电脑参照这些数据，结合从惯性测量单元获得的信息，确定四条腿应该是抬起还是放下，向右走还是向左走。通过调整关节的水压液体的流动，电脑可以将每一只爪子准确地放下。

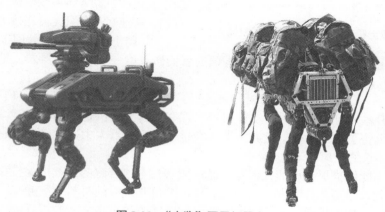

图 8-38  "大狗"军用机器人

"大狗"还有视力：它的头部装有一个立体摄像头和一部激光扫描仪。第一代"大狗"并不能依照这两种仪器前进，但第二代利用它们识别前方的地形，发现障碍物。现在的"大狗"需要遥控，但未来版的"大狗"将获得自由身，不需要人来指导，就可以自行做出决定。专家预测，在未来，更加强大、自理能力更强的"大狗"随时可以在战场上驰骋。

（2）猎豹机器人

科技源自于生活，很多前卫的机器人，如图 8-39 所示，其设计灵感便是这个世界上的各种动物。通过动物型设计，能够让它们更加灵活地工作、完成人类无法实现的事情，比如可以负载重物翻山越岭的猎豹机器人和"大狗"机器人，让我们一起来了解猎豹机器人。

图 8-39  设计灵感便是这个世界上的各种动物

① 美国波士顿动力公司研究的猎豹机器人。此猎豹机器人是一款四腿机械猎豹机器人，其具有灵活的脊椎和铰接式头部，装配有一系列高科技装备，包括激光陀螺仪、照相机和随载计算机等。

美国波士顿动力公司研发的猎豹机器人近日创造了有足机器人奔跑的最快纪录，奔跑速度达到了惊人的28.3英里（约合45.5公里）每时，而相比之下，奔跑最快的人、奥运100米田径冠军、"飞人"博尔特的纪录是在2009年创造的，当时其最高速度为27.8英里（约合44.7公里）每时。然而博尔特仍然具有一些优势——这种机器人现在还只能在室内的跑步机上沿着直线奔跑，并且还必须时刻连着电源线。最终版本猎豹机器人的设想图如图8-40所示，这种机器人将可以以极高的速度在室外奔跑，快速转弯并且无需连接电源线。

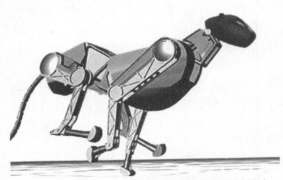

图 8-40　美国波士顿动力公司研究的猎豹机器人

② 瑞士洛桑联邦高等理工学院研制的猎豹机器人。瑞士洛桑联邦高等理工学院的研究者们研发的一种猎豹机器人，是完全模仿家猫设计出的一种四足金属物。

如图8-41所示，猎豹机器人的腿完全复制了猫科动物的腿部形态，而且它有着猫一样的优势，瘦小、轻盈而且敏捷。尽管这款机器人现在没有头，但是你仍然能够识别出它是什么动物，它明显模仿了猫的动作。这款机器人在这个系列机器人中速度最快，它能够在一秒钟跑出接近7倍体长的距离。

虽然它还不能像猫那么敏捷，但是它已经能够在全速奔跑的过程中保持稳定性。除此之外，它非常轻盈、紧凑并且牢固，完全能够使用廉价和现成的材料装配起来。这款机器人的设计是为了鼓励生物机械学领域的研究，最终它将能够进行搜索和救援任务，或者用于探索工作。它的特点在于它的腿部设计，这种设计使它非常迅速而且稳固。研究人员通过细致观察，完全复制猫科动物的腿部特征开发出了机器人模型。机器人的每条腿上都分为三节，而且它们的比例完全与猫腿相同。肌腱和肌肉则分别使用弹簧和转换能量的制动器来模拟。

③ 麻省理工学院研究的猎豹机器人。还记得波士顿动力公司的"大狗"吗？麻省理工学院的机器人猎豹看上去就像是"大狗"的升级版，先进的编程算法结合机械工程设计，能够像真的猎豹那样高速奔跑甚至是跳跃。虽然它的电池仅能实现15min续航，但是可以在短时间内实现超强爆发力，可以应用在紧急短途救援等领域，机器人结构如图8-42、图8-43所示。

图 8-41　瑞士洛桑联邦高等理工学院研制的猎豹机器人

图 8-42　麻省理工学院研制的猎豹机器人结构（一）

图 8-43 麻省理工学院研制的猎豹机器人结构（二）

## 猎豹机器人的灵感来源

研究者们设计猎豹机器人的机械结构是从动物中获得灵感的，当他们看到一只细腿的鹿在欢快地跳跃，就在想一只鹿那么细的腿能承受那么大的身体重量进行跳跃且腿不会折断，那为何我们设计的机器人虽然采用强度比骨头大很多倍的铝合金、钢，甚至碳纤维等材料却反而不能承受大负载实现跳跃呢？于是经过对很多生物足部的研究，发现很多的前足都采用肌腱加腕骨的模式，于是研究者认为，肌腱结构能够减小冲击力，相当于增加了腿部的强度。通过有限元分析验证了该结论，于是设计了类似的肌腱结构足部，并在两个肌腱之间加入了弹簧以增加一定的柔顺性。猎豹机器人的肌腱结构如图 8-44 所示。

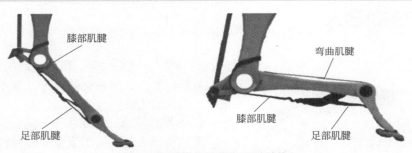

膝部肌腱

足部肌腱

弯曲肌腱

膝部肌腱

足部肌腱

图 8-44 猎豹机器人的肌腱结构

研究者的目的是实现快速奔跑，而奔跑由腿的快速摆动实现。为提高摆动速度，需要尽量减小腿部的惯量。因此，将腿部主要的惯量来源——执行机构（电机）全部统一放置于髋关节处，并设计了低惯量腿部关节（图 8-45），采用类似肌腱的杆来传递能量，带动膝关节和髋关节。单腿的重心被控制在了执行机构所在圆以内，极大地降低了腿摆动时的惯性，重心位置如图 8-46 所示。

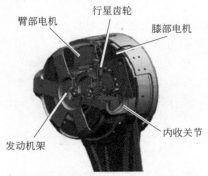

髋部电机

行星齿轮

膝部电机

发动机架

内收关节

图 8-45 低惯量腿部关节

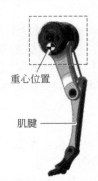

重心位置

肌腱

图 8-46 猎豹机器人的重心位置

　　另外，其采用的脊椎结构，也是通过观察四足哺乳动物得到的启发。还设计了差分的脊椎驱动系统，想法很巧妙。当步态行走时，两条前腿的运动刚好相差 180° 相位，此时脊椎保持不动，而当以飞驰步态行走时，两条前腿同相位，则在前腿同时后摆时带动脊椎弯曲，达到跟猎豹奔跑时的脊椎弯曲一致的效果。这样做的好处是什么呢? 节能。飞驰步态时两条前腿同时触地和离地，在奔跑过程中，前腿会有一个向后摆动然后减速最后加速向前摆动的过程。这时，脊椎的参与使得原本在前腿后摆减速过程中损失的能量存储在了脊椎的弹性势能里面，在前腿向前摆动时再释放出来转化为前腿的动能，实现了能量的回收利用。

　　猎豹机器人其实还设计了尾部结构，其灵感来自于猎豹追逐猎物时，在变换方向过程中，尾巴在保持奔跑稳定性方面起到至关重要的作用。猎豹机器人研究者也做了相关的实验，证明加入尾巴对侧向冲击具有抵抗作用，能够增强其侧向稳定性。在侧向用球击打猎豹机器人时，其尾巴摆动提高了侧向稳定性。其实摆尾巴的原理很简单，就是角动量守恒。

　　机械结构的优异性决定了其拥有高速奔跑的潜力，而执行机构的能力才是真正实现高速奔跑的武器。执行器部分的一个模块内包含了单腿所需的两个电机转子和定子以及减速齿轮，还包含了必要的光电编码器。每条腿需要一个这样的模块。

　　控制器设计主要关注奔跑速度和越障能力，本来就是研究的飞驰步态，因此实现跳跃并不难，就是加入了一个激光测距传感器，检测前方的障碍物高度，然后实施跳跃动作。

## 8.3.6 服务机器人

　　服务机器人是机器人家族中的一个年轻成员，其定位就是服务。用于清洁的家庭机器人、公共服务机器人、娱乐机器人等，服务机器人大军正走入我们的生活。

　　（1）现代家庭的好帮手——清洁机器人

　　清洁机器人是为人类服务的特种机器人，主要从事家庭卫生的清洁、清洗等工作，是最成熟的智能家庭机器人，如图 8-47 所示。

　　如图 8-48 所示，清洁机器人由机械部分和控制系统两大部分组成。机械部分包括高强度塑料底盘、外壳、两个驱动轮和一个随动轮，它们是吸尘电机、清洁刷、电池以及控制系统的载体。

图 8-47　清洁机器人

　　1）机械结构组成

　　① 行走驱动轮及驱动电机。该部分主要保证机器人能够在平面内移动。

　　② 清扫机构。用电机带动两个清扫刷，使左边清扫刷顺时针转动，右边逆时针转动，这样就可以在清扫灰尘时将灰尘集中于吸风口处，为吸尘机构的工作做准备。

　　③ 吸尘机构。制造强大的吸力，将灰尘吸入灰尘存储箱中。

　　④ 擦地机构。在清扫、吸尘之后，利用安装在壳体下面的清洁布擦除残留在地面上的细小灰尘。

　　⑤ 轮式移动机构。移动机构是其他部件的载体，本图采用的是轮式移动机构。

　　2）三轮转向装置

　　① 万向轮。万向轮装在转向铰轴上，转向电机通过减速机和机械连杆机构控制铰轴，从

而控制万向轮的转向。

② 左右轮。在机器人的左右轮上分别装上两个独立的驱动电机，通过控制左右轮的速度比实现车体的转向。移动机构采用的是三轮差速转向式。

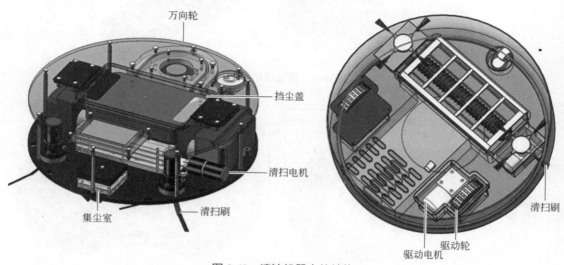

图 8-48　清洁机器人的结构

3）清洁机器人工作原理

清洁机器人由多个功能模块共同组成，这几个模块共同工作，相互作用，保证了机器人能够顺利进行清扫。清洁机器人的中心是清洁机器人的 CPU，它对其他各个功能模块进行控制。信息采集模块负责采集周围环境以及机器人本身的各种信息。键盘模块和红外线遥控接收模块可以接收人们对机器人的控制信息，然后把信息传给 CPU 进行处理。当接收到需要机器人进行清扫工作的信号时，CPU 可以通过控制机构和清扫机构让机器人进行工作，在机器人工作的过程中还可以通过 LCD 显示模块和状态指示模块对机器人的状态进行实时的显示。

① 清洁机器人的清洁能力。清洁机器人的清洁能力是通过内部的旋转滚刷来实现的。目前比较先进的清洁机器人采用的是涡轮增压电机，能够在较短功率下保持较高的转速，通常 5000r/min 左右的转速能够有效清扫灰尘和碎屑。

② 清洁机器人工作过程的噪声。如果清洁机器人在工作过程中有比较大的噪声，会严重影响日常生活，有些清洁机器人采用了超低音设计或者安装消声器，能够有效降低噪声。

③ 清洁机器人吸尘器内置高智能芯片，会充分计算房间的大小与障碍物区域，配合预定清洁模式，自动调节清扫路线，自动侦测地板表面的情况，从地毯到硬地面，或从硬地面到地毯，它都会自动调节转速以及吸力，清扫地板上的灰尘、毛发和碎物等。

（2）擦玻璃机器人

如图 8-49 和图 8-50 所示，擦玻璃机器人在运作时使用专业的人工智能技术以模拟人类的擦窗动作。两个覆盖超细纤维清洁布的清洁轮，不仅能保证机器人在玻璃表面轻松旋转移动，更能进行 360° 彻底清洁，以强大的真空吸力，吸除玻璃上的污渍。有些清洁器只使用一个驱动轮，而此款机器人有两个，超细纤维清洁布不仅不会划伤玻璃，而且在清洁过程中变脏也不会留下任何清洁痕迹。

图 8-49 擦玻璃机器人

红色灯：显示不正常状态
蓝色灯：显示正常状况
橙色灯：充电中/绿色灯：充电完成

电源开关    排风孔        警示声孔
电源接孔    遥控器接收窗   上吊孔
下吊孔

蓝灯
红灯
遥控器接收窗

图 8-50 擦玻璃机器人结构示意图

　　双吸盘的好处还在于能提供双重保障：当外圈吸盘因缝隙无法吸附时，另外一侧的吸盘将仍然保持精密吸附状态；遇到大的缝隙或者无法跨越的情况，红灯闪烁智能报警将自动启动，确保全程擦窗安全。

　　至于机器人的清洁路径，采用边框感应器，能智能识别，自动避开障碍物并规划路径，实现清洁面积 99%（因是圆形吸盘，所以窗户的四角无法清洁到），清洁速度为 0.25 平方米每分钟。

　　（3）公共服务机器人（图 8-51）

图 8-51 公共服务机器人

（4）家庭服务机器人（图 8-52）

（5）垃圾机器人（图 8-53）

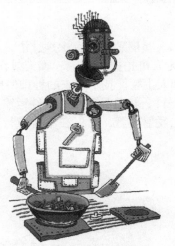

图 8-52　家庭服务机器人

图 8-53　垃圾机器人

### 8.3.7　娱乐机器人

如图 8-54 所示为机器人在弹奏乐器。如图 8-55 所示为打鼓的机器人。

图 8-54　机器人弹奏乐器

图 8-55　打鼓的机器人

# 8.4 智能机器人

智能机器人见图 8-56～图 8-60。

人工智能正在走进我们的生活,如手机拍照美颜和人脸识别、语音识别、语言互译,扫地机器人、冰箱、电饭煲等都可搭载人工智能,还有无人机拍摄、定位、聊天或在线教育,教育机器人(图 8-56)、金融领域等,都可体验、感受到人工智能技术带来的种种便捷。

智能运输机器人(图 8-57):负责运输生产使用的备件,将各种重量的组件运输至指定地点。运输机器人的智能性在于它内含电子地图及无线电发射装置,可以在不碰撞行人,躲避行驶车辆及障碍物的情况下,完成运输任务。

图 8-56　人工智能教育机器人

图 8-57　智能运输机器人

点餐机器人:如果每个餐厅里面拥有一个智能点餐机器人和传餐机器人(图 8-58、图 8-59),这将大大缩短点餐时间。同时节省了餐厅的用工数量和人力成本,也为餐厅提高翻台率。并且还能够吸引顾客前往体验,提升客流量和人气,智能点餐机器人不仅可以取代传统纸质菜单,还能有效减少物耗,降低运营成本。

图 8-58　智能点餐机器人

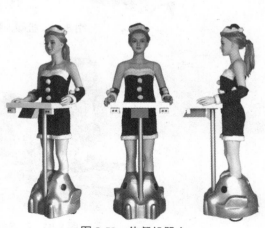

图 8-59　传餐机器人

# 机器人机械运动的基本原理

**多连杆复合机构**

四足机器人腿部都是采用了精巧的多连杆复合机构，能够实现高仿生的步履运动。

（1）运动方式

如图 8-60 所示，四足机器人是模仿拥有四条腿的动物的爬行运动，以下是具体步态的分解，以前进方向为例进行说明。

① 静止时四条腿都着地。

② 前进时，四条腿分为两组交替运动，对角的两腿为一组，即左前腿和右后腿为一组，右前腿和左后腿为另一组。

③ 第 1 组两条腿（左前、右后）往前迈出，第 2 组两条腿（右前、左后）静止不动但是关节往前弯曲以适应这个躯体重心前移。

④ 第 1 组两条腿（左前、右后）迈出后静止。

⑤ 第 2 组两条腿（右前、左后）往前迈出，第 1 组两条腿（左前、右后）静止不动但是关节往前弯曲以适应这个躯体重心前移。

⑥ 两组不断交替如此循环往复，同一时间都保证有一组两条腿着地以保持身体的平衡，并不断往前进。

这里可能有人会问，仅靠两条腿是否可以保证身体的平衡呢？其实，如果前进时保证一定的速度，虽然同时只有两条腿着地，只能有一个很短暂的平衡，但是由于两组腿的交替速度比较快，总体上也可以让身体保持一个动态的平衡。特别说明：如果整体前进的速度很慢，其中一组静止着地的两条腿是无法保持整个身体的平衡的，必须还要让第三条腿也着地，即要利用三点确定一个平面——三条腿可以保持稳定平衡的原理。由于机器人的运动速度很慢，两组腿交替迈步的时候，后腿都是着地的，即使是往前迈步的一组，前面的腿是离地迈步的，而后面的腿还是接触地面以"拖步"的方式迈步的。

（2）驱动原理

四足机器人在动力传动中使用了摆动曲柄滑块机构，连杆把减速电机的转动变为驱动腿部迈步的摆动运动，如图 8-61 所示。

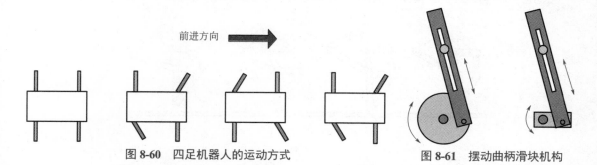

前进方向

图 8-60 四足机器人的运动方式　　　图 8-61 摆动曲柄滑块机构

为了能够让两组二足交替向前迈步行走，则摆动曲柄滑块机构的安装也比较巧妙，为了直接驱动后面的两足，用了左右两套相同的连杆机构，且以同轴的方式安装（同一根转动的轴）。但两个连杆的铰链结合部分的位置正好相反，即分别位于转盘一条直径线上的两头，也就是曲柄的位置正好相反，使得左右两套连杆机构在同一时间上运动的状态刚好相反，比如，一个位于最左边位置的时候另一个正好位于最右边的位置，一个位于最高位置的时候另一个正好位于最低的位置。

（3）腿部多连杆复合机构（图 8-62）

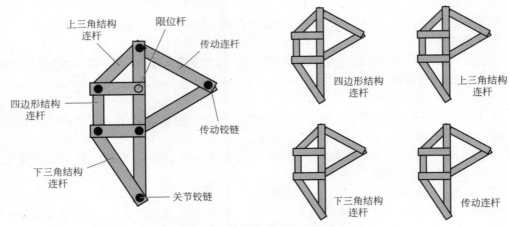

图 8-62  腿部多连杆复合机构

① 四边形结构连杆：四根连杆通过关节铰链连接在一起组成一个四边形，四边形是不稳定的结构，即该结构可以在矩形、平行四边形之间变化，随着腿部关节角度的变化当前四边形连杆的结构也会不断变化形状的。

② 上三角结构连杆：上三角结构的两根连杆以及四边形结构顶上的连杆，三根连杆通过关节铰链连接在一起组成一个三角形，三角形是稳定的结构，则该结构的形状是固定不变的。

③ 下三角结构连杆：下三角结构的两根连杆以及四边形结构顶部的连杆通过关节铰链连接在一起组成一个三角形，三角形是稳定的结构，则该结构的形状也是固定不变的。

④ 传动连杆：两根传动连杆，加上上三角结构中竖直的一根连杆，以及四边形结构中内侧竖直的一根连杆，总共四根连杆也是通过铰链连接在一起组成一个四边形，四边形是不稳定的结构，即该结构可以在任意四边形中变化。特别地，传动连杆上的传动铰链是直接接在曲柄上的，也相当于传动铰链固定在一个圆形的离心轴上，围绕圆心转动的。在曲柄转动的过程中，就会通过传动连杆带动整个多连杆复合机构联动，如图 8-63 所示，实现自然顺畅的步履运动。

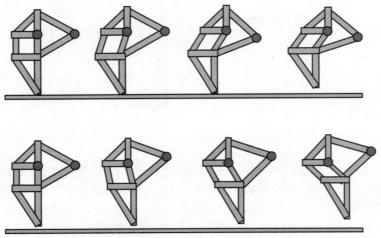

图 8-63  多连杆复合机构

（4）整体连杆机械结构（如图 8-64 所示）

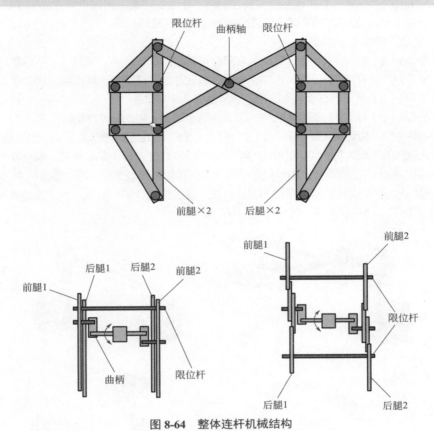

限位杆　曲柄轴　限位杆

前腿×2　　后腿×2

后腿1　后腿2　前腿2

前腿1

曲柄　　限位杆

前腿1　　前腿2

限位杆

后腿1　　　后腿2

图 8-64　整体连杆机械结构

**空间连杆机构**

（1）认识空间连杆机构

空间连杆机构是由若干刚性构件通过低副（转动副、移动副）连接，而各构件上各点的运动平面相互不平行的机构，又称空间低副机构。

如图 8-65 所示，在空间连杆机构中，与机架相连的构件常相对固定的轴线转动、移动，或做又转又移的运动，也可绕某定点做复杂转动，其余不与机架相连的连杆则一般做复杂的空间运动。

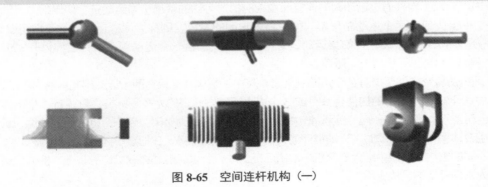

图 8-65　空间连杆机构（一）

　　空间连杆机构中采用低副如球面副或圆柱副时,所含构件数即可减少而形成简单稳定的空间四杆机构或三杆机构。为了表明空间四杆机构的组成类型,常用R、P、C、S、H分别表示转动副、移动副、圆柱副、球面副、螺旋副。

　　如图8-66(a)所示为RSSP机构,表示含有转动副、球面副、球面副、移动副。

　　如图8-66(b)所示为RSSR机构,表示含有转动副、球面副、球面副、转动副。

　　如图8-66(c)所示为球面4R机构,表示含有4个转动副。

　　如图8-66(d)所示为PRSR机构,表示含有移动副、转动副、球面副、转动副。

　　利用空间连杆机构可将一轴的转动转变为任意轴的转动或任意方向的移动,也可将某方向的移动转变为任意轴的转动,还可实现刚体的某种空间移位或使连杆上某点轨迹近似于某空间曲线。与平面连杆机构相比,空间连杆机构常具有结构紧凑、运动多样、工作灵活可靠等特点,但设计困难,制造较复杂。空间连杆机构常应用于农业机械、轻工机械、纺织机械、交通运输机械、机床、工业机器人、假肢、飞机起落架中。

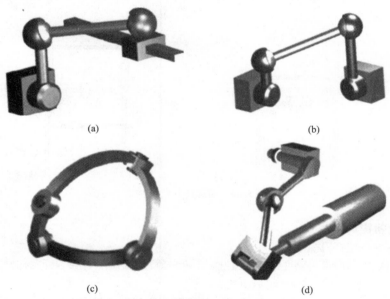

(a)　　　　　　　　　　　(b)

(c)　　　　　　　　　　　(d)

图 8-66　空间连杆机构(二)

　　(2)运动链

　　由两个以上构件通过运动副的连接而构成的相对可动的系统称为运动链。如果组成运动链的每个构件至少包含两个运动副元素,构成首末封闭的系统,则称为闭式运动链(简称闭链),如图8-67(a)所示;反之,如果运动链中有的构件只包含一个运动副元素,便称为开式运动链(简称开链),如图8-67(b)所示。

　　闭链的每个构件至少有2个运动副元素,其中每个构件都只有两个运动副元素的为单闭环链,而其中1个或1个以上的构件有3个或3个以上运动副元素的为多闭环链。只要有1个构件仅含1个运动副元素的都是开链。当运动链中有1个构件被指定为机架,若干个构件为主动件,从而使整个组合体具有确定运动时,运动链即成为机构。同一运动链,在指定不同的构件作为机架时,可得到不同的机构。机械中绝大部分机构都由闭链组成,所以闭链是构成机构的基础。机械手和工业机器人则是开链的具体应用。

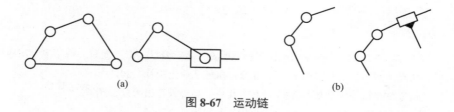

(a)　　　　　　　　　　　(b)

图 8-67　运动链

开式运动链所组成的机构如图 8-68 所示。

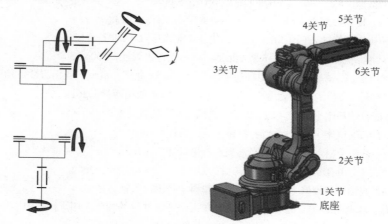

图 8-68　开式运动链所组成的机构

开式运动链的特点：
① 采用转动副或移动副依次串联构成。
② 单个运动副称为关节，每个关节至少含一个自由度，一般含关节数目为 3～6 个。
③ 驱动源个数与自由度相等。
④ 开式链末端装有作业工具，运动路径为一空间曲线，其运动空间区域称为工作空间。
⑤ 运动分析复杂。
⑥ 采用计算机控制系统，可实现复杂的空间作业运动。
开链被广泛用于机器人的执行机构。

# 参考文献

[1] 张春辉，游战洪，吴宗泽，等.中国机械工程发明史（第二编）［M］.北京：清华大学出版社，2004.

[2] 张展.机械传动的测绘技术及实例［M］.北京：机械工业出版社，2011.

[3] 吴联兴.机械零件及机械传动基本常识［M］.北京：高等教育出版社，2007.

[4] 尹章伟，毛中彦.包装机械［M］.北京：化学工业出版社，2006.

[5] 黄故.棉织设备［M］.北京：中国纺织出版社，1995.

[6] 邹家祥.轧钢机械［M］.北京：冶金工业出版社，2000.

[7] 万芳瑛.电机、拖动与控制［M］.北京：北京大学出版社，2013.

[8] 王文博.缝纫机原理快速入门［M］.北京：化学工业出版社，2007.

[9] 濮良贵，纪名刚.机械设计［M］.8版.北京：高等教育出版社，2006.

[10] 曾德江，黄均平.机械基础：机械原理与零件分册［M］.北京：机械工业出版社，2010.

[11] 万志强，王耀坤.飞机为什么会飞？［M］.北京：化学工业出版社，2014.

[12] 范顺成.机械设计基础［M］.4版.北京：机械工业出版社，2007.

[13] 吴国华.金属切削机床［M］.北京：机械工业出版社，2001.

[14] 王林超.汽车构造［M］.北京：中国水利水电出版社，2010.

[15] 贺德明，肖伟平.电梯结构与原理［M］.广州：中山大学出版社，2009.

[16] 王征.机械手表结构与维修［M］.天津：天津科学技术出版社，1985.

[17] 李超，王薇，李晓霞，等.机器人辅助手术在头颈肿瘤外科的临床应用［J］.中华耳鼻咽喉头颈外科杂志，2013.

[18] 刘峰，崔维成，李向阳.中国首台深海载人潜水器——蛟龙号［J］.中国科学：地球科学，2010，40（012）：1617-1620.

[19] 张丰华，韩宝玲，罗庆生，等.基于PLC的新型工业码垛机器人控制系统设计［J］.计算机测量与控制，2009，17（011）：2191-2193，2196.

[20] 孙祥溪，罗庆生，苏晓东.工业码垛机器人运动学仿真［J］.计算机仿真，2013，30（3）：303-306.

[21] 李成伟，朱秀丽，负超.码垛机器人机构设计与控制系统研究［J］.机电工程，2008，25（012）：81-84，99.